북극곰은 걷고 싶다

북극에서 남극까지 나의 지구온난화 여행
북극곰은 걷고 싶다

| 남종영 지음 |

한겨레출판

● ●●● 책머리에

　인간은 시공간의 한 점 위에 존재한다. 시간이 엑스축, 공간이 와이축이라면, 인간은 엑스축과 와이축이 교차해 펼쳐지는 시공간에 자취를 남긴다. 인간은 시공간을 벗어날 수 없다. 이것이 인간의 조건이다. 인간의 기억은 시공간 위에 세워지고, 인간의 역사는 시공간 위를 흐른다. 인간의 미래도 그러할 것이다.
　북극권 스발바르 제도의 롱이어바이엔Longyearbyen. 몇 해 전 여름, 인간이 사는 최북단까지 올라간 나는 할 일 없이 어슬렁거리다가 짧은 일주일 휴가를 이렇게 보내면 안 되겠구나 싶어서 빙하 트레킹을 다녀왔다. 한나절 동안 마을 뒤편의 빙하를 헤매다가 오후 늦게 빙하의 끝에서 엉금엉금 기어 내려왔는데, 길을 안내하던 사람이 빙하 말단부에 화석이 널려 있으니 찾아보라는 것이었다.
　빙하의 끝, 수만 년의 얼음이 소멸한 자리에는 끝이 뾰족한 빙퇴석 무더기가 여기저기 쌓여 있었다. 돌들을 차례로 집어서 돋보기로 들여다보듯 관찰했다. 그러기를 십여 분. "화석을 찾았다"는 외침이 들리더니, 곧이어 다른 일행들도 하나둘씩 화석을 찾아냈다. 나도 화석을 찾았다. 뾰족한 빙퇴석에는 나뭇잎의 흔적이 박혀 있었다. 판화처럼 선연한 활엽수의 잎맥.
　롱이어바이엔은 북위 78도 12분에 위치하고 있다. 북극점까지는 단 1,338킬로미터다. 일 년에 넉 달은 해가 지지 않고, 넉 달은 해가 뜨지 않는 곳이다. 여름에 잠시 풀리는 피오르Fjord의 바다얼음 그리고 항상 얼어

005

있는 마을 뒷산과 빙하들. 그런데도 한때 이곳에 나무가 살았다니!

롱이어바이엔의 화석은 인간이 지구에 나타나기 전인 4천만 년에서 6천만 년 전에 만들어졌다. 나뭇잎이 떨어져 돌에 흔적을 남겼고, 돌이 시간의 흔적을 안고 빙하에 묻혔다. 빙하는 수천수만 년 동안 천천히 흘렀고, 빙하 밑에 깔린 화석들은 데굴데굴 굴러 내려왔다. 물론 일 년에 겨우 몇 센티미터밖에 전진하지 못했을 것이다.

롱이어바이엔에 나무 그늘이 드리우던 시절, 지구의 평균 기온은 지금보다 2~3도 높았다. 열대와 아열대는 위도 40도까지 폭넓게 퍼져 있었고, 북극과 남극에도 몇몇의 빙하가 공기를 일부 식혔을 뿐 육상식물이 번성했다. 이 시절을 에오세 온난기라 부른다. 그러니까 화석들은 냉동 인간처럼 억겁의 시간을 뚫고 기어이 얼음에서 풀려나 현대 인간들의 손에 놓인 것이다.

이 여행은 다른 시간을 마주친 흔적들이다. 과거의 시간이 버젓이 남아 있는 곳도 있었고, 미래의 시간이 도둑처럼 찾아온 곳도 있었다.

내가 여행한 곳에 사는 사람들은 분초 단위로 나뉜 근대적 시간에 대한 적응이 느렸다. 그곳에서 시간은 자연의 변화에 맡겨진 것이라서, 아껴 쓰고 남겨두는 대상이 아니었다. 시간의 주관자는 자연이었고, 자연은 그들 공간의 전부였다. 그들이 프랑스 7월혁명의 와중에 있었다면, 아마 그들

● ● ● 책머리에

은 시위대처럼 총구를 시계탑으로 돌려 '탕! 탕! 탕!' 하고 총알을 발사했을 것이다.

그런데 프랑스혁명이 발발하듯 지구에 변화가 찾아오고 있다. 시간의 엑스축과 공간의 와이축이 뒤틀리고 접힌다. 시간의 주관자이던 자연은 통제력을 잃고 있는 것 같다. 지구의 온도는 지난 100년 동안 0.74도 올랐다. 아무것도 아닌 것 같지만 그렇지 않다. 4천만 년 전 에오세 이후 지구의 온도는 지금까지 단 2~3도 올랐을 뿐이다. 그 사이 지구 기온의 변화가 있었지만, 그것은 수십만, 수백만 년 수준에서 찾아오는 주기적인 진동이었을 뿐이다. 100년은 이런 억천만 겁 같은 시간의 선에 비하면, 보이지 않는 꼭짓점에 가깝다.

이 모든 변화가 인간에 의해 일어난 것임이 거의 확실하다고 기후변화정부간위원회(IPCC)는 말한다. 산업혁명 이후 인간이 주도하는 자연 착취 체제는 시공간의 안정성에 균열을 일으켰다. 균열 지점에서 이를 가장 혼란스럽게 받아들이고 있는 이들은 북극과 적도, 남극의 사람들과 동식물들이다.

북극 하늘에 뜨는 오로라는 에오세의 시간과 지금의 시간이 동시대임을 보여주지만, 북극곰이 북극곰을 잡아먹는 이상 행태는 시간의 축이 어그러지고 있음을 보여준다. 적도의 투발루에서는 디스토피아가 선행하여 나타나고 있다. 남극의 펭귄은 곤드와나 대륙 이후 수천만 년 만에 처음 나타난 인간을 마주하고, 바로 그 인간에 의해 급속도로 변하는 자연의 변화 또한 체험하고 있다.

이 책은 북극에서 남극까지 여행의 기록이자, 지구온난화에 대한 학습의 기록이다. 지구온난화의 최전선을 다니면서, 과학에 문외한이던 나는 저명한 과학자들의 논문을 읽고 여러 전문가들을 만날 수 있었다. 북극의 에스키모들은 그들의 경험과 지각과 사상으로, 남극의 과학자들은 정교한 데이터와 관찰로 지구의 미래에 대해 말해주었다.

재미있는 일과 마주치기도 했다. 알래스카 북극권을 일주한 뒤 한국에 돌아왔는데, 마침 영국의 환경저술가 마크 라이너스의 《지구의 미래로 떠난 여행》이 번역 출판돼 있었다. 서둘러 책을 구해 읽었는데, 내가 알래스카에서 만난 사람들과 그가 만난 사람들이 거의 똑같았다! 이것이 기자가 수행하는 취재의 한계일 것이다. 나에게 좀 더 시간이 있었다면, '기후 변화의 대변인들' 뿐만 아니라 일상에서 지구의 변화를 마주한 사람들을 좀 더 많이 만났을 것이다. 그런 점이 아쉽다.

많은 사람들이 이 책에 도움을 줬다. 대부분 《한겨레21》의 취재차 나갈 수 있었는데, 한국 언론에서 이런 정도의 대규모 프로젝트가 쉽지 않음에도 정재권, 고경태 전 편집장은 아낌없는 지원과 격려를 해주었다. 취재를 지원해준 포스코에도 이 자리를 빌려 감사의 말씀을 드린다. 특히 북극에서 남극까지 함께 종단하며 미운 정 고운 정 다 든 사진기자 류우종 선배가 없었다면 이 책은 나오지 못했을 것이다. 항상 많은 영감을 주는 나의 아내 최명애에게도 고맙다는 말을 전한다.

2009년 9월
남종영

Contents

책머리에 005

Chapter 1 북극곰은 얼음 위를 걷고 싶다 –캐나다 허드슨 만
전 세계 북극곰의 수도, 처칠 015 온난화로 북극곰이 사라진다 024
도전과 모험의 상징, 북서항로의 부활 036
지구온난화 시대의 산업도시가 될 수 있을까 042

Chapter 2 카리부는 언제 오는가 –알래스카 아크틱빌리지
그위친족, 우리는 미국 시민이 아니다 053 우리가 카리부고, 카리부가 우리다 059
카리부의 대이동 067 석유 탐닉을 거부하다 074

Chapter 3 에스키모는 온난화 협조자인가 –알래스카 배로
탐욕으로 번져가는 북극의 검은 유전 082
에스키모의 수도, 배로에 도착하다 086 이곳에 사는 한 우리는 이누피아트 092
물범 사냥에 따라가다 098 가질 것이냐, 얻을 것이냐 103

Chapter 4 검은 바다를 헤엄치는 고래들 –알래스카 카크토비크
고래 축제의 첫 손님, 북극곰 110 동토의 카니발리즘 117
정체성의 시험대, 고래 사냥 122 석유자본에 등을 돌리다 131

Chapter 5 침몰하는 미래의 실낙원 –남태평양 투발루
지구온난화 시대의 디스토피아 146 가장 안전한 활주로 151

'투발루 마지막 날'의 진실은 무엇인가 156
바닷물이 솟아오르는 보로 피츠에 갇히다 163
해수면 상승이 없다고 말하는 사람은 누구인가 172
재생에너지를 통해 미래를 꿈꾸다 179

Chapter 6 기후난민이 사는 법 —뉴질랜드 오클랜드

투발루인들은 조국을 포기했는가 190 오클랜드의 '라디오 투발루' 194
지구화의 정점은 지구온난화 201 뉴질랜드 정부에게 답장을 받다 207
투발루가 안전한가, 오클랜드가 안전한가 210 침묵하는 공해국가들 219

Chapter 7 펭귄은 묻고 있다 —남극 킹조지 섬

사라진 호수의 미스터리 226 거대한 대륙의 뗏목을 타고 온 펭귄 230
드레이크 해협을 건너 킹조지 섬으로 236 사라지는 크리스털 사막 244
크릴을 먹지 않는 동물은 없다 251 남극의 도도새가 될 것인가 260

Chapter 8 명태는 돌아오지 않는다 —강원 고성

물고기들의 오아시스, 동해 268 '둥지밭'에 열린 명태들 274
따뜻한 겨울에 명태는 쫓겨간다 279 한반도 자연이 변하고 있다 284
명태 없는 명태 축제 289

둠 투어 가이드 294
주 311

Chapter **1**

그린란드

캐나다

처칠

허드슨 만

매니토바

온타리오

퀘백

위니펙

북극곰은 얼음 위를 걷고 싶다
Hudson Bay, Canada
-캐나다 허드슨 만

사실 처칠은 지구온난화 여행의 실마리가 된 도시였다. 처칠이 있었기에 나는 북극을 갔고, 북극을 갔기에 적도를 갔고, 적도를 갔기에 남극을 갔다.

처칠에 도착한 건 2005년 10월 24일이었다. 그러니까 결혼식을 마치고 사흘째 되는 날이었다. 처칠은 나의 신혼여행지였다. 나와 아내가 특이하게도 캐나다의 작은 마을을 신혼여행지로 선택한 이유는 북극곰 때문이었다. 1999년 캐나다에 잠깐 머물 적, 나는 해마다 10월 말부터 11월 초에 처칠에 출몰한다는 북극곰 이야기를 들었다. 그때 이 작은 마을에 매료됐고, 그곳에 꼭 가보겠다고 마음먹었다. 하지만 기억은 태엽이 달린 인형과 같아서 결심은 오래가지 못했다. 처칠은 금세 잊혀졌다. 그리고 몇 년 뒤, 인

코카콜라 광고에서처럼 처칠은 하얀 눈나라가 아니었다. 10월 말이 되어갔지만, 허드슨 만의 바다는 얼 기미가 보이지 않고 투명한 하늘만 품고 있었다.

도 배낭여행을 다녀오는 길에 처칠을 다시 만났다. 뭄바이에서 오사카로 가는 전일본공수항공ANA 비행기의 기내지에서 잊었던 이 마을을 다시 발견했다. 대여섯 쪽짜리 특집 화보를 채운 푸른 하늘 아래서 북극곰들은 펄펄 내리는 하얀 눈을 바라보고 있었다. 한국에 돌아온 나는 그녀에게 처칠의 북극곰 이야기를 들려줬다.

"해마다 가을이면 캐나다 북극권의 작은 마을 처칠에 북극곰들이 찾아

Chapter 1_ 북극곰은 얼음 위를 걷고 싶다

오는 거야. 사람들은 문을 꽁꽁 걸어 잠그고 북극곰을 기다리지. 북극곰이 하나둘 마을을 어슬렁거리다가 뒤란 창고를 쿵쿵거리며 뒤지고 앞마당 창문을 똑똑 두드린다는 거지. 그때쯤이면 북쪽 하늘에서 푸른 오로라가 나타나거든……."

"무슨 코카콜라 광고 찍냐?"

그녀는 그렇게 응수했지만, 마침내 우리는 결혼했고 처칠을 향해 떠났다.

▶전 세계 북극곰의 수도, 처칠

처칠은 캐나다 북극권의 작은 소도시다. 아니 도시라고 하기에는 뭣하고 마을이다. 인구는 팔백 명뿐이다. 처칠은 허드슨 만을 끼고 있다. 캐나다 지도를 보면, 드넓게 흩어진 섬—배핀 섬 Baffin Island, 엘즈미어 섬 Ellesmere Island, 빅토리아 섬 Victoria Island 등—사이를 요리조리 피해 남하하면서 대륙으로 가장 깊게 파고 들어간 북극해가 보일 것이다. 그곳이 허드슨 만이다. 처칠의 위도는 북위 58도. 그리 높지 않다. 그러함에도 처칠을 북극권으로 부르는 이유는 처칠 앞바다인 허드슨 만이 일 년에 절반 이상 얼어 있기 때문이다.

북극권을 정의하는 방법에는 여러 가지가 있다. 먼저 위도적으로 구분하는 방법이다. 북극점을 꼭짓점으로 북위 66도 33분을 따라 지구 위에 한 바퀴 원을 그린다. 이 선이 북극선이다. 그러면 북극선 이북 지역이 북극권이다. 북극권에서는 한여름에 하루 내내 해가 지지 않는 백야 현상이 나타난다. 한겨울에는 반대로 온종일 밤이다. 이런 현상을 극야라고 한다.

두 번째 방법은 바다가 어느냐 마느냐를 두고 정의한다. 바다의 결빙 여부는 식생을 특징짓는 중요한 기준이기 때문이다. 바다가 얼어야 전형적인 북극 동물인 북극곰, 물범, 바다사자, 바다코끼리 등이 살기에 유리하다. 처칠이 그러하다. 위도는 58도(영국의 스코틀랜드, 노르웨이의 오슬로, 스웨덴의 스톡홀름의 위도가 비슷하다)밖에 안 되지만, 자연환경은 북극에 가깝다.

처칠 앞바다 허드슨 만은 해마다 10월이면 얼고, 이듬해 6월에야 얼음이 풀린다. 적어도 오슬로나 스톡홀름보다는 북극점에 가기 쉽다. 처칠에서 북극점까지는 수천 킬로미터 떨어진 먼 거리지만, 일 년의 절반은 북극점까지 바다얼음(겨울에 남·북극에서 바다가 얼어 형성되는 얼음. 해빙 sea ice이라고도 부른다) 위로 '걸어서' 갈 수 있는 것이다. 허드슨 만은 식생으로 보아 북극권의 특색을 보이는 곳 가운데 위도가 가장 낮은 지역이다.

위도가 낮지만, 처칠은 오슬로나 스톡홀름처럼 문명세계 네트워크와 긴밀하게 연결된 지역이 아니다. 처칠은 나머지 세계와 격리됐다. 문명세계에서 처칠까지 이어지는 도로는 없다. 처칠에 오는 사람들은 대부분 캐나다의 중부 대도시 위니펙 Winnipeg에서 두어 시간 비행기를 타고 이곳에 도착한다. 도로는 없지만 '허드슨베이 레일' Hudson Bay railway이라는 기찻길이 뚫려 있다. 위니펙에서 출발하는 허드슨베이 특급은 처칠까지 2박 3일이 걸린다. 이렇게 오래 걸리는 이유는 기차가 빠른 속력으로 달릴 수 없기 때문이다. 처칠에 가까워질수록 타이가는 툰드라로 바뀐다. 툰드라에서부터는 여기저기 물웅덩이가 흩어져 있고, 땅 아래는 영구동토층(지면 4~5미터 아래 존재하는 얼음층으로, 북극권 지형에서 나타난다)이다. 따라서 기차가 빨리 달리면 지반이 붕괴할 위험이 있다.

그해 10월 24일 아침, 아내와 나는 허드슨베이 특급을 타고 처칠에 내렸다. 사진에서 본 풍경과 달리 처칠은 황량한 모습이었다. 컨테이너형 주택과 격자 무늬의 비포장 도로, 대형 할인마트처럼 불퉁하게 생긴 타운센터(관공서, 병원, 학교 등 공공기관이 모여 있는 북극 마을의 복합건물) 그리고 황무지, 웅덩이, 황무지, 웅덩이…….

내가 머문 숙소는 아이스버그인Iceberg inn이었다. 한국말로 하면 '빙산여인숙' 정도 되겠다. 빙산여인숙은 바로 처칠역 앞에 단층으로 서 있었다(역시 컨테이너 건물!). 여장을 풀고 로비에 나와 커피를 마시고 있는데, 빙산여인숙의 주인장 딕Dick이 "시내 구경 시켜줄까?"라고 물었다. 그는 통신판매업체인 시어스Sears 일도 겸하고 있었는데, 물건을 배달하러 가는 길에 '다운타운 투어'를 해주겠다는 제안이었다. 픽업트럭에 오르자마자 그가 말했다.

"허, 참! 이렇게 눈이 안 와서야. 10년쯤 전부터 이렇단 말이야. 1980년대만 해도 이때쯤이면 마을이 눈으로 하얗게 덮였어. 그런데 요 며칠째 비가 온다고. 비 말이야, 비! 눈이 아니라……."

처칠 사람들은 북극곰으로 먹고사는 사람들이었다. 처칠 사람들은 스스로를 '전 세계 북극곰의 수도'Polar bear capital of the world의 시민이라고 생각했다. 북극곰이 나타나는 한 달 동안 전 세계 관광객, 일군의 포토 저널리스트와 다큐멘터리 촬영진 들이 이곳에 나타난다. 한 달 동안 방문자만 1만 5,000명이다. 처칠 인구 800명의 20배가 넘는다. 그런지라 처칠 사람들 대부분이 관광업에 종사한다. 북극곰 생태 투어를 진행하는 두 곳의 여행사와 렌터카 회사, 그리고 여남은 개의 레스토랑과 호텔, 여인숙 들이 이 한 달을 위해 일 년 동안 관광객 맞을 준비를 하고 있는 것이다.

그런데 처칠 관광업계를 돌리는 톱니바퀴의 나사가 하나 빠지기 시작했다. 흰 눈이 내리고 북극곰이 왔다 갔다 해야 처칠이 그림 같은 '코카콜라 마을'이 되는데, 눈은 오지 않고 얄궂은 비만 내리는 것이다. 북극곰 풍광에서 느껴지던 낭만성이 탈각되는 모양새다. 한 달 장사로 아이들을 위니펙에 유학 보내는 주민들은 불안하다. 적어도 10월 말에는 영하로 내려가야 한다. 그래야 눈이 오고 북극의 정취가 사는데, 영상 10도를 웃도니 비가 오는 것이다.

이튿날도 추적추적 비가 내렸다. 관광객들과 함께 곰들이 은거한다는 고든 곳 Gordon Point을 방문했다. 아침 일찍부터 오후 늦게까지 처칠 만 야생보호구역 Cape Churchill Wildlife Management Area을 특수 제작된 설상차인 툰드라 버기 Tundra buggy를 타고 훑는 생태 투어였다. 비에 젖은 툰드라는 질척거렸다. 어른 키만 한 툰드라 버기의 바퀴도 자꾸 헛돌았다. 그렇게 두 곳의 생태 투어 여행사가 풀어놓은 북극 사파리 차량 대여섯 대가, 비를 맞으며 북극곰을 수색했다.

한 시간쯤 지났을까. 갈색 툰드라와 잡목 사이로 곰이 눈에 띄었다. 아쉽게도 북극곰은 아니었다. 어슬렁거리는 놈은 흑곰 American Black Bear이었다(허드슨 만 내륙 지역은 북극곰과 흑곰의 서식지가 겹치는 곳이다). 그리고 한참 동안 뇌조 몇 마리와 붉은여우로 워밍업을 한 뒤에야 이윽고 툰드라 호수 옆에 누워 있는 하얀 물체가 보였다. 북극곰이었다. 북극의 제왕답게 놈은 거대했다. 북극곰 평균 몸무게로 알려진 400킬로그램은 족히 넘을 듯싶었

호기심 많은 북극곰은 관광객을 태운 툰드라 버기로 다가오곤 한다. 사람들은 와자지껄하게 사진을 찍느라 정신 없고, 북극곰은 이리저리 두리번거릴 뿐이다.

다. 툰드라 버기 위에서 관광객들이 북극의 제왕을 보고 흥분하고 있을 때, 서서 비를 맞던 놈이 다시 심드렁하게 드러누웠다. 그리고 또 한참……. 북극곰이 진창에서 헛도는 툰드라 버기의 바퀴 소리를 들은 것 같았다. 북극곰은 인간들을 힐끗 쳐다보더니 하얀 훈김을 피어 올렸다. 하얀 연기가 하늘로 올라가다가 빗방울에 꺼졌다. 껌벅거리는 북극곰의 눈동자 앞으로 번쩍번쩍 플래시가 터졌다.

오전 9시부터 오후 3시까지, 이날 구경한 북극곰은 세 마리가 전부였다. 관광객들은 싱거운 '북극곰 생태 투어'였다고 불평하며 창문에서 눈을 뗐다. 툰드라 버기는 연신 헛바퀴를 구르며 사냥에 실패한 인디언처럼 터덜터덜 처칠로 돌아갔다.

사실 북극곰을 볼 수 있는 곳은 지구에서 흔치 않다. 북극곰 관찰을 백 퍼센트 보장해주는 곳은 처칠이 거의 유일하다고 볼 수 있다. 북극곰 보호 단체인 폴라베어인터내셔널Polar Bear International[1]은 전 세계 북극곰을 2만 2,000마리에서 2만5,000마리로 추정하고 있다. 많아 보이지만 많은 수가 아니다. 아까 설명했듯 북극권은 북위 66도 33분 이북 지역이다. 북극권 면적을 대충 지구의 6분의 1 이하(지구는 둥글기 때문에 지도 단면을 펴면 더 작아진다)로 본다면, 그곳에 단 2만2,000마리만 사는 것이다. 더욱이 북극곰은 잠시도 가만히 있는 동물이 아니다. 활발하면서도 불규칙하게 그러면서도 개인적으로 움직인다. 북극의 다른 유목 동물인 순록처럼 수백, 수천 마리가 떼를 지어 일정한 패턴으로 돌아다니는 것이 아니다. 수컷은 혼자 사냥하고 혼자 잔다. 암컷은 새끼를 낳은 뒤 2년 동안만 데리고 다닌다.

보퍼트 해$^{Beaufort Sea}$에 사는 어미 북극곰 121마리에 위성위치추적장치(GPS)를 달아 1985년부터 1995년까지 10년 동안 경로를 추적했다. 북극곰은 일 년 동안 적게는 1,406킬로미터에서 많게는 6,203킬로미터를 이동했다. 한 달 평균 79킬로미터에서 420킬로미터를 이동한 셈이다. 이들이 한 해에 횡단한 지역의 넓이는 적게는 7,264제곱킬로미터에서 많게는 59만6,800제곱킬로미터이며, 한 달 평균 88제곱킬로미터에서 9,760제곱킬로미터를 돌아다녔다. 가장 게으른 북극곰이라도 시간당 2킬로미터 이상 이동했다.[2]

아프리카의 누우 떼, 동유럽의 보헤미안보다도 북극곰은 진정한 노마드 유전자를 가졌다. 그러니 생각해보라. 북극의 노마드를 과연 손쉽게 볼 수 있을지. 그건 서울에서 아는 사람을 우연히 마주칠 확률보다도 적다. 다시 한 번 말하지만 거대한 지구의 6분의 1 면적에 북극곰은 2만2,000마리밖에 살지 않는다. 게다가 쉴 새 없이 돌아다닌다.

다만 처칠은 예외다. 처칠은 수많은 북극곰들이 거쳐가는 단골 방문지다. 전 세계 북극곰의 절반 정도에 이르는 1만2,000마리가 허드슨 만에서 봄과 여름을 나고, 이 가운데 1,200마리 정도가 처칠 만과 와푸스크 국립공원$^{Wapusk\ national\ park}$[3]을 어슬렁거린다. 이 지역이 북극곰들의 양육에 좋은 조건을 제공해주기 때문이다. 바다 안쪽 내륙에는 여기저기 산딸기와 잡목의 열매 그리고 북극토끼, 뇌조 등 북극곰의 주전부리 거리가 많다. 북극곰들은 바다가 얼지 않는 여름엔 보통 이곳에서 주전부리를 하면서 '겨울잠'을 잔다. 진짜 겨울잠이 아니라 유사 겨울잠이다.

유사 겨울잠은 처칠 만 근처 내륙에서 이리저리 어슬렁거리는 것이다.

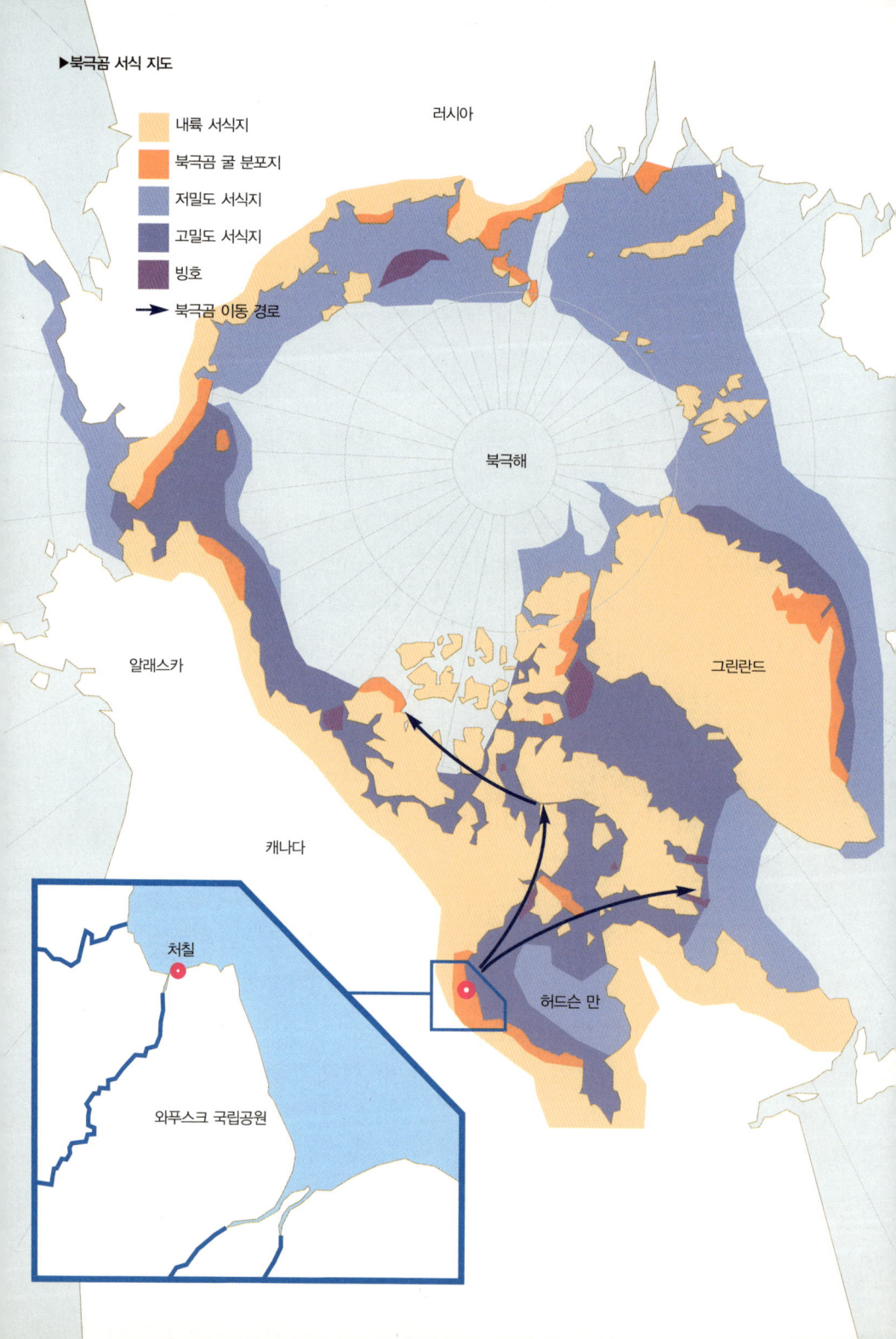

어슬렁거리는 거리는 극히 짧고, 대부분의 시간은 쉬거나 낮잠을 잔다. 체력 소모를 최소화하는 것이다. 부족한 식량 환경에서 에너지 소모를 줄이기 위해서다.

주전부리는 단지 주전부리일 뿐이다. 북극곰의 주식은 따로 있다. 바로 고리무늬물범Ringed Seal과 하프물범Harp Seal 등 해양 포유류다. 북극의 기나긴 겨울 동안 북극곰은 바다얼음 위를 신나게 돌아다니며 물범을 사냥한다. 바다얼음에 구멍을 뚫고 가만히 앉아서 숨을 쉬러 올라오는 물범을 기다린다. 혹은 떼를 지어 바다얼음 위에서 쉬는 바다사자나 바다코끼리를 공격하기도 한다. 그러나 여름이 가까워질수록 날은 따뜻해지고 바다얼음은 점점 녹아서 깨져나간다.

바다가 얼지 않는 여름엔 해양 포유류를 사냥하기가 쉽지 않다. 바다에 나가 바다얼음과 바다얼음 사이를 헤엄쳐 다니며 사냥해야 하는데, 여름엔 바다얼음이 그리 많지 않기 때문에 수영 거리가 늘어난다. 북극곰의 사냥 성공률도 점점 낮아진다. 이때가 되면 북극곰은 닷새에 고리무늬물범 한 마리 정도를 건진다.4 점점 투자한 시간과 에너지가 헛되다는 것을 알게 될 즈음, 북극곰은 남쪽으로 진로를 바꾸기로 결단한다. 그리고 육지를 향해 힘겹게 헤엄쳐서 퇴각한다. 마침내 육지에 올라가서는 적게 먹고 적게 활동하는 단식 체제로 몸을 바꾼다. 이런 유사 겨울잠을 '워킹 하이버네이션'Walking Hibernation이라고 부른다. 그러니까 '걸어 다니는 겨울잠' 정도의 뜻이 되겠다. 처칠 만 북극곰들의 워킹 하이버네이션 기간은 허드슨 만의 바다얼음이 녹아 있는, 6월에서 10월 사이와 일치한다. 이 시기 북극곰들은 전체 시간의 80퍼센트를 낮잠을 자거나 쉬는 것으로 시간을 보낸다.

기후 특성에 따라, 운이 좋게도 처칠 만은 근처 어느 곳보다 빨리 바다 얼음이 형성된다. 바다가 빨리 얼어야 북극곰들은 워킹 하이버네이션을 빨리 끝낸다. 북극곰들로선 빨리 끝낼수록 좋다. 해마다 10월이 되어 기온이 영하를 밑돌기 시작하면, 마술처럼 수컷, 암컷, 새끼 북극곰들이 허드슨 만의 작은 마을을 지나간다. 바다가 얼 때가 된 것이다.

바닷가 주변에서 여름을 보낸 곰들이 바다가 얼었는지 흘끗거리며 처칠 주변을 맴돈다. 그리고 결국 바다가 얼기 시작한다. 북극곰들은 하나둘 처칠 앞바다에 깔린 얼음 위를 걸어 북극으로 향한다. 처칠은 북극해로 배를 떠나보내는 항구처럼, 북극곰의 항구가 된다. 노르웨이의 피오르, 지구에서 가장 큰 섬 그린란드 그리고 북극점이 그들의 목적지일지 모른다. 북극해를 유목하면서 북극곰들은 물범을 잡아먹는 행복한 생활을 이어나가다가, 이듬해 허드슨 만의 얼음이 풀리는 6월께에 다시 처칠로 돌아온다.

▶온난화로 북극곰이 사라진다

하지만 이런 북극곰의 이주 형태에 문제가 생겼다. 점점 따뜻해지는 날씨 때문이다. 고든 곳을 다녀온 날 밤, 처칠 노던스터디센터 Churchill Northern Studies Center가 관광객을 상대로 시내 타운센터에서 지구온난화 강의를 열었다. 노던스터디센터는 캐나다의 저명한 북극 연구소다. 특히 허드슨 만 북극곰에 대해 방대한 현장조사를 하는 곳으로 유명하다. 이날 노던스터

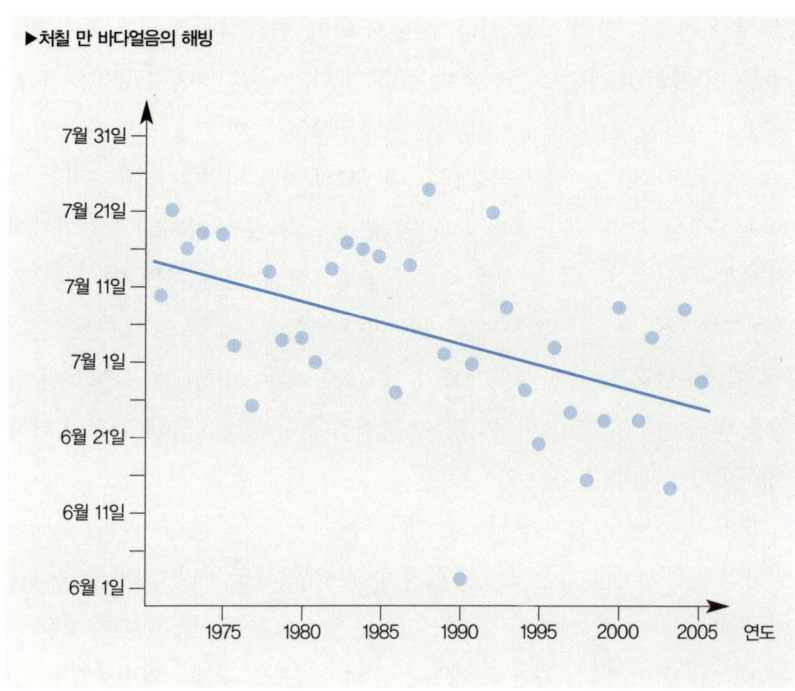

디센터에서 나온 연구원이 강의한 주제는 '지구온난화와 북극곰 생태의 상관관계'였다.

"자, 이 그래프를 보세요. 처칠의 바다얼음이 녹는 시기를 보여주는 그래프입니다. 바다얼음이 갈수록 빨리 녹지요. 반면, 바다얼음이 어는 시기는 늦어지고 있습니다."

과연 그랬다. 1970년대만 해도 7월 중순이면 바다얼음이 풀렸는데, 2000년대에 이르러 6월 말부터 7월 초순으로 당겨졌다. 1970년대에 비해

2주가량 바다가 빨리 녹고 있다. 이렇게 되면 겨울 사냥을 나간 북극곰들이 좀 더 빨리 내륙으로 돌아와야 한다. 게다가 올해 겨울처럼 따뜻한 날씨가 지속되면, 11월 중순이면 시작해야 할 북극곰의 겨울 사냥도 출발이 늦어진다. 곧 허드슨 만 북극곰들은 예전보다 겨울 사냥을 늦게 출발해 일찍 돌아와야 한다. 북극곰판 '고난의 행군'인 워킹 하이버네이션 기간이 점점 늘어나는 것이다. 반대로 북극곰이 포식할 수 있는 겨울 사냥 기간은 줄어드는 것이고……. 강사는 설명을 이어갔다.

"지구온난화로 인한 봄·여름의 장기화는 북극곰 생태에 부정적인 영향을 미칩니다. 실제로 바다 결빙이 늦춰짐에 따라 북극곰의 건강이 나빠지고 있다는 연구 결과가 있습니다."

그가 말한 연구 결과는 허드슨 만 북극곰 연구의 전문가 아이언 스털링 박사의 논문에 실린다.[5] 그는 과거에 비해 서부 허드슨 만 어미 곰의 체중이 줄어들었고 재임신까지 걸리는 기간은 늘어났다는 연구 결과를 1999년에 내놓은 적이 있다. 아마도 허드슨 만 바다얼음의 결빙·해빙 시기와 밀접한 관련을 맺고 있을 거라는 설명과 함께.

그로부터 7년 뒤인 2006년, 캐나다 온타리오 Ontario 주 자연자원부 마틴 오바드 Martyn E. Obbard 박사 등은 아이언 스털링 박사의 가설을 허드슨 만 남부에 적용해 연구한 결과[6]를 발표했다. 오바드 박사가 연구한 지역은 처칠의 동남쪽 매니토바 Manitoba 주와 온타리오주 경계선 부근(56°50′N 89°W)부터 온타리오 주의 후크 포인트(54°50′N 82°15′W)까지였다. 그는 여기서 북극곰 452마리를 포획한 뒤, 각각의 몸무게를 달고 키를 쟀다. 다음은 그의 연구 결과를 요약한 것이다.

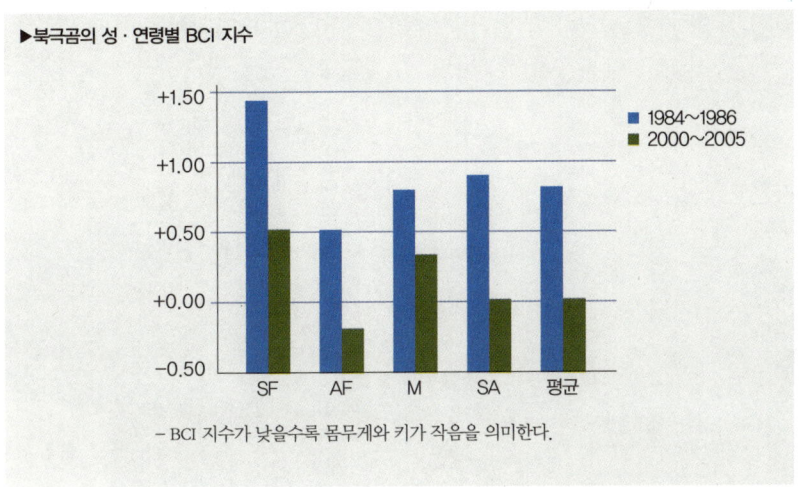

▶북극곰의 성·연령별 BCI 지수

− BCI 지수가 낮을수록 몸무게와 키가 작음을 의미한다.

우리는 2000년부터 2005년까지 허드슨 만 남부 북극곰의 건강 상태를 조사했다. 북극곰은 다음 네 가지로 분류했다. 임신 중이거나 임신 준비 상태인 암컷solitary adult females, SF, 새끼를 동반한 어미 북극곰adult females with young, AF, 수컷adult males, M 그리고 네 살 이하의 새끼 북극곰subadults, SA이었다.

우리는 북극곰을 포획해 마취한 뒤, 코 끝에서 꼬리까지의 길이straight line body length, SLBL를 철제 자로 측정했다. 그리고 북극곰을 줄에 매단 뒤 전자저울로 몸무게total body mass, TBM를 측정했다. 이 두 측정치를 이용하여 BCI 지수Body Condition Index(생물학 연구에서 동물의 건강도를 나타내는 수치로 −0.3에서 +0.3까지 숫자로 표시한다)를 계산해냈다.

북극곰의 상태를 시계열적으로 분석하기 위해 우리는 콜레노스키G. B. Kolenosky 등이 1984년부터 1986년 사이에 측정해 1992년에 발표한 데이터[7]와

처칠은 북극곰과 인간이 서로 도우며 공존하는 유일한 곳이다.
처칠이 지구온난화 시대의 산업도시로 거듭난다면, 두 존재의 연대는 사라지고 말 것이다.

비교했다. 그때에 비해 북극곰의 건강은 현저히 나빠졌다. 연령이나 임신 여부와 관계없이 암컷과 수컷은 물론 어미와 새끼 모두 BCI 지수가 떨어졌다. 가장 극적인 변화를 보인 북극곰은 임신 중이거나 임신을 앞둔 암컷이었다. 이들은 BCI 지수가 1 가까이 떨어졌다.

BCI 지수가 떨어진 것은 북극곰의 몸무게와 키가 줄어들었음을 의미한다. 골격에 비해 지방층이 얇아지고, 전체적으로 왜소해졌다는 뜻이다. 오바드 박사가 크게 우려한 임신 중이거나 임신 준비 상태인 암컷 북극곰(SF)의 BCI 지수는 1984년부터 1986년 사이에 1.45(±0.17)였으나, 2000년부터 2005년 사이에는 0.52(±0.11)로 떨어졌다. 조사 대상 북극곰의 전체 평균 BCI 지수도 0.83에서 0.03으로 줄어들었다.

북극곰이 점차 왜소해진 10여 년 동안, 바다얼음 또한 빈약해졌다. 1984년부터 1986년 허드슨 만 남부의 바다얼음 해빙일은 각각 7월 26일, 8월 8일, 8월 3일이었다. 바다얼음은 7월 말에서 8월 초쯤에 녹았다. 하지만 2000년부터 2003년 사이에 바다얼음은 이보다 열흘 이상 이른 7월 중순부터 녹기 시작했다. 바다얼음 해빙일은 각각 7월 31일, 7월 2일, 7월 22일, 7월 21일이었다.

바다의 결빙 기간도 줄었다. 1984년부터 1986년 사이에 이 지역 바다가 언 기간은 각각 233일, 266일, 256일이었지만, 2000년부터 2003년 사이에는 각각 213일, 183일, 210일, 239일이었다. 15년 사이에 바다얼음의 지속 기간이 한 달 이상 줄어든 것이다.

바다얼음이 늦게 얼거나 줄어들면 여러모로 북극곰에게 불리한 환경이

▶허드슨 만의 바다얼음과 북극곰의 상관관계

연도	해빙일(줄리언 데이)	겨울 해빙 지속기간	평균 BCI 지수
1984	7월 26일 (208)	233	0.83
1985	8월 8일 (220)	266	0.56
1986	8월 3일 (215)	256	1.01
2000	7월 31일 (213)	213	−0.16
2001	7월 2일 (183)	183	0.06
2002	7월 22일 (203)	210	0.38
2003	7월 21일 (202)	239	0.03

— 줄리언 데이(Julian day)는 1월 1일을 1일로, 2월 1일을 32일로, 12월 31일을 365일로 표시한 날짜 표기법.
— 출처 : Martyn E. Obbard, Marc R.L. Cattet, *Temporal Trends in the Body Condition of Southern Hudson Bay Polar Bears*, 2006

조성된다. 처칠 만의 북극곰은 바다가 언 뒤에야 바다얼음 위를 터벅터벅 걸어 사냥을 떠난다. 중간에 바다얼음이 녹은 균열 지점이 나타나면 헤엄쳐 나아간다. 그렇게 북극곰은 북극을 방랑하며 포식의 계절을 보낸다. 하지만 바다얼음이 없으면 북극곰은 살 수 없다. 북극곰은 바다얼음 위에서 물범이나 바다사자를 사냥한다. 바닷속에선 네 발로 헤엄쳐야 하는 북극곰이 이들에 비해 둔하지만, 얼음 위에서는 정반대의 상황이 된다. 짧은 지느러미로 느릿느릿 도망가는 물범을 한번에 잡아먹을 수 있다.

바다얼음의 양이 줄어들면, 바다얼음과 바다얼음 사이의 거리가 멀어진다. 게다가 북극해 바다얼음은 시시각각 움직이며 곳곳에 균열이 나타난다. 북극곰은 네 발 달린 동물 중 가장 훌륭한 수영선수다. 바다에서 한 번에 100킬로미터를 이동한다는 보고가 있을 정도다.[8] 하지만 제아무리 천

처칠 곳곳에는 '북극곰 조심' 표지판이 서 있다.
특히 해안가는 북극곰의 출몰이 잦다.

하의 수영선수라지만 바다얼음과 바다얼음 사이의 거리가 까마득하게 멀면 간단치 않다. 북극곰이 쉽게 지치고 익사하는 경우까지 생긴다. 폴라베어인터내셔널은 현재의 온난화 속도대로라면 2050년께 허드슨 만의 북극곰이 멸종할 것이라고 내다보고 있다. 이 통계는 우리에게 무얼 말하는가? 지구는 더워지고, 바다얼음은 줄어들고, 북극곰은 멸종을 향해 치닫고 있다는 의미다.

이튿날 나는 렌터카를 빌려 다른 북극곰을 찾아보기로 했다. 처칠 만의 북극곰들에게선 동물원 느낌을 지울 수 없었다. 물론 그들은 자연 상태의 북극곰이었으나, 나는 아프리카 초원에서 사파리 투어를 한 것만 같았다.

처칠의 유일한 렌터카 업체 타마랙렌탈Tamarack Rentals의 주인 로렌은 나에게 지정된 도로를 벗어나지 말라고 신신당부했다. 처칠 근처의 도로라고 해봐야 총 50킬로미터도 안 되지만, 지금은 북극곰들이 단체로 소풍을 온 때였다. 엄폐물이 없으면 위험했다.

북극곰은 우리에게 귀여운 인상이지만, 아프리카로 치자면 백수의 왕 사자쯤 된다. 북극곰은 북극에서 최상위 포식자다. 북극곰은 주식인 고리무늬물범뿐만 아니라, 다양한 물범과 바다사자 그리고 저보다 몸집이 큰 흰 돌고래 벨루가Beluga Whale도 먹어 치운다. 북극여우 같은 작은 동물도 가리지 않는다. 사람이 북극곰에게 습격당했다는 뉴스도 북극권에선 심심찮게 나온다.

물론 처칠은 거의 완벽한 북극곰 보안 시스템을 갖추고 있다. 주민들은 30년 이상 북극곰 경계 시스템Polar bear alert system에 훈련돼 있다. 1967년에 처칠과 매니토바 주가 만든 이 프로그램은 될 수 있으면 북극곰을 마을에 접근하지 못하도록 하는 데 목표를 두고 있다.

처칠을 지배하는 인간들의 규칙에 따르면, 북극곰은 처칠 일대를 돌아다닐 수 있으나 마을 경계선 안으로 들어와선 안 된다. 마을 동쪽 경계선은 처칠에서 5, 6킬로미터 떨어진 처칠 쓰레기 매립장을 지나간다. 북극곰이 이 선을 넘어올 경우 주민들은 다이얼을 돌린다. 이른바 북극곰 신고전화, 675국에 B-E-A-R(전화 버튼을 보라. 2는 ABC, 3은 DEF, 4는 GHI……). 북극곰 경계 태세 발령이다.

북극곰 경계 태세가 떨어지면 곧바로 북극곰 보안경찰이 출동한다. 경찰은 자동차를 타고 북극곰 앞으로 돌진하거나 허공을 향해 공포탄을 발사하는 방법으로 북극곰을 마을에서 쫓아낸다. 그러나 어딜 가도 말썽꾸러기들이 있다. 아무리 쫓아내도 달콤한 냄새가 나는 마을을 잊지 못하는 것이다. 그런 상습범에게는 특단의 조처가 내려진다. 북극곰 감옥Polar bear jail에 수용하는 것이다. 북극곰 시즌인 10월 중순부터 11월 초 사이에는 스물여덟 마리 정원의 북극곰 감옥이 만원이 되기도 한다. 그 뒤 11월 중순에 바다가 얼면, 경찰은 범법자 북극곰들을 헬리콥터에 실어 처칠에서 멀찍이 떨어진 곳으로 가 석방한다. 감옥에서 풀려난 북극곰들은 겨울의 유목을 시작한다. 그때만큼은 북극곰들이 처칠 마을을 기웃거리지 않는다. 먹을거리가 바다에 더 많으므로.

북극곰 경계 태세의 80퍼센트는 처칠 쓰레기 매립장에서 일어난다. 북극곰들이 바로 쓰레기 매립장을 좋아하기 때문이다. 황막한 초겨울의 툰드라에서 이만큼 맛있는 것이 많은 곳은 없다. 인간이 버려놓은 고깃덩어리는 향긋한 냄새를 풍긴다. 북극곰 대중식당Polar bear mess hall이라는 별칭이 붙을 정도다. 나는 렌터카를 처칠 변두리 쓰레기 매립장으로 몰았다.

"앗, 저기다!"

어미 북극곰 한 마리와 새끼 북극곰 세 마리가 일렬로 쓰레기 매립장을 향해 걸어가고 있었다. 어미가 앞장서고 새끼들이 뒤를 따른다. 도로에서 가까운 곳이었으므로, 어미는 한참을 걸어가다가 아장거리며 뒤따라오는 새끼들을 기다리고, 한참을 걸어가다가 깨금발을 딛고 고개를 두리번거렸다. 녀석은 엔진 소리를 낮추고 슬금슬금 따라가는 우리를 경계하기 시작했다.

북극곰 가족은 쓰레기 매립장에 도착하자, 쓰레기더미에 코를 묻고 킁킁거렸다. 워킹 하이버네이션은 하염없이 길어지고 있었다. 북극곰 가족은 아마 '고난의 행군'에 지쳤을 것이다. 아직 허드슨 만은 얼지 않았다. 북극에서 얼음장 하나 흘러오지 않는다. 하늘은 잿빛이다. 언제야 허드슨

처칠 쓰레기 매립장에서 북극곰 가족을 만났다.
쓰레기 매립장은 겨울 사냥에 앞서 굶주린 북극곰들이 자주 찾는 곳이다.

만이 얼까.

10분쯤 지났을까. 언제 북극곰 경계 태세가 발령됐는지, 북극곰 보안경찰이 우리와 북극곰 뒤에 서 있었다. 한동안 지켜보던 북극곰 보안경찰은 엔진에 시동을 걸었다. 부르릉. 픽업트럭이 북극곰을 향해 돌진했다. 북극곰은 자신들을 향해 달려오는 트럭을 멍한 얼굴로 바라보다가 터덕터덕 뒷걸음쳤다. 새끼들이 어미의 품 안으로 달려갔다. 그리고 북극곰 가족은 툰드라 너머로 도망치기 시작했다.

▶도전과 모험의 상징, 북서항로의 부활

처칠은 오래된 도시다. 치페위안 Chipewyan 부족이 살던 이곳에 북아메리카 최대 모피 무역상인 영국의 허드슨베이 컴퍼니 Hudson Bay Company가 무역본부를 차린 게 1717년이었다. 허드슨베이 컴퍼니는 이와 함께 길이 90미터, 높이 3미터의 프린스 오브 웨일즈 요새 Prince of Wale's Fortress를 세우고 42개의 대포를 설치했다. 이 지역을 두고 경쟁을 벌이던 프랑스군을 제압하기 위해서였다. 한편으로 유럽의 모피상들은 인디언 원주민과 친화적인 사람을 내세워 무역을 했다. 유럽인들이 인디언에게 원했던 것은 비버 가죽이었다. 북아메리카에 사는 비버는 당시 모자를 즐겨 쓰는 유럽인들에게 신이 내린 선물과 같았다. 비버 가죽은 모피 무역상의 손에 건네져 유럽에서 펠트 모자로 가공됐다.

구불구불한 처칠 강 Churchill river, 헤이 강 Hayes river을 따라 내륙을 거슬러 오르면서 모피 무역상들은 인디언과 거래했다. 허드슨 만 이남은 이러한 강들이 미로처럼 얽혀 있었다. 북아메리카의 식민지 개발이 본격적으로 이뤄진 시점이 아니었으므로, 때론 길을 잃을 정도로 구불구불한 강이 모피 무역상들의 유일한 운송로였다. 북아메리카의 중부에서 모피상들이 거둬들인 비버의 시체들은 카누에 실려 허드슨 만에 닿았다. 그리고 처칠에서 비버 가죽을 실은 배들은 유럽으로 출발했다.[9]

허드슨 만은 캐나다 중부 프레리Prairie(북아메리카 중부의 대평원 지대)의 산물을 유럽에 수출하는 가장 가까운 통로였다. 반대로 유럽의 문물이 곧장 대륙의 중앙으로 들어올 수 있는 지름길이었다. 그렇지 않으면 대륙을 횡단해 대서양 연안까지 화물을 싣고 간 뒤, 거기서 배에 태워 보내야 했다. 그러나 산업혁명의 여파가 대륙을 휩쓸었어도 처칠과 캐나다 중부의 문명 지대가 연결되는 건 쉽지 않았다. 중부의 대도시 위니펙에서 처칠까지 가는 길에는 수많은 호수와 발목을 잡는 툰드라 웅덩이들이 펼쳐져 있었다. 영구동토층은 얼고 녹기를 반복해 여름이면 지반이 무너지기 일쑤였다.

이러한 공사의 난점을 딛고, 위니펙에서 처칠을 잇는 허드슨베이 레일이 1929년에 완성되었다. 철도를 건설한 목적은 서스캐처원Saskatchewan 주와 매니토바 주에 펼쳐진 프레리의 곡창지대에서 나는 밀을 유럽으로 수출하기 위해서였다. 하지만 목적은 제대로 달성되지 못했다. 영구동토층 때문에 지반 침하가 자주 일어나서 상시적으로 철로를 보수해야 했고, 처칠 항에서 배를 출항시킬 수 있는 건 바다가 얼지 않는 7월부터 10월까지 넉 달뿐이었기 때문이다. 철로는 개설 초기에 열심히 이용되다가 얼마 되지 않아 경제적 효율성이 떨어지는 화물 운송로로 낙인찍히면서 사람들에게 잊혀졌다. 허드슨베이 레일과 함께 문을 연 처칠 항도 모피 무역 시대의 영화를 뒤로하고 개점 휴업 상태로 들어갔다.

이튿날 차를 돌려 처칠 항으로 들어갔다. 캐나다 북극권에서 유일하게 큰 화물선이 닻을 내릴 수 있는 심해 항구지만, 전체적으로는 퇴락했다는 인상을 줬다. 썰렁한 바람이 부는 프린스 오브 웨일즈 요새에는 관광객 한둘이 어슬렁거리고, 모피 무역으로 흥성거리던 처칠의 옛 항구는 잡초가 자라는 유적일 뿐이었다. 한때 프레리의 양곡을 채우던 신항구의 화물 창고도 텅텅 비었고, 허드슨베이 컴퍼니 간판은 떨어진 채 나부꼈다. 물론 항구가 아예 버려진 건 아니다. 지금도 화물 열차는 프레리의 밀을 싣고 처칠 항에 도착하고, 밀을 받은 화물선은 처칠 항을 빠져나간다. 현재 연간 화물량은 약 100만 톤. 이 가운데 90퍼센트가 프레리에서 생산된 밀이다.

처칠 항을 출발한 화물선은 미로 같은 캐나다 북극 연안을 빠져나가야 대서양에 다다를 수 있다. 사우스햄프턴 섬^{Southhampton Island}, 배핀 섬 등 크고 작은 섬들과 에반스 해협^{Evans Strait}, 배핀 해협 등 좁은 바닷길 그리고 바다얼음과 대륙빙하에서 떨어져 나온 빙산들이 도사리고 있는 곳이다. 배가 허드슨 만을 빠져나가면 북서항로에 다다른다. 여기서 왼쪽으로 틀면 알래스카 북극해 연안을 지나 베링 해에 이르고, 오호츠크 해를 따라 남진하면 아시아 신흥시장인 우리나라, 일본, 중국에 닿는다. 오른쪽 길을 택하면 배핀 섬을 왼쪽에 두고 허드슨 해협을 통과해 북대서양에 이른다.

사실 북서항로는 소빙하기인 15세기 직전에 바이킹이 개척한 길로 알려졌다. 노르웨이 바이킹들은 차가운 바다를 뚫고 북서쪽으로 계속 항해했고, 미로 같은 캐나다 북극해 속으로 들어가 결코 길을 잃지 않고 엘즈미어 섬, 스크랠링 섬Skraeling Island에 상륙해 사냥을 하거나 이누이트(에스키모)와 교역했다.

하지만 북서항로는 가상의 항로로 평가하는 게 더 정확하다. 용맹한 바이킹 전사들이나 이 길을 통과했을 것이라고 추측될 뿐, 19세기까지 수많은 모험가의 도전은 실패했으며 탐험가들은 일부 구간만 항해하는 데 만족해야 했다. 북서항로를 처음 정복한 건 노르웨이의 탐험가 로알 아문센Roald Amundsen이었다. 그는 1906년 47톤짜리 청어잡이 어선 이외와Gjøa 호를 타고 동쪽에서 서쪽으로 캐나다 북극권을 횡단했다. 하지만 그의 항해는 어떤 의미에서 지리멸렬한 것이었다. 깔끔한 성공을 거뒀던 남극 탐험과 달리 그의 항해는 3년이나 걸렸고, 두 번의 겨울 동안 이외와는 바다얼음에 갇혀 지내야 했다.

두 번째 북서항로 횡단에 성공한 사람은, 아문센을 자신의 영웅으로 존경한 탐험가 앙리 라르센Henry Asbjörn Larsen이었다. 노르웨이인 라르센은 캐나다로 건너와 왕립기마경찰Royal Canadian Mounted Police, RCMP의 선장으로 일하고 있었다. 1940년에 캐나다 정부는 모험심 충만한 노르웨이인 선장에게 명령을 내렸다. 캐나다 태평양 연안에서 출항해 북서항로를 항해하고 캐나다 대서양 연안으로 입항함으로써 캐나다의 북극 영유권을 재확인하라는 것이었다. 라르센에게는 작지만 탄탄한 배 세인트 로크St. Roch 호가 주어졌다.

라르센이 키를 쥔 세인트 로크는 1940년 6월 23일 대서양 연안의 밴쿠버Vancouver를 출항했다. 라르센은 그의 영웅 아문센의 항로를 그대로 따라

갔다. 하지만 혹한의 얼음바다는 아문센과 마찬가지로 그를 괴롭혔다. 세인트 로크 호가 북서항로를 다 빠져나가기도 전에 겨울이 닥쳤고, 얼음이 소리 없이 얼기 시작했다. 세인트 로크는 얼음바다에 갇혀 옴짝달싹 못하다가 이듬해 봄에 다시 동진했으나, 얼마 못 가서 두 번째 겨울을 맞아야 했다. 28개월이 지난 1942년 10월 11일, 라르센은 세인트 로크 호를 이끌고 캐나다 동부의 항구 핼리팩스Halifax에 도착했다. 어쨌거나 그의 도전은 성공이었다.

라르센은 아문센과 다른 무엇을 보여주어야 했다. 그는 1944년에 다시 북서항로에 도전했다. 이번에는 핼리팩스에서 출발해 밴쿠버로 돌아가는 귀환 여정이었다. 세인트 로크는 대형 엔진을 수혈받고 갑판을 새로 얻은 뒤, 그해 여름에 서쪽을 향해 진군했다. 이번에는 온 길보다 좀 더 북쪽의 바닷길을 택했다. 라르센과 세인트 로크는 1944년 10월 16일에 밴쿠버 항구에 모습을 드러냈다. 경이적인 기록이었다. 단 86일 만에 북서항로를 횡단하는 데 성공한 것이다. 이로써 라르센과 세인트 로크[10]는 북서항로 왕복 횡단에 성공한 첫 번째 탐험가와 배가 되었다.

아문센과 라르센의 개척 이후에도 북서항로는 상용적인 뱃길보다는 아문센과 라르센의 시대처럼 도전과 모험을 상징했다. 마치 세계의 등산가들이 에드먼드 힐러리를 좇아 에베레스트 등정에 나서는 것처럼 세계의 탐험가들은 아문센과 라르센을 좇아 북서항로에 도전했다. 하지만 100여 년 동안 북서항로를 항해하는 데 성공한 선박은 110척에 불과했다.[11] 크고 작은 섬에서 떨어져 나온 빙산과 불규칙하게 어는 바다얼음이 선박의 운행에 커다란 장애물이 되었을 뿐 아니라 생명마저 위협했기 때문이다.

하지만 상황은 바뀌고 있다. 2000년 9월, 북서항로의 도전자들에게 김 빠지는 소식이 들려왔다. 캐나다 왕립기마경찰대의 선박이 단 하나의 바

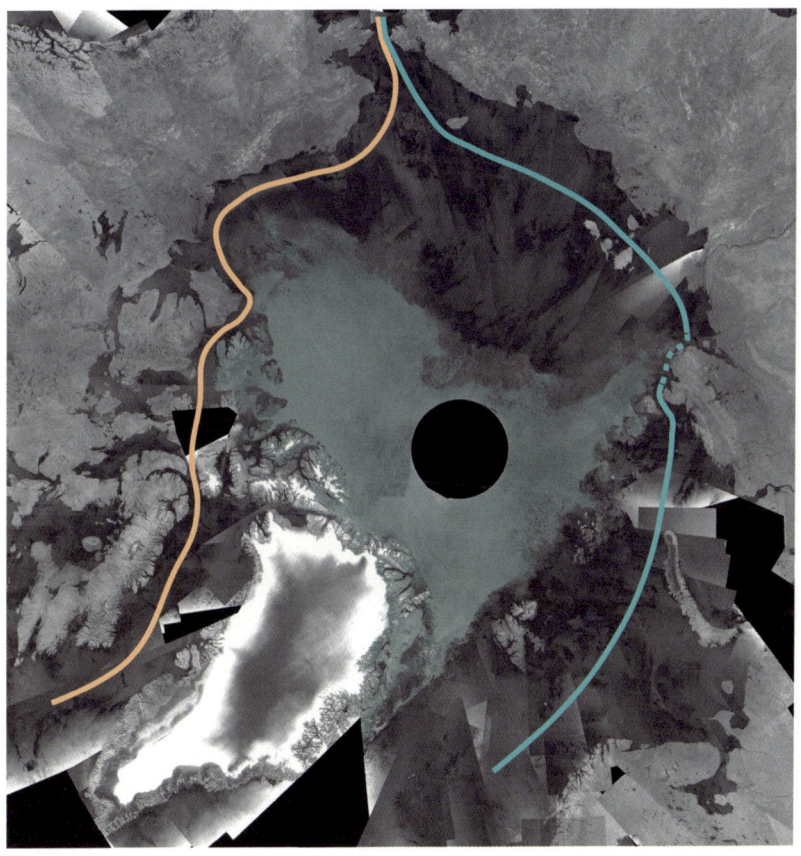

- 2007년 유럽항공우주국(ESA)이 찍은 북극 위성 사진. 바다얼음이 없는 곳을 이어 북극항로를 만들었다. 오렌지색은 북서항로다. 바다얼음 없이 한 번의 항로로 이어진다. 파란색은 북동항로다. 점선으로 표시된 부분은 얼음이 얼어 배의 통행이 불가능한 지역이다.

다 얼음도 만나지 않고 캐나다 북극권을 횡단하는 데 성공한 것이다. 왕립 기마경찰대는 라르센의 탐험을 기려 해양정찰선 나돈^{Nadon}을 세인트 로크 II$^{St.\ Roch\ II}$로 이름 붙여 이 항해에 투입했다. 하지만 '라르센 항로의 재발견'이라는 역사적 의미를 부여받으며 캐나다인들의 기대를 모은 북서항로의 모험은 싱겁게 끝났다. 세인트 로크 II의 길을 막는 얼음은 없었다. 헬리팩스에서 밴쿠버까지 원래 다섯 달을 예상했지만, 항해는 9주 만에 끝났다.[12]

세인트 로크 II의 성공은 우연이 아니었다. 그것은 어쩌면 새로운 세기의 북극이 보여줄 상징적 사건이었다. 세인트 로크 II의 바닷길은 7년 뒤, 인공위성 사진에 의해 검증된다. 2007년 9월, 유럽항공우주국$^{European\ Space\ Agency}$, ESA은 흥미로운 위성 사진을 발표했다. 2007년 9월 초 북극해를 찍은 200장의 사진을 모자이크한 것이었다. 위성 사진에서 바다얼음은 하얀색으로 표시된다. 그런데 유럽항공우주국은 여러 섬들이 어지럽게 펼쳐진 캐나다 북극 연안에서 바다얼음이 하나도 없는 '북서항로'를 발견한 것이다. 유럽항공우주국은 얼음 없는 바다를 오렌지색 선으로 이었다.[13] 아무리 연약한 배라도 오렌지선 항로를 따르면, 아문센과 라르센이 겪은 고난 없이도 태평양에서 대서양까지 최단 거리로 통과할 수 있다.

▶지구온난화 시대의 산업도시가 될 수 있을까

북극의 바다얼음은 1978년 이래로 10년마다 2.7퍼센트씩(최소 2.1퍼센트에서 최대 3.3퍼센트) 줄어들고 있다. 여름에는 더 심하다. 감소율이 10년마다 7.4퍼센트(최소 5.0퍼센트에서 최대 9.8퍼센트) 정도다. 이 정도면 심각한 수준이다. 이번 세기 후반쯤엔 북극에서 바다얼음을 볼 수 없을지도 모른다.[14]

바다얼음이 사라진다는 것은 북극곰에게 생존의 위협으로 다가오지만, 선박에게는 안전을 위협하는 것들이 사라짐을 뜻한다. 지구온난화는 북극곰에게 비극의 전조지만, 인간들에게 행복의 전조로 받아들여지기도 한다. 지난 2007년 10월 17일, 유럽항공우주국이 북서항로를 '발견'하고 한 달이 지난 즈음이었다. 허드슨 만의 바다는 아직 얼지 않았다. 처칠 항에는 이례적으로 러시아 대사관 관계자들과 매니토바 주 정부 관료들이 도열해 있었다. 검푸른 바다 너머로 짙은 검은 연기가 떠올랐다. 드디어 러시아 화물선 꺼뻬딴 스비리도프 The Kapitan Sviridov가 허드슨 만을 거꾸로 올라 처칠 항에 입항하고 있었던 것이다. 꺼뻬딴 스비리도프는 러시아와 캐나다 사람들의 박수를 받으며 처칠 항에 닻을 내렸다. 배 위에는 에스토니아에서 실은 비료가 있었다. 이 비료는 캐나다 프레리의 농부들에게 팔릴 참이었다. 러시아 수출품을 가지고 출발한 러시아 선적은 이 배가 처음이었다. 러시아 대사관을 대표해서 나온 세르게이 쿠두이아코프 Sergey Khuduiakov가 말했다.

"지구온난화가 우리에게 기회를 가져다주었습니다. 캐나다와 러시아 사이에 좀 더 나은 항로가 생겼습니다. 아크틱 브리지 The Arctic Bridge는 매우 전망이 밝습니다."[15]

처칠 항과 허드슨베이 레일을 인수한 미국 기업 옴니트랙스 Omnitrax의 경

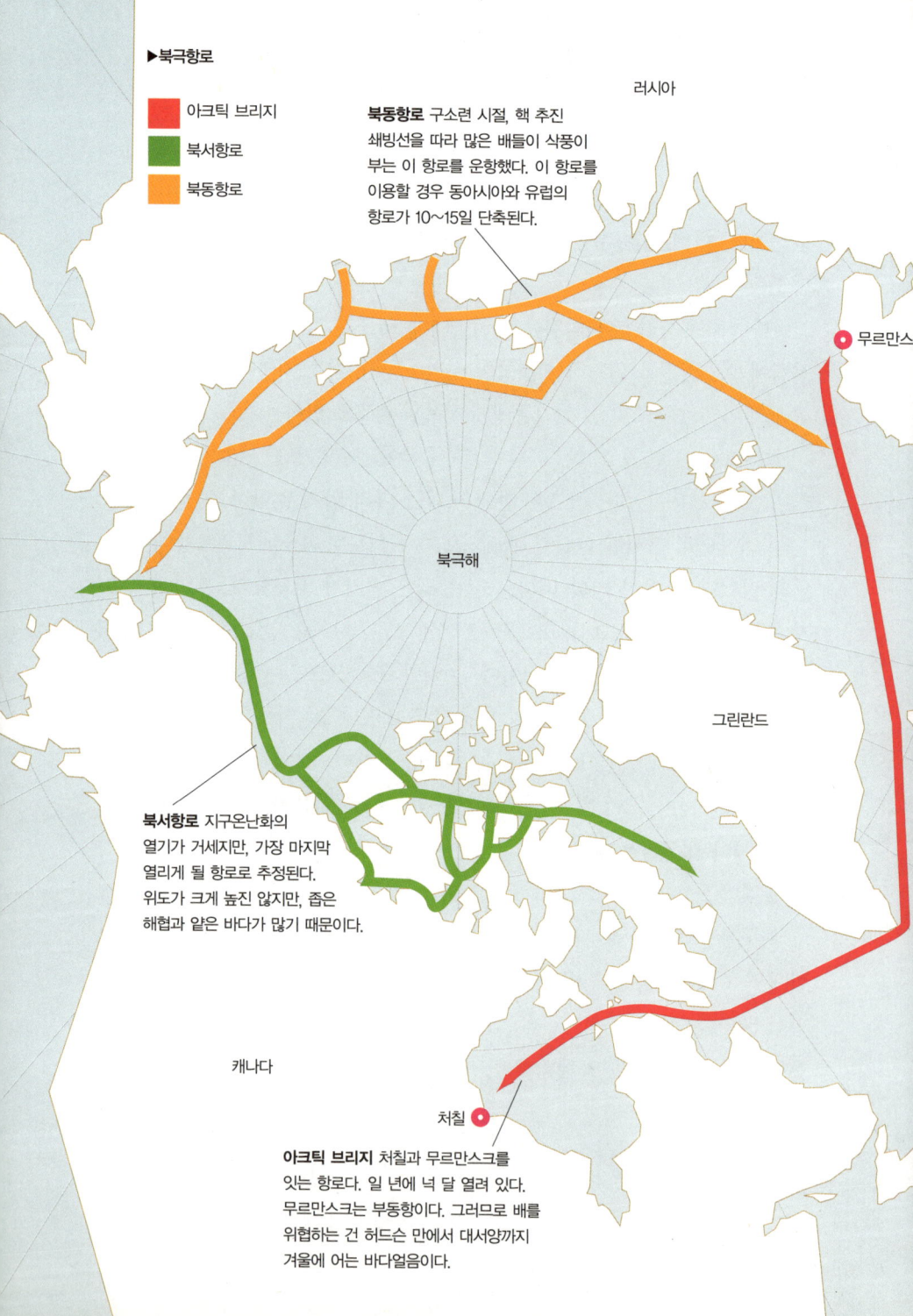

영 이사 마이크 오그본Mike Ogborn도 한마디 거들었다.

"오늘은 아크틱 브리지의 성공을 선포하는 날입니다. 우리는 위대한 발자국을 남겼습니다."

아크틱 브리지는 러시아 무르만스크와 캐나다 처칠 사이를 잇는 항로다. 북극해의 산업도시 무르만스크를 출발해 대서양을 건넌 뒤, 배핀 만에서 북서항로로 접어들고 허드슨 만으로 들어와 처칠에 도착한다. 아크틱 브리지를 이용하면 대륙 중앙에 이르는 직접적 교통로를 확보한다는 이점이 있다. 미국, 캐나다 중부에서 무르만스크까지 걸리는 시간도 기존 17일에서 8~10일로 줄어든다. 아크틱 브리지가 지나가지 않는 북서항로 서부까지 항로가 실용화되면 미국 동부와 동아시아 사이에 지름길이 생긴다. 현재 수에즈 운하를 이용할 때 2만1,000킬로미터, 파나마 운하를 이용할 때 2만3,000킬로미터인 런던과 도쿄 간 항해거리를 1만6,000킬로미터로 단축할 수 있다. 아크틱 브리지는 북서항로 상용화 시대에 처칠을 북서항로의 중간 기지이자 미국과 캐나다 중부의 화물을 선적하는 거대한 항구로 탈바꿈시키는 원대한 계획이다.

아크틱 브리지는 현재 속도대로 지구온난화가 진행되면 불과 넉 달인 허드슨 만의 부동 기간이 여덟 달에서 열 달까지로 늘어난다는 희망적 관측 아래 추진되고 있다. 이미 재빠른 대자본들은 지구온난화 시대에 앞서 대규모 투자를 마쳤다. 미국 철도회사인 옴니트랙스는 1997년에 처칠 항과 허드슨베이 레일을 캐나다 정부로부터 인수했다. 그리고 처칠 항 현대화 작업에 이미 수천만 달러를 쏟아부었다. 캐나다와 러시아 정부도 아크틱 브리지에 사활을 걸고 있다. 1992년에 캐나다 매니토바 주와 러시아 무르만스크 시가 아크틱 브리지에 합의한 이래 양쪽 정부는 쇠락한 두 항구를 부활시키기 위해 매진할 것을 누차 다짐하고 있다. 러시아 정부는 무르만스크 항 현대화에 이미 50억 달러를 투자했으며, 캐나다의 스테판 하퍼Stephen Harper 총리는 아크틱 브리지의 시범 운항 날에 처칠까지 날아와 처칠 항과 허드슨 만 레일 현대화에 6,800만 달러를 투자하겠다고 발표했다.[16] 마이크 스펜스Mike Spence 처칠 시장도 항구도시로 거듭날 처칠에 대해 기대감을 표시했다.

"다음 경제 호황은 캐나다 북극권에서 일어날 겁니다. 처칠이 그중 중심이 될 거예요."[17]

구 소련 시절, 핵 추진 쇄빙선을 따라 많은 배들이 삭풍이 부는 이 항로를 운항했다. 이 항로를 이용할 경우 동아시아에서 유럽까지 걸리는 시간도 10일에서 15일까지 단축된다.

처칠을 떠나는 날이었다. 비는 그쳤지만 늦가을처럼 포근한 오후였다. 저녁 6시에 출발할 예정인 허드슨베이 특급은 아직도 플랫폼에 들어오지 않았다. 언제나 그렇듯 서너 시간 연착될 것이라고 하던 주민들의 말이 거짓말이 아니었다. 툰드라를 통과하는 저속 열차는 약간의 지체만 생겨도 도미노처럼 이어지는 연착의 수렁에 빠져든다.

연착된 기차를 기다리면서 관광객들은 마을 여기저기의 호텔과 레스토랑, 기념품 가게를 하나도 빠짐없이 다니는 '호핑 투어'를 했다. 북극의 시간은 여유로웠고, 마을은 좁디좁았다. 나도 기념품 가게에 들어가 기념품용 북극곰 간판을 샀다. 플라스틱 간판에는 이렇게 쓰여 있었다.

'Polar bear Alert—STOP! Don't walk this area.'

마을 근교와 바닷가 여기저기에 붙어 있던 경고판이었다. 값싼 플라스틱 모조품이었는데도 5달러가 넘었다. 그러나 처칠이 아니면 다른 곳에선 살 수 없는 물건이다. 그래도 시간이 남아 자동차를 끌고 처칠 근교로 나갔다. 렌터카 업체에서 준 처칠 지도에는 관광지 같지 않은 관광지가 표시돼 있었다. 1979년에 추락한 C46기의 잔해 미스 피기Miss Piggy, 1961년에 침몰한 채 발견된 배 이타카Ithaca, 폐허가 된 오로라 돔Aurora Domes, 역시 폐허가 된 로켓 레이더 시스템 트윈골프볼Twin Golf balls 등 볼품없는 것들이었다. 모두 북극곰 관광의 스파링 게임 같은 조연일 뿐이었다.

트윈골프볼 근처에서 북극곰이 시베리안 허스키 근처를 어슬렁거리는 게 보였다. 처음엔 북극곰과 새끼 북극곰 혹은 큰 개와 작은 강아지인 줄 알았다. 눈을 씻고 쳐다봐도 분명히 북극곰과 개였다. 말로만 듣던, 처칠의 논쟁적인 인물 브라이언 라둔Brian Radoon이 의도한 쇼였다. 좀 더 가까이 가서 신기한 장면을 보려고 하자, 금세 브라이언이 튀어나왔다.

"저 장면을 보시려면 돈을 내야 해요. 30달러 주세요."

브라이언 라둔은 해안가 근처에서 썰매개를 길렀다. 그런데 20여 년 전부터 트윈골프볼 근처를 영역으로 삼는 북극곰들이 자신의 썰매개들과 어울린다고 그는 주장하기 시작했다. 실제로 그랬다. 관광객들이 찍어온 사진에는 북극곰과 개가 어울려 노는 괴상한 풍경이 담겨 있었다. 하지만 처칠 주민들과 동물단체들은 브라이언이 북극곰에게 먹이를 주기 때문에 북극곰이 개를 공격하지 않는 것이라며, 죄 없는 개들이 인간의 욕심 때문에 위험에 노출돼 있다고 반박했다. 실제로 1996년에 썰매개 여섯 마리가 북극곰에게 습격당해 죽고 두 마리가 먹히고 열두 마리가 다쳐서, 브라이언이 논쟁의 중심으로 떠올랐다. 어쨌든 북극곰과 허스키가 함께 '노는' 장면은 세계적인 북극곰 사진가 노버트 로징Nobert Rosing이 찍어 유명해졌고, 사전에 이러한 이야기를 듣고 폐허의 해변에 찾아온 관광객들은 트윈골프 볼 근처를 기웃거린다. 그리하여 브라이언은 해마다 이맘때면 짭짤한 장사를 벌인다. 나는 찝찝한 기분을 거둘 수 없어서 자리를 떠났다.

브라이언 라둔은 논쟁적 경우지만, 어쨌든 처칠 주민들과 북극곰은 운명공동체다. 처칠 주민들은 북극곰을 보러 온 전 세계 관광객들에게 밥을 팔고 방을 내주고 렌터카를 빌려주고, 심지어 자신의 개를 이용하여 돈을 번다. 북극곰이 없다면 처칠 경제는 붕괴하고 말 것이다.

그렇다면 허드슨 만의 얼음이 사시사철 걷히고 처칠이 유럽과 아시아, 아메리카를 오가는 화물선으로 개미집처럼 붐비면, 처칠 주민들은 어떤 반응을 보일까? 북극곰을 친구 삼아 돈을 벌던 처칠 주민들은 항구 노동자로 직업을 바꿀 것이고, 사람은 늘어나고, 거리는 북적일 것이다. 말썽꾸러기 북극곰을 체포하던 경찰은 범죄를 저지르는 욕심꾸러기 인간들을 잡아 진짜 '감옥'으로 보낼 것이다. 그리고 아쉽게도, 북극곰은 처칠에 돌아오지 못할 것이다. 수영하다 쉬어갈 얼음이 없기 때문이다. 결국 그들은 위도가 높은 그린란드나 러시아 북극 연안으로 번식지를 옮길지 모른다. 그렇다 하더라도 일부 과학자들은 북극곰이 이번 세기 안에 멸종할 것이라고 경고한다. 북극의 바다얼음이 향후 100년 안에 사라질 수 있기 때문이다.[18]

세계는 '북극곰의 수도' 처칠이 지구온난화 시대의 산업도시가 될 수 있을지 궁금해한다. 북극곰이 사라지면 인간은 영원한 번영을 누릴 수 있을까.

 허드슨베이 특급은 여섯 시간이나 늦게 처칠을 출발했다. 미래의 그때가 되면 툰드라 열차의 상습적인 연착도 신도시 처칠에서 사라지겠지만, 인간과 동물의 공존 그리고 북극곰의 낭만이 사라지는 것에 대해 모두들 안타까워할 것이다. 나는 새로운 질문을 품고 북극곰의 수도를 떠났다.

북극곰의 수도로서 정체성을 지키느냐, 북극권 무역항으로 거듭나느냐. 처칠은 지구온난화 시대의 기로에 서 있다.

Chapter **2**

보퍼트 해

아크틱빌리지

페어뱅크스

알래스카

앵커리지

유콘

베링 해

카리부는 언제 오는가
Arctic Village, Alaska
―알래스카 아크틱빌리지

북극국립야생보호구역 Arctic National Wildlife Refuge, ANWR은 수십 년째 민주당과 공화당, 환경주의자와 개발주의자 그리고 지구온난화 위기론과 허위론이 첨예하게 대립하는 지구온난화의 사회적 최전선이었다.

북극야생보호구역은 알래스카 브룩스 산맥 북사면 노스슬로프 보로 North Slope Borough (알래스카 주 브룩스 산맥 Brooks Range 이북의 북극해 연안 평야 지역)[1] 의 거대한 북극 초원이다. 브룩스 산맥에서 유순하게 흘러내린 툰드라 평원을 이루며 북극해까지 이어진다. 포큐파인 카리부 Porcupine Caribou 와 북극곰 그리고 북극사향소 Muskox 가 사는 북극 최대의 원시지대인 이곳에 1960년대에 대규모 유전이 발견됐고, 양 진영은 유전 개발 여부를 두고 치열하게 싸우고 있다.

"북극야생보호구역이라고 부르지 마세요. 정치적으로 올바른 명칭이 아니죠. 우리는 그냥 아크틱 레퓨즈 Arctic Refuge 라고 부릅니다."

그위친족의 전사 사라 제임스 Sarah James 가 날카롭게 역정을 냈다. 사라 제임스는 알래스카 애서바스칸 인디언의 11개 지파 가운데 하나인 그위친족의 마을 아크틱빌리지 Arctic Village 에 산다. 아크틱빌리지는 북극야생보호구역 남쪽 경계선에 걸쳐 있다. 사라는 북극야생보호구역에 붙은 '국가(National)'라는 딱지를 저어하는 듯했다. 사실 그럴 만한 역사적 연원이 있다. 아크틱빌리지의 그위친족은 미국 정부과 문명이 가져다준 물질적 수혜를 포기하고 부족의 전통과 문화를 선택한 사람들이기 때문이다.

그위친족 마을 아크틱빌리지에서 보이는 브룩스 산맥의 큰 산 나싯다.
저 산을 넘으면 에스키모의 마을이다.

▶그위치족, 우리는 미국 시민이 아니다

러시아 차르의 명령을 받은 덴마크인 탐험가 비투스 베링^{Vitus Jonassen Bering}이 알래스카에 닿은 게 1741년이다. 이때부터 알래스카 원주민들―에스키모(이누이트)[2]와 애서바스칸 인디언 그리고 틀링깃, 하이다족 등―은 서구 세계와 접촉하기 시작했다. 원주민들은 상아와 물범가죽 등으로 수공예품을 만들거나 모피를 팔았고, 유럽인들은 그 대가로 원주민들에게 총과 화약, 술을 주었다. 하지만 이때까지만 해도 알래스카는 소소한 모피 무역의 대상지였을 뿐, 경제적으로 매력 넘치는 땅이 아니었다. 여름이면 질퍽거리는 툰드라, 겨울이면 얼어붙는 혹한의 대지는 아무래도 사람이 살 수 없는 곳이라는 인상을 주기에 충분했다.

그러던 중 1876년에 미국이 알래스카를 헐값에 사들였다. 그리고 그해 '원주민토착권'이라는 법률을 제정한다. '원주민들은 현재 거주하는 토지를 사용할 권한이 있다. 그러나 소유권 취득은 장래 주정부 의회의 입법에 따른다'라는 내용이었다. 즉 원주민의 토지사용권은 인정하되, 복잡한 논쟁거리가 될 만한 토지소유권은 차후로 미뤄둔 것이다. 원주민들로선 줄곧 사용하던 땅을 계속 사용할 수 있기 때문에, 소유권 여부를 크게 문제 삼지 않았다. 그때만 해도 그들은 이 땅이 엄청난 부를 가져다줄 '미래의 중동'이 될지 몰랐기 때문이다.

알래스카에 석유가 발견된 건 1968년이었다. 알래스카 한가운데를 횡단하는 브룩스 산맥 이북의 평원, 노스슬로프의 끄트머리에 위치한 프루도 베이^{Prudoe Bay}에서 검은 황금이 치솟은 것이다. 오일머니에 군침을 흘린 다국적 석유자본이 곧바로 미국 정부를 움직였고, 원주민과 환경단체가 반대하면서 논란이 시작됐다.

논쟁은 이런 것이었다. 이 땅은 누구의 것인가? 누구에게서 허가를 받고 석유를 시추할 수 있는가?

알래스카 원주민들은 비로소 유럽인들이 자신의 땅을 점령한 식민지 역사를 기억하기 시작했다. 미국 본토의 환경단체들은 북극 자연의 마지막 보고를 지키기 위해 알래스카로 모여들었다. 노스슬로프 석유 개발 여부와 방식을 두고 격한 대립과 시위, 지루한 논란이 이어졌다. 마침내 1971년에 원주민들과 연방 정부는 역사적인 원주민 토지청구권 해결법Alaska Native Claims Settlement Act, ANCSA에 합의하게 된다.

원주민 토지청구권 해결법은 알래스카 원주민 역사에 중요한 분기점을 이룬다. 정부는 이 법률에 따라 알래스카 원주민들에게 10억 달러와 4,400만 에이커의 땅을 지급했다. 대상자는 에스키모나 인디언의 피가 4분의 1 이상 섞인 원주민이어야 했다. 또한 원주민 토지청구권 해결법이 합의되기 전인 1971년 12월 18일 이전 출생자여야 했다. 원주민에게 매각된 땅 이외의 나머지 땅은 모두 주 정부와 연방 정부에 귀속됐다.

원주민 사회는 매각받은 기금과 땅을 관리하기 위해 부족과 지파별로 13개 지역 원주민 공사Native Corporation와 205개 마을 원주민 공사를 설립했다. 원주민 공사는 원주민 토지청구권 해결법을 통해 얻은 대규모 기금으로 각종 사업을 벌일 수 있었고, 특히 방대한 땅을 다국적 석유자본에게 임대함으로써 큰 수익을 거둘 수 있었다. 유럽 식민주의자들의 침략 이후 계속되어온 술과 마약으로 찌든 빈한한 삶에서 탈출하는 기반이 마련된 것이다. 알래스카 주 정부나 원주민 사회는 원주민 토지청구권 해결법을 서로가 윈윈하는 대타협이라고 평가했다. 대다수 원주민들은 원주민 토지청구권 해결법을 자립을 위한 그리고 미래를 위한 투자로 받아들였다.

하지만 원주민 토지청구권 해결법이 알래스카 원주민들에게 준 문화적 충격은 만만치 않다. 바로 가치관의 대전환이 시작된 것이다. 그렇다면 알래스카 원주민들이 공식적으로 포기한 가치관은 무엇인가. 잠시 1874년 미국 북서부 태평양 연안으로 남하해서, 시애틀 추장이 '백인 대추장' 프랭클린 시어스 대통령에게 보낸 편지를 읽어보자.

> 백인 대추장은 우리에게 우리 땅을 사고 싶다고 제의하며 아무런 불편 없이 살 수 있도록 하겠다고 덧붙였다. 그대들은 어떻게 저 하늘이나 땅의 온기를 사고팔 수 있는가. 공기의 신선함과 반짝이는 물을 우리가 소유하고 있지도 않은데, 어떻게 그렇게 팔 수 있다는 말인가……. 우리는 땅의 한 부분이고 땅은 우리의 한 부분이다. 향기로운 꽃은 형제자매이다. 사슴, 말, 큰 독수리는 우리 형제들이다. 바위산, 풀잎의 수액, 조랑말과 인간의 체온 모두가 한 가족이다. 그대들의 제안을 잘 고려해보겠지만, 이 땅은 거룩한 것이기에 그것은 쉬운 일이 아니다. 만약 이 땅을 팔더라도 그것이 거룩한 것이라는 걸 기억해달라.

알래스카의 에스키모나 애서바스칸 인디언에게도 본토의 인디언과 마찬가지로 '땅을 소유한다'라는 개념이 없었다. 하지만 알래스카 원주민들은 원주민 토지청구권 해결법을 승낙함으로써, 자신들의 일부로 존재하던 땅을 스스로 소유하게 됐고 일부 땅은 백인에게 판 꼴이 되었다. 근대 사회와 미국 연방 정부에 공식적으로 편입되었음을 시인한 것이다.

그런데 원주민 토지청구권 해결법에 참여하지 않은 부족이 있다. 바로 아크틱빌리지에 사는 그위친족이다. 사라 제임스가 북극야생보호구역의 '내셔널'이라는 말에 민감하게 반응한 것도 이 때문이다. 그들은 내셔널이 아니다. 아크틱빌리지 주민들에겐 원주민 공사가 없고 원주민 공사가 주는 배당금도 없다. 원주민 공사에서 나오는 정기적인 배당금으로 부유한 생활을 영위하는 에스키모와 달리, 그위친족은 여전히 궁핍한 삶과 투쟁하고 있다.

비주류 삶의 양식을 선택한 그위친족이 다시 한 번 비주류로서 싸움을 하고 있다. 바로 북극야생보호구역의 유전 개발에 반대하는 투쟁에 나서고 있는 것이다. 알래스카 주민들의 3분의 2는 알래스카 유전 개발에 찬성한다. 왜냐하면 유전 개발이, 별다른 산업시설이 없는 알래스카에 경제적 혜택을 가져다준다고 믿기 때문이다.

그위친족과 함께 북극야생보호구역 근처를 삶의 터전으로 하는 에스키모 또한 그렇게 믿는다. 에스키모들은 연안 내륙의 석유 개발에 대해서 기본적으로 동의한다. 실제로 이들은 원주민 토지청구권 해결법을 통해 매각받은 땅을 다국적 석유자본에게 임대해 수익을 거둔다. 하지만 알래스카 원주민 부족 가운데 유일하게 그위친족만이 석유 개발에 반대한다. 시애틀 추장의 말대로, 북극야생보호구역의 땅은 팔거나 소유할 수 있는 것이 아니며, 그위친족은 땅의 한 부분이고 땅도 그위친족의 한 부분이라고 믿고 있기 때문이다.

아크틱빌리지에 들어가기 전날, 나는 페어뱅크스Fairbanks에서 그위친족 지도위원회Gwichin Steering Committee의 대표 루시 비치Lucy Beach에게 전화를 걸었다. "한국 레스토랑에서 만나요. 불고기와 비빔밥을 먹어봤는데, 이번에 당신 도움으로 다른 메뉴에 도전하고 싶군요."

그녀는 페어뱅크스 주택가의 한 볼링장 지하에 있는 한국 레스토랑 '서울옥'의 약도를 알려줬다. 포크로 잡채를 스파게티처럼 돌돌 말다가, 그녀가 말했다. "지금쯤 카리부들이 마을 근처에 왔을 거예요. 노스슬로프에서 브룩스 산맥을 넘어온 놈들이죠. 마을 사람들도 사냥 준비에 한창일 거예요. 아마 사냥총 손질도 하고, 먼지 쌓인 창고도 치우기 시작하겠지. 음……, 한국 음식치고는 달콤한데요."

우리는 한국 레스토랑을 나와 그녀의 사무실까지 걸었다. 페어뱅크스를 몇 번의 에스 자로 가로지르는 체나 강Chena river 강가의 한 건물 앞에서 우리는 멈췄다. 고립되어 살아가는 원주민 부족들이 대외 업무를 처리하기 위해 부족 대표를 파견하는, 말하자면 페어뱅크스 주재 '원주민 빌딩'이었다. 건물 앞마당에서는 에스키모들 몇 명이 불을 피우고 뭔가를 요리하고 있었다. 말코손바닥사슴Moose으로 스프를 끓이는 중이라고 했다.

페어뱅크스 체나 강변에 있는 그위친족 지도위원회 사무실에서 만난 루시 비치. 그녀는 그위친족을 대표해 대외 업무를 처리한다. ⓒ류우종

"아마 오늘 오후 장례식이 있을 거예요. 그래서 음식을 준비하는 거죠."

그위친족 지도위원회의 사무실은 아담했다. 그위친족 지도위원회는 그위친족 마을인 아크틱빌리지, 베네티Venetie 그리고 캐나다의 올드크로우Old Crow가 결성한 대외단체다. 이 마을들은 도로가 닿지 않는 고립무원 상태에 있으므로, 페어뱅크스에 상주 사무실을 두고 각종 대외 업무를 보는 편이 편했다. 사무실에는 그녀를 포함해 두 명이 근무했다. 그녀는 해마다 선정돼 파견되는 그위친족 지도위원회의 대표였다. 그녀는 그위친 부족에 대해 설명하기 시작했다.

"우리는 포큐파인 카리부(우리말로 '순록'이라고 불리는 북미 카리부는 여러 종류다. 이 가운데 노스슬로프 동쪽에 사는 카리부가 포큐파인 카리부다)와 관계를 맺고 삽니다. 우리는 카리부와 함께 창조됐지요. 우리는 카리부 심장의 한 부분이고, 카리부는 우리 그위친 심장의 한 부분입니다. 우리가 카리부고, 카리부가 우리입니다. …… 우리는 한때 유목민이었어요. 카리부를 따라 북극의 벌판을 돌아다녔죠. 지금처럼 아크틱빌리지에 정착한 건 100년도 채 되지 않았습니다. 우리가 유목민이었을 때, 우리는 카리부 가죽으로 집을 만들었고, 카리부 고기를 먹었고, 카리부 다리로 신발을 만들었고, 카리부 뿔로 식기와 사냥도구를 만들었어요. 지금도 마찬가지입니다. 페어뱅크스에서 주문한 일부 공산품을 쓰긴 하지만, 카리부를 사냥하고 카리부를 먹고 카리부를 기다리는 우리의 삶은 변하지 않았습니다."

아크틱빌리지와의 거리가 순간 아득하게 느껴졌다. 루시 비치의 말을 종합하자면, 아크틱빌리지는 현대에 유배된 고대였다. 적도의 밀림도 아닌, 북극의 툰드라에서 과연 문명의 이기를 거부한 원주민의 자급자족 사회가 존재할 수 있단 말인가.

그날 저녁 루시 비치는 나에게 전자우편을 보냈다. 아크틱빌리지 부족위원회가 나의 입경을 허락했다는 내용이었다. 거기에는 두어 쪽짜리 문서가 첨부돼 있었다. 마을에 입경하는 방문자들이 지켜야 할 방문자 수칙 Visitor Protocol이었다.

기자, 브이아이피 등 방문자들은 적절하게 행동해야 합니다. 여기는 부족 소유의 사유지이며, 방문자들에게는 부족의 규정이 적용됩니다.
1. 마을에 들어오자마자 부족 사무소 Council office의 부족장 Chief에게 가서 당신이 들어왔음을 알려야 합니다.
2. 가이드를 대동하지 않고 부족 소유의 땅을 돌아다녀서는 안 됩니다.
3. 마을 사람들에게 질문할 때 예의를 갖추세요. 예를 들자면, 부족 장로들이 말할 때 말을 끊어서는 안 됩니다. 그리고 지나치게 기술적인 질문은 피하십시오.
4. 알코올과 마약은 마을에서 금지됩니다.
5. 가정집에 방문했을 때, 음식과 같은 것을 받게 되면 영광스러운 일입니다.

▶우리가 카리부고, 카리부가 우리다

페어뱅크스를 날아오른 9인승 경비행기는 곧바로 타이가를 건너 툰드라에 다다랐다. 아크틱빌리지는 북위 66도 북극선에서도 177킬로미터를 더 가야 했다.

2시간 30분 만에 찬달라 강 Chandalar river 의 에스 자 곡선 사이로 마을이 드러났다. 비행기는 착륙하기 전에 마을을 한 바퀴 선회했다. 마을에는 십여 채의 집 그리고 두어 채의 큰 건물 그리고 작은 고샅길이 어지럽게 늘어서 있었다. 비행기는 쿵쿵거리며 자갈밭 활주로에 착륙했다. 인구 147명의 아크틱빌리지. 지금은 '북극 마을'이라는 소박한 이름이지만, 원래 그위친 언어로 '바샤리쿠' Vashraii Koo 라고 불렸다. 마을의 지형을 그대로 묘사한 듯, '개울가의 가파른 둑' Steep bank by the creek 이라는 뜻이다.

마을 사람 대여섯이 활주로에 나와 기다리고 있었다. 비행기가 문명세계에서 싣고 온 편지와 택배를 받기 위해서였다. 자기 짐을 받은 사람들은 이내 사륜 오토바이를 타고 총총 사라졌다. 나는 마을 우체국 직원이 가져온 픽업트럭—나중에 알았지만 아크틱빌리지에서 몇 안 되는 차량이었다—짐칸에 올라 마을로 향했다.

나를 맞은 건 트림블 길버트 Trimble Gillbert 목사였다. 그는 아크틱빌리지에 하나밖에 없는 교회의 목사였다. 아크틱빌리지의 몇 안 되는 장로 중 한 명이기도 했다. 길버트 목사는 집 뒷마당에 있는 빈 오두막을 숙소로 제공했다.

맨 처음 나는 자급자족 마을의 시스템에 적응해야만 했다. 오두막부터 범상치 않았다. 오두막은 좋은 말로 '캐빈'이었지만, 실상은 '헛간'이었다. 통나무로 얼기설기 지은 두어 평의 판잣집 안에는 나무를 때는 난로 그리고 작은 선반과 군용 간이침대가 전부였다. 전기가 들어오지 않으니 텔레비전도 냉장고도 없었다. 촉촉하고 비린 나무 냄새가 덮쳐왔다. 길버트 목

겨울 강의 가파른 둑 이라는 뜻의 아크틱빌리지에 비행기가 도착하면 마을 사람들은 저마다
문명세계에서 온 편지와 물건들을 받으러 자갈밭 활주로에 나왔다. ⓒ류우종

사는 마을이 어떻게 돌아가는지 거창하게 설명해주지 않았다. 그는 오두막에 들어가지 않고 문밖을 서성이는 나에게 짧게 말했다.

"물은 있어야 되니까, 와시테리아 washteria(목욕, 세탁 시설이 갖춰진 원주민 마을의 공동 상수도)에 물을 뜨러 가자고. 좀 기다려봐. 내가 사륜 오토바이를 가져올 테니까."

그렇다. 마을에는 수도관도 없었다. 나는 물통을 주렁주렁 들고 길버트 목사의 뒤를 따랐다. 와시테리아는 마을 중앙에 있었다. 건물 외부 벽에는 물을 받도록 수도꼭지가 설치되어 있었고, 건물 안으론 남녀 목욕탕이 있었다. 그러니까 마을 주민 모두가 여기서 물을 받아 밥을 짓고, 빨래를 하고, 샤워를 하는 것이었다. 21세기의 지구, 그것도 현대 자본주의의 최첨단을 달리는 미국에 이런 마을이 있다니!

나흘을 날 물을 받아들고 집으로 돌아왔다. 다음은 난로를 땔 장작이 필

그위친족이 사냥터 주요 지점에 세워둔 통나무집. 최소한의 물품만 갖춰져 있다. ⓒ류우종

요했다. 나무는 석유와 함께 아크틱빌리지의 중요한 에너지원이다. 길버트 목사의 집 앞마당에는 목사가 마련해둔 장작이 쌓여 있었다. 서투른 도끼질로 두꺼운 통나무를 쪼갰다. 잘게 잘린 나무는 건조한 툰드라 기후에서 잘도 탔다. 오두막은 따스해졌다. 나는 페어뱅크스에서 미리 구해온 즉석 카레로 저녁을 만들었다. 아크틱빌리지에서 현대 문명의 이기는 무용지물이었고, 시공을 초월한 기초 도구만 사용 가능했다. 이건 완전히 캠핑 생활이었다. 사나흘이면 모를까, 평생을 이렇게 살아야 한다면!

사실 아크틱빌리지의 그위친족은 일생 동안 유랑하는 '캠핑 부족'이었다. 그위친족 작가 벨마 월리스Velma Wallis3가 쓴 소설 《가장 따뜻한 집》Two Old Women에는 그녀가 할머니로부터 들은 그위친족의 설화가 나온다. 그위친족은 수십 명의 소규모 단위로 카리부를 따라다니며, 혹은 찾아 헤매며 살았다. 카리부 가죽으로 텐트를 세워 북극의 추위를 견뎠다. 그들이 '정주'의 개념을 알기 시작한 때는, 서양인이 모피 무역을 하러 들어온 겨우 100년 전이다. 그 뒤, 그위친족은 아크틱빌리지를 정주지로 삼았지만, 그들은 다른 미국인들처럼 정원을 다듬고 가구와 전자제품으로 집을 채우지 않았다. 오두막은 이제 움직이지 않지만, 그들은 언제 오두막을 떠나도 아쉬울 게 없을 만큼 검소한 살림으로 연명했다. 각종 전자제품과 디지털기기로 가득 찬 에스키모 마을의 주택과는 확실히 달랐다.

길버트 목사의 집에선 마을 남쪽 언덕이 정면으로 바라보였다. 틈만 나면 목사는 베란다 앞에 삼각대를 세우고 망원경으로 언덕을 관찰했다. 그는 "카리부가 왔으려나?" 하고 헛기침을 한번 하면서 망원경에 눈을 가져댔다. 8월이었지만 이미 가을이 끝날 채비를 하고 있었다. 북극 대지의 푸른 풀들은 금방 짧은 여름날을 마감했다. 툰드라는 이미 갈색으로 변해갔다.

목사는 자신의 첫째 아들이 사냥을 가니, 나에게 따라가라고 했다. 로버트 길버트Robert Gilbert와 그의 아내 브렌다Brenda 그리고 이웃 마을 베네티에서 온 브렌다의 대모 메기Maggie가 일종의 탐색전 겸 카리부 사냥을 가기로 했다는 것이다. 집에서 망원경을 끼고 있어봤자 보이지 않으니, 어디까지 왔나 나가보자는 것이었다.

포큐파인 카리부는 해마다 이맘때면 북극야생보호구역의 북극해 연안 평야(1002구역)를 출발해 브룩스 산맥을 넘어 아크틱빌리지에 당도했다. 지금보다 이를 때도 있고, 늦을 때도 있었다. 하지만 요 몇 년 사이 카리부의 왕래는 점점 불규칙적으로 되어가고 있었다.

나는 로버트 길버트 가족을 따라 찬달라 강가로 나갔다. 어차피 마을을 벗어나면 도로가 없으니 보트를 타고 가야 했다.

보트는 찬달라 강을 따라 북쪽으로 물살을 갈랐다. 에스 자와 에스 자의 꼬리를 물며 보트는 강을 거슬러 올랐다. 흰대머리독수리가 큰 날개를 휘두르며 횃대에 앉고 말코손바닥사슴이 덤불에서 도망치며 남긴 푸드득 소리의 여운이 사라질 때 즈음, 강 오른쪽에 오두막집이 하나 보였다.

오두막집은 트림블 길버트 가문의 사냥 포스트였다. 여기까지 한 시간을 올라왔다. 북쪽으로는 브룩스 산맥의 나싯디가 이마에 하얀 눈을 덮고 내려다보고 있었다. 나싯디는 그위친어로 '산을 집어라'라는 뜻이라고 브렌다가 말했다.

트림블 길버트 가문의 오두막집은 내가 묵는 오두막보다 넓고 쾌적했

Chapter 2_카리부는 언제 오는가

트림블 길버트 가문의 오두막집 뒤로 나싯디가 보인다.

다. 안에는 두 개의 야전침대와 수십 개의 통조림, 미리 패다 놓은 장작들이 쌓여 있었다. 언제건 사람이 와서 생활할 수 있는 환경이었다.

　오두막집 옆에는 높이 7미터쯤 되는 망루가 어설프게 서 있었다. 얼기설기 엮은 나무 사다리를 딛고 로버트와 함께 망루에 올라갔다. 푸른 하늘 아래 거대한 툰드라가 바다처럼 펼쳐졌다. 우각호와 늪지 그리고 우각호, 그리고 끝없는 지평선. 이 모든 수평의 풍경 위에 나싯디가 솟았다. 마치 영혼을 걸친 듯 정상에 하얀 눈을 이고 있었다. 그러니까 저 산만 넘으면 노스슬로프고, 그곳을 가로지르면 북극해다. 수만 마리의 카리부 대열은 저 산을 넘어오고 있을 테다. 아니, 이미 근처에 왔을지도 모른다.

얼키설키 엮은 나무 사다리를 타고 맨 꼭대기에 오르면 광대한 툰드라가 펼쳐진다.
브룩스 산맥을 넘어 당도했어야 할 카리부는 아직 나타나지 않았다. ⓒ류우종

"허, 참, 개미 새끼 한 마리 없군. 이놈들 언제나 오려나."

툰드라를 보며 단순한 황홀경에 빠진 내 옆에서 로버트가 한숨을 쉬었다. 나는 실눈을 뜨고 근경에서 원경으로 초점을 맞췄다. 움직이는 것은 하나도 없었다. 로버트가 망원경을 건넸다. 망원경을 눈에 대고 호수와 늪지를 탐험했지만, 역시 아무것도 없었다. 낼 모레면 9월이었다.

"그러니까 예전 같으면 발 빠른 카리부들은 이미 마을 주변을 어슬렁거렸지."

메기가 말을 이었다.

"2, 30년 전만 해도 부지런한 카리부들은 7월에 오기도 했어. 항상 같은 시기에 오는 것은 아니지만······. 정말 뭐가 변하긴 변한 거야."

▶카리부의 대이동

북극에서 순록의 대이동은 자연이 선사하는 경이로움 중 하나다. 그것은 아프리카 세렝게티의 누우 떼 대이동과 비견된다. 전 세계 순록은 모두 184개의 무리가 있다. 순록은 유럽에서는 레인디어[Reindeer]로, 아메리카에서는 카리부로 불린다. 이 가운데 포큐파인 카리부는 북아메리카에서 여덟 번째로 큰 집단이다. 약 12만 마리에 이른다. 그위친을 비롯해 에스키모의 지파인 이누피아트[Inupiat] 그리고 한족[Han], 투촌[Nothern Tuchone] 등이 포큐파인 카리부를 사냥하는 수렵 원주민이다. 이들은 한 해에 3,000~7,000마리의 카리부를 포획한다. 그위친족은 한 명당 한 해 다섯 마리를

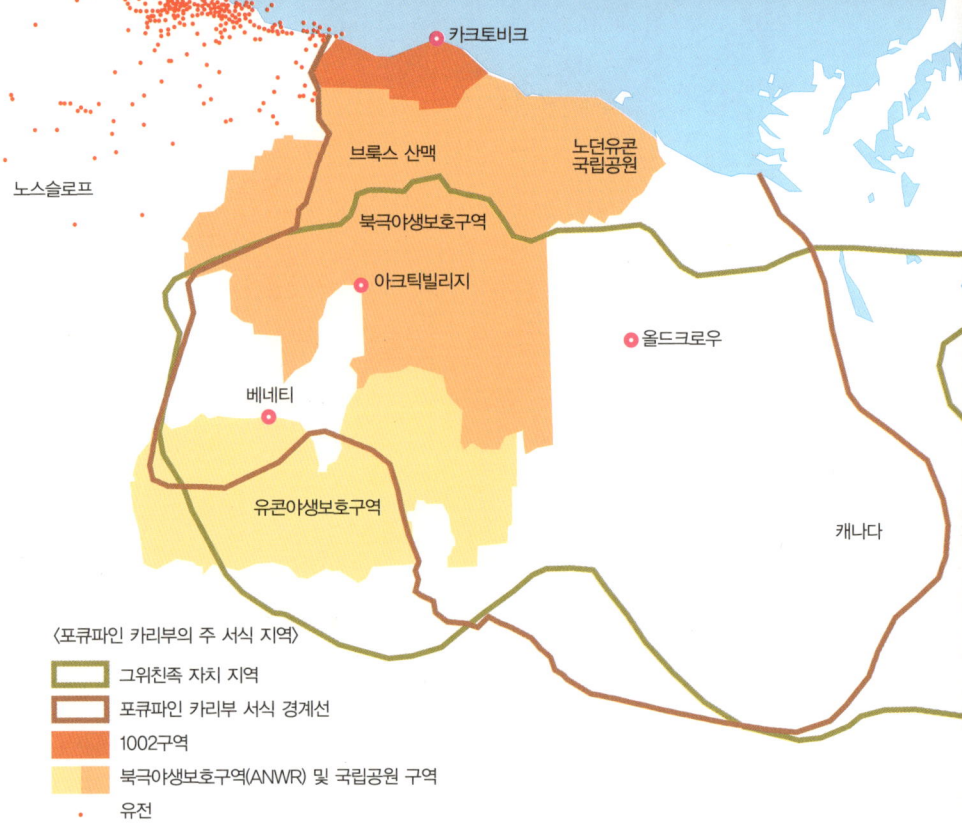

▲포큐파인 카리부의 이동과 번식

사냥한다.[4]

포큐파인 카리부는 해마다 브룩스 산맥을 넘어 오가는 대이동을 한다. 브룩스 산맥은 해발 2,700미터의 챔벌린 산 Mt. Chamberlin 이 솟구친 걸출한 산맥이다. 이른 봄 카리부들은 아크틱빌리지 근처의 평원을 출발해 브룩스 산맥을 넘어 북극해로 향한다. 노스슬로프의 북극해 연안 평야가 카리부들이 새끼를 낳고 양육하기에 좋은 조건을 제공하기 때문이다. 반면 아크틱빌리지가 있는 브룩스 산맥 남쪽은 북극해 연안 평야에 비해 척박하다. 그리즐리^(Grizzly bear)와 늑대 등 상위 포식자가 새끼를 노리고, 지긋지긋한 모기도 이들을 괴롭힌다. 상당수 학자들은 이런 카리부의 대이동이 모기 때문이라고 추정한다. 사람도 얼굴에 방충망을 써야 할 정도로 한여름 알래스카에 들끓는 모기는 '끈질긴 흡혈귀' 같기에, 카리부들이 아예 한여름 모기들을 피해 추운 북극해로 옮겨 간다는 것이다.

어쨌든 카리부들은 알래스카 모기들이 추위에 죽고 새끼의 살이 적당히 오를 때 즈음, 다시 브룩스 산맥을 넘어 아크틱빌리지 근처로 되돌아온다. 이 가을철 이동은 7월에서 10월까지 계속된다. 예전의 그위친 인디언들은 카리부 떼를 쫓아다니며 생활했지만, 정주화 이후 아크틱빌리지 주민들은 마을을 중심으로 열흘 남짓의 사냥 여행을 통해 카리부를 잡는다. 그러니까 지금쯤 기름칠한 사냥총들이 실력을 발휘해야 할 때였다. 이미 지난봄에 잡은 아크틱빌리지의 카리부 고기는 이미 동이 난 상태였다.

북극 환경 보고서 가운데 저명한 저작인 북극기후변화영향보고서^(Arctic Climate Impact Assessment), ACIA[5]는 이런 현상에 대해 많은 시사점을 제시하고 있다. 페어뱅크스의 루시 비치에게서도 같은 말을 들은 적이 있었다.

"아크틱빌리지 근처에서 겨울을 난 카리부는 봄철이 되면 브룩스 산맥을 넘어 노스슬로프로 이동합니다. 예전만 해도 아직 강이 얼어 있었기 때문에, 카리부 떼들은 그냥 습관대로 강을 건넜지요. 그런데 기후 변화로 기온이 오르면서 강의 해빙 시기가 빨라졌어요. 강의 얼음이 깨지면서 어린 카리부들이 죽는 경우가 많아요. 몇 년 전엔 수백 마리의 새끼를 잃어버린 적도 있었죠."

과학자들은 1970년대 초반부터 포큐파인 카리부를 지속적으로 관찰했다. 초기에는 조사할 때마다 포큐파인 카리부들이 조금씩 더 많이 관찰됐다. 1989년에는 17만8,000마리에 이르렀다. 해마다 4퍼센트 정도 증가했다. 이 시기 북아메리카의 다른 카리부 무리도 개체 수가 늘어났다. 포큐파인 카리부도 이와 같은 양상을 보인 것 같다. 하지만 1989년을 정점으로 포큐파인 카리부가 줄어들기 시작한다. 1989년 17만8,000마리에서 2001년 12만3,000마리로 될 때까지 포큐파인 카리부는 해마다 3.5퍼센트씩 줄어들었다. 북극기후변화영향보고서는 포큐파인 카리부가 다른 종류의 카리부보다 기후 변화에 더 민감하다고 밝히고 있다.

이를테면 기후의 변화는 카리부들에게 다음과 같이 작용한다. 요즈음은 예년보다 봄이 일찍 찾아온다. 북극에서 봄이 길어지는 것은 생물들에게 그리 좋은 소식이 아니다. 날씨가 따뜻한 데다가 오락가락하기 때문에 눈이 자주 내리고 땅에 쌓인 눈은 녹았다 얼었다를 반복한다. 봄이 되어 솟아난 이끼와 지의류 들도 함께 녹았다 얼었다를 반복한다.[6] 카리부들은 이 식물들을 먹고살아야 하는데, 식물들이 자주 결빙됨에 따라 먹이 섭취의 조건이 악화되어갈 뿐이다.[7]

물론 북극의 기후가 따뜻해져 장기적으로 온난화의 평형이 유지된다면 카리부가 살기 좋을 것이다. 카리부도 온화한 기후에 적응할 것이기 때문이다. 그래서 점점 따뜻해지는 기후가 장기적으로는 카리부나 그 밖의 작은 동물들에게 가혹한 추위에서 벗어날 수 있게 해줌으로써, 개체 수가 늘어날 것이라는 예상도 있다. 북극기후변화영향보고서도 그 점을 지적한다. 실제로 알래스카의 유전 개발을 지지하는 지역단체인 '아크틱파워Arctic Power'는, 프루도베이 송유관 옆에 몰려든 카리부들의 사진—실제로

툰드라는 단조롭다. 추위 때문에 연중 풀이 자라는 시간은 짧지만 끝없이 펼쳐지는 대지는 카리부가 번식하기에 좋은 조건을 제공한다.

  이 사진은 알래스카 여기저기에 붙어 있다—을 보여주며 "유전 개발은 카리부 생태에 악영향을 끼치지 않는다"고 주장한다.

  물론 예전보다 빨라진 강의 해빙이 포큐파인 카리부의 개체 수를 획기적으로 감소시키지는 않을 것이다. 사실 아크틱빌리지의 그위친족이 가장 염려하는 것은 노스슬로프 1002구역에서 추진되고 있는 유전 개발의 움직임이다. 북극야생보호구역 안에 속한 1002구역은 북극해 연안 평야 가운데 포큐파인 카리부들이 새끼를 가장 많이 낳는 핵심 양육지역이기 때문이다.

  2005년에 미국의 부시 행정부는 북극야생보호구역의 개발 제한 해제를 허용하는 법안을 제출했다. 장기적으로 북극야생보호구역 중 브룩스 산맥

찬달라 강가에서 잡은 아크틱차 한 마리만 구워먹고 빈손으로 돌아온 쓸쓸한 사냥이었다. ⓒ류우종

이북 연안 평야의 유전 개발을 목표로 하고 있지만, 여론의 눈치를 보면서 일단 1002구역부터 우선 개발하고자 추진하고 있다. 1002구역에는 대규모 석유가 매장돼 있는 것으로 추정된다. 조사마다 편차가 있지만, 가장 최근에 조사를 마친 미국지리조사국 United States Geological Survey, USGS은 "57억 배럴의 원유가 저장돼 있을 확률이 95퍼센트, 160억 배럴의 원유가 저장돼 있을 확률이 5퍼센트"라고 발표했다. 부시 행정부는 최근의 불안정

한 중동 정세를 이유로 그동안 생태계 보호를 위해 금지해온 이 지역의 석유 개발을 추진해야 한다는 논리를 내밀었다.

하지만 그위친족은 1002구역에서 석유 개발이 추진되면 당장 카리부들이 양육지를 잃고 말 것이 명약관화하다고 생각한다. 그래서 카리부에 기대어 사는, 아니 카리부가 삶과 문화의 전부인 그위친족들은 1002구역의 유전 개발을 반대한다.

그날 로버트 길버트 가족은 카리부를 발견할 수 없었다. 우리는 찬달라 강 개울가에서 잡은 물고기 아크틱차Arctic char[8]를 구워먹고 발길을 돌렸다. 쓸쓸한 소풍이었다.

그날 저녁, 마을 광장에서 연기가 피어올랐다. 로버트가 오두막집에 저벅저벅 다가와 문을 두드렸다.

"포틀래치가 있어. 와서 구경하라고."

"누가 카리부를 잡은 거야?"

"일단 한번 와보라고."

마을 사람들 십여 명이 모닥불 옆에 모여 있었다. 하지만 모닥불 위로 걸린 고기는 카리부가 아니라 말코손바닥사슴이었다. 누구나 사냥에 성공하면 이렇게 포틀래치를 연다고 했다. 사람들은 자기 집 마당 앞에 있는 망원경으로 카리부가 언제 올지 기다렸을 것이다. 하지만 오늘도 카리부 사냥에 성공해 돌아온 가족은 없었다.

"마을 사람들 모두가 반대해요. 1002구역

은 포큐파인 카리부가 태어나는 곳이에요. 우리는 그곳에서 석유를 개발하지 않길 바라는 거예요. 석유 시추가 진행되고 유전이 개발되면, 많은 것을 잃어버리고 말 거예요."

"지구온난화 때문인지 모르겠지만, 1990년대부터 눈에 띄던 변화가 더욱 뚜렷해질 거예요. 그래서 우리는 석유 개발을 반대하는 거죠."

"뭐, 물론 브룩스 산맥 너머 에스키모들은 북극야생보호구역의 유전 개발에 마지못해 찬성하는 척하죠. 산맥을 두고 남북으로 이렇게 의견이 갈려요. 에스키모와 인디언 사이……. 그 사람들은 유전 개발에 찬성해서 이미 많은 것을 얻었죠. 최신식 시설의 학교, 상하수도관, 발전시설, 체육관……."

사람들은 너도나도 한마디씩 했다. 사륜 오토바이를 탄 아이들은 폭주족처럼 마을 여기저기를 누비고 다녔다.

에스키모와 달리 그위친 인디언은 풍족하지 않은 삶을 살고 있다. 앞서 말했듯이 그들은 원주민 토지청구권 해결법에 서명하지 않았기 때문에 정부에게서 받은 돈도, 불하받은 땅도 없고, 그래서 다국적 석유자본에 빌려줄 땅도 없다. 게다가 마을은 알래스카의 문명지역과 격리돼 있어 석유와 모든 생활용품을 비행기로 실어 날라야 해서 물가가 비싸다.

▶석유 탐닉을 거부하다

이튿날 나는 아크틱빌리지의 부족 사무소를 방문했다. 우리로 치면 면 사무소 정도 되는 곳인데, 주민들이 일정 기간에 한 번씩 부족장을 선출했고, 부족장이 마을의 모든 사무를 관장했다. 현 부족장은 20대 초반의 젊은 여성이었다.

"그렇습니다. 우리가 1002구역의 석유 개발을 반대하면서, 스스로 모범을 보여야 한다고 생각했어요. 그래서 우리는 최대한 검소하게 자급자족하는 생활을 유지해나가고 있어요."

"사실 그게 당신 부족들의 전통이기도 하지요."

"네. 하지만 어려움이 없는 건 아니예요. 우리는 알래스카의 문명지역보다 비싼 값으로 석유를 사서 쓰고 있어요. 여기까지 실어오는 데 추가 항공운송료가 붙으니까요. 부시 말대로 1002구역과 북극야생보호구역의 유전을 개발하면, 기름값이 좀 싸질지도 모르지만……"

아크틱빌리지의 가솔린 가격은 당시 2005년 기준으로 리터당 1,320원이었다. 이는 본토의 두 배에 가까운 가격이었다. 마을에 전기를 공급하는 디젤 발전소는 부족 사무소가 운영하는데, 비싼 기름값 때문에 발전이 중단되는 사태가 심심찮게 벌어졌다.

"지난해 11월에는 일주일 반 동안 디젤 발전소가 돌아가지 않았죠. 본토에서 기름을 사 와야 하는데, 자금이 바닥났기 때문이었어요. 사실 이런 일들이 우리 마을에서는 자주 일어나요."

순간 아득해졌다. 그위친족은 '값싼 가격으로 많은 기름을 공급하기 위해' 추진한다는 유전 개발에 대해 반대한다. 그 대가로 그위친족은 정작 기름 살 돈이 없어서 추운 겨울에 벌벌 떨고 산다. 그들은 모순의 투쟁, 존재를 반성하는 싸움을 벌이고 있는 것이다.

2008년 7월 11일, 조지 부시 대통령은 "고공행진을 멈추지 않고 있는 국제 유가에 대처하기 위해서는 북극야생보호구역에서 유전을 개발할 수 있도록 허용해야 한다"고 의회에 거듭 요청했다. 국제 유가는 배럴당 147달러까지 치솟았고, 부시는 경제각료들을 불러 회의를 마친 뒤에 "현재 휘발유 가격이 높은 이유 가운데 하나는 수요가 공급을 크게 웃돌기 때문"이라고 단언했다.

그들은 석유에 대한 수요가 공급을 웃돈다고 생각한다. 그래서 더 많은 석유 개발이 필요하다고 주장한다. 반대로 알래스카 유전 개발에 반대하는 이들은 인류가 석유 탐닉에서 헤어나지 못하고 있다고 말한다. 인류가 석유 탐닉에서 벗어나지 못하는 한 점점 뜨거워지고 있는 지구를 위해 브레이크를 밟을 수는 없을 것이다.

그위친족들은 몇백 년째 빈한한 삶을 살고 있다. 그들은 문명의 침공을 받고 시련을 겪었고, 지금 또한 그렇다. 《가장 따뜻한 집》을 지은 벨마 월리슨은 한 언론과의 인터뷰에서 이런 이야기를 전한 적이 있다.

"고모 니나가 나에게 이런 이야기를 들려준 적이 있지요. 언젠가 마을에 역병이 돌았어요. 마을 사람 3분의 1이 죽었지요. 첫 번째 떼죽음이 마을을 지나간 뒤, 사람들은 정신을 차리고 장례식을 열었어요. 하지만 두 번째 떼죽음이 일어났어요. 그리고 세 번째, 네 번째……, 나중에는 하루에 열 번씩이나 죽은 자들을 묘지에 데려가야 했어요. 더는 울 힘도 없었지요."

북극의 한랭건조한 환경에서 사는 그위친족은 서양인의 몸에 묻어온 바이러스에 취약했다. 에스키모와 마찬가지로 그위친족은 인구의 대부분을 문명에서 흘러온 질병으로 잃었다. 그리고 새로 들여온 문물—이들이 수공예를 통해 물물교환한 물건—이 결국 이들을 죽였다. 화약과 총 그리고 술, 담배. 특히 술은 북극 환경에서는 발효가 되지 않기 때문에 애초에 없던 먹을거리였다. 그리고 지금 그위친족을 겨누고 있는 것은 검은 황금이라 불리는 석유다.

'그위친'은 그들 원주민의 말로 '사람' 또는 '카리부의 사람들'이라는 뜻이다. 카리부가 곧 나이고 내가 곧 카리부인 이들의 인식론 속에서, 사람은 곧 카리부의 사람이다. 그위친족이 자주 하는 말이 있다.

"We are the Gwichyaa Gwich'in." (우리는 이 땅의 사람들이다. 카리부의 사람들이다.)

아이들은 지구 어디에서나 폭주족이다. 주말이 되자 아이들이 사륜 오토바이를 타고 마을 여기저기를 달렸다. ⓒ류우종

Chapter 3

보퍼트 해

배로
프루도베이

포인트호프

페어뱅크스

알래스카

에스키모는 온난화 협조자인가
Barrow, Alaska
-알래스카 배로

"비행기가 만석이네요."

수화기 너머로 젊은 여자의 목소리가 들렸다. 차가운 날씨였다. 손을 비비며 입김을 내뿜는 그녀의 온기가 전화선을 타고 전해졌다. 9월의 알래스카 페어뱅크스. 모름지기 북극권의 입구인 이 도시의 거리에는 붉은빛을 띠고 나뒹구는 나뭇잎이 가득했다. 이미 가을이 지나가고 겨울이 다가오고 있는 것이다.

나는 북극해의 소도시 배로 Barrow로 갈 참이었다. 네브라스카 주보다도 큰 노스슬로프 보로의 수도, 아니 사실상 알래스카 에스키모의 수도, 인구 4,581명의 '메트로폴리스'. 결단코 북극권에 이만한 도시는 없다. 물론 앵커리지나 페어뱅크스와 도로로 연결돼 있지 않지만, 대형 활주로를 갖추고 있어서 보잉737 제트기가 뜬다. 그만큼 문명세계와 교류가 활발한 도시다. 그날 배로에 가는 알래스카 항공도 전석 매진이었다.

배로에 가는 이유는 두 가지였다. 하나는 에스키모의 수도에 한번 가보고 싶었다는 점, 또 하나는 에스키모 사회의 예외적인 인물 조지 에드워드슨George Edwardson을 만나기 위해서였다. 아크틱빌리지에 사라 제임스가 있다면, 배로에는 조지 에드워드슨이 있다. 둘은 그위친 인디언과 에스키모 사회에서 각각 석유자본과 투쟁하는 상징적인 인물이다. 조지 에드워드슨은 노스슬로프의 석유를 개발하는 데 찬성하는 주류 에스키모 사회와 달리, 이에 대해 비판적인 견해를 가지고 있다. 한때 지질학자였던 그는 고래 선단의 선장이었고, 에스키모 사회에서도 존경받는 사람이었다. 그랬기 때문에 그의 반대 목소리는 울림이 컸다.

다행히 군소 항공사인 프런티어 플라잉 서비스Frontier Flying Service에는 좌석이 있었다. 이 항공사의 쌍발 프로펠러기는 기체가 작아서 배로까지 한 번에 날아갈 수 없었다. 비행기는 페어뱅크스에서 배로로 대각선으로 직항하지 못하고, 일단 북쪽으로 직진해서 북극해에 있는 프루도베이에서 기름을 채운 뒤, 다시 서쪽으로 한 시간 이상을 돌아가는 루트를 따랐다.

쌍발 프로펠러기가 두 시간을 날자, 프루도베이 상공에 도착했다. 페어뱅크스를 떠나 여기까지는 인적이 없었다. 그저 푸른 하늘과 누런 툰드라와 가끔씩 비치는 우각호 모양의 비췻빛 호수가 있었을 뿐이다. 그런데 갑자기 괴물 같은 산업지대가 나타났다. 여기저기에 솟은 굴뚝 그리고 굴뚝에서 솟아나오는 검은 연기. 툰드라는 송유관에 의해 격자 모양으로 해체돼 있었다. 옆에 앉은 뚱뚱한 체구의 승객이 창문에서 눈을 떼더니 말했다.

"달나라 혹성에 설치된 우주기지 같군."

비행기는 우주기지 속으로 하강하기 시작했다. 단출한 건물의 프루도베이 공항이 비행기를 기다리고 있었다. 비행기가 기름을 넣는 사이 나는 저벅저벅 걸어 공항 청사에 들어가 보았다. 단층짜리 작은 건물이었지만, 프루도베이 공항은 다른 소규모 공항들과 분명히 달랐다. '유전 노동자 모집'이라고 적힌 포스터들, 유전지대에서 지켜야 할 행동요령을 담은 안전수칙 게시판, 다국적 석유기업인 비피 British Petroleum가 운항하는 전세기 카운터……. 그러니까 이곳은 유전 노동자들의 출퇴근 버스 터미널 같은 곳이었다. 마치 광부를 태우고 가는 화차 터미널처럼.

북극의 고립무원에 펼쳐진 유전지대 프루도베이. 세상에서 가장 고립된 산업시설이다. ⓒ류우종

▶탐욕으로 번져가는 북극의 검은 유전

프루도베이에서 유전이 발견된 것은 1968년이었다. 다국적 석유자본은 뒤늦게 발견된 북극의 석유에 군침을 흘렸다. 하지만 얼어붙은 동토에서 석유를 개발하는 일은 생각보다 쉽지 않았다. 꽁꽁 언 땅에서 유전을 시추해 석유를 끌어올리는 문제 말고도 석유를 어떻게 미국의 본토로 가져가느냐라는 문제에 맞닥뜨린 것이다.

가장 쉬운 방법은 바다를 통해 석유를 옮기는 것이었다. 프루도베이에서 유조선을 띄워 캐나다 북극해 연안을 따라 미국 동부로 석유를 옮기면 됐다. 하지만 알래스카 북극해인 보퍼트 해에서 캐나다 배핀 섬을 거쳐 미국 동부에 이르는 북서항로는 1년 중 3분의 2 이상이 얼어 있었다. 튼튼한 쇄빙선과 뛰어난 항해기술이 필요했다. 프루도베이의 임대권을 따낸 석유기업 험블Humble Oil은 1969년에 15만 톤급 배수량에 4만3,000마력의 맨해튼 호로 시범 운항을 시도했다. 맨해튼 호는 당시 미국 상선들 가운데 가장 큰 배였다. 맨해튼 호 앞에는 쇄빙선이 앞장섰으며, 그 앞에는 또 헬리콥터 두 대가 빙산 사이로 난 뱃길을 찾았다. 하지만 빙산을 피하느라 맨해튼 호는 녹초가 됐고, 결국 선체에 큰 균열을 낸 채로 목적지에 겨우 도착할 수 있었다. 이듬해 험블은 북서항로를 포기한다고 발표했다.

바다로 수송하는 방법 말고 가장 쉬운 방법은 송유관이었다. 미국 동부의 시장 지배권을 갖고 있는 험블과 달리, 미국 서부 시장을 지배하고 있는 석유기업 비피와 아르코Atlantic Richfield Company, ARCO는 송유관 방식을 선호했다. 프루도베이에서 알래스카 대륙을 남북으로 종단하는 송유관을 건설한 뒤, 유조선을 통해 미국의 시애틀이나 샌프란시스코로 운반한다는 게 송유관 계획의 뼈대였다.

하지만 북극에서는 송유관 건설도 쉽지 않았다. 송유관을 땅에 묻을 경우 영구동토층이 문제가 됐기 때문이다. 북극 툰드라 땅 밑 3, 4미터에는 얼음층이 존재한다. 봄과 여름에 녹았다가 가을과 겨울에는 얼기를 반복한다. 여기에 송유관을 설치하기란 난망한 작업이 아닐 수 없었다. 설사 영구동토층에 송유관을 묻는다 해도, 갓 뽑아낸 따뜻한 기름의 영향으로 얼음이 녹아 지반이 침하될 게 뻔했다. 그렇지 않아도 해마다 결빙과 해빙을 반복하는 영구동토층 때문에 북극의 지층은 불안정했다. 여름에는 땅이 푸석푸석해지면서 여기저기 물이 고이며 호수가 생겼고, 겨울에는 온통 꽁꽁 얼어서 땅을 팔 수도 없을 정도였다.

북서항로와 송유관이 쉽지 않음을 깨달은 석유자본은 여러 가지 아이디어를 냈다. 보잉사는 석유를 싣고 다닐 수 있는 대형 기단 편성을 제안했다. 날개 길이 143미터의 보잉747과 같은 종류의 엔진 12발을 동력으로 사용하는 초대형 항공기 기단으로 석유를 나르자는 아이디어였다. 제너럴 다이나믹스는 핵잠수함을 유조탱크로 개조해 석유를 운반하겠다는 계획까지 내놓았다. 하지만 모두 위험하거나 경제성이 없어 보였다.

결국 석유자본들은 의기투합해 알래스카를 횡단하는 송유관을 설치하는 것으로 정면돌파하기로 한다. 1969년에 비피와 아르코 그리고 험블로 구성된 컨소시엄인 알래스카 종단 송유관 시스템Trans Alaska Pipeline System, TAPS이 발표한 알래스카 종단 송유관 계획의 핵심은 송유관을 땅 밑에 설치하지 않고 땅 위에 설치하는 것이다. 환경 파괴 논란을 피해 영구동토층

초대형 항공기단과 핵잠수함 등 여러 아이디어가 나온 끝에 결국 프루도베이의 석유는 가장 기초적인 방법인 송유관으로 이동시키는 것으로 결정났다. 알래스카 종단 송유관은 알래스카 남부의 항구 발데즈에 이른다. ⓒ류우종 위에 송유관을 건설하면 된다는 단순한 아이디어였다. 송유관은 적설량을 고려해 땅에서 3, 4미터 높이에 세우고, 추위에 견디도록 이중구조를 갖추면 문제가 없다는 게 이들의 생각이었다. 물론 송유관이 밖으로 그대로 노출되어 테러 대상이 될 수 있다는 점, 기름이 유출되면 북극의 특성상 오염을 제거하는 작업이 쉽지 않다는 점, 카리부·북극곰 등 북극권 동물의 생태 장벽이 될 수 있다는 점 등의 우려가 환경운동가들로부터 제기됐으나, 석유자본의 탐욕과 정부의 지원 그리고 알래스카 주민들의 압도적인 찬성 여론 속에서 1977년에 송유관이 완성됐다.

  이 송유관은 프루도베이를 중심으로 노스슬로프 일대 유전의 석유를 끌어들인 뒤, 알래스카 중앙을 북쪽에서 남쪽으로 관통해 남부의 항구 발데즈까지 이른다. 석유는 발데즈에서 유조선에 실려 미국 본토로 운반된다. 하지만 알래스카 종단 송유관은 지금까지 수많은 논쟁을 낳고 있다. 1989년에 발데즈 앞바다에서 일어난 최악의 기름 유출 사고인 유조선 액슨발데즈 호 사건Exxon Valdez Oil Spill을 정점으로, 한 해에도 크고 작은 기름 유출—1994년부터 1999년까지 알래스카 종단 송유관에서, 기름 유출이 1,600회 일어났다는 보고가 있다—이 수십, 수백 차례 일어나고 있기 때문이다.[1]

  프루도베이에서 다시 이륙한 비행기는 곧 북극해 연안을 따라 날았다. 왼쪽과 오른쪽의 경계가 확연했다. 왼쪽은 누런 툰드라 바탕 위의 유전공장지대였으며, 오른쪽은 푸른 바다에 하얀 빙산이 얼음 조각처럼 떠 있는 북극해였다. 비현실적인 풍경이었다. 1968년에 프루도베이에서 시작된 유전 시추 붐은 점점 동서로 번져가며 노스슬로프를 뒤덮었다. 노스슬로프의 유전지대에는 총 2,400킬로미터 이상의 도로와 송유관이 존재한다. 그리고 수천 에이커의 땅이 석유산업지대로 변했다. 지도를 봐도 노스슬로프는 이미 빨간 점으로 표시된 유전에 뒤덮여 있다. 송유관은 빨간 점을 거미줄처럼 잇고 있었다.

▶에스키모의 수도, 배로에 도착하다

배로는 공상과학영화에나 나올 법한 디스토피아 같은 이미지였다. 먼지 낀 통나무집들, 여기저기 흩어진 폐차와 폐타이어, 버려진 모터썰매가 배

검은 황금이 솟아오르는 유전지대 옆에는 빙산이 떠내려오는 북극해가 있다. ⓒ류우종

로의 첫인상으로 다가왔다. 배로의 집들은 기둥 위로 탑처럼 솟아 있었다. 겨울에 내리는 눈 때문에 지상에서 1, 2미터 높게 설치한 것이다. 하늘에서 하나둘 하얀 눈이 떨어졌다.

"이제 여름이 끝났는데……, 여하튼 잘 오셨네요."

택시 앞좌석에는 신기하게도 타이에서 온 젊은이가 운전대를 잡고 있었다. 북극해를 바라보는 이 작은 도시에 열대 지방의 젊은 택시 기사라니……. 그의 말에 따르면 한국인도 만만치 않게 많다는 것이다.

"배로에 있는 10개 레스토랑 가운데 9개를 한국인이 운영하고 있고, 2개 택시 회사 가운데 한 곳은 한국인 사장 소유이며 다른 한 곳은 타이인이 운영하죠."

"더운 나라에서 왔는데, 안 추우세요?"

난 여기까지 와서 택시 운전을 할 필요 있느냐는 말을 돌려 물었다. 흙탕물이 고인 비포장도로의 구덩이를 피한 뒤 그가 뒤를 돌아보며 말했다.

"사실 난 유전 기술자예요. 프루도베이에서 일하죠. 택시는 아르바이트 삼아서 하는 거예요. 일주일에 사흘은 유전에서 일하고, 나흘은 여기 와서 택시를 몰죠. 여기는 특수지역이라 노임이 쏠쏠해요. 한 몇 년 바짝 일한 뒤, 한몫 챙겨서 떠나는 거죠. 그래서 일주일에 한 번씩 비행기를 타고 프루도베이와 배로를 왔다 갔다 하는 거예요."

그는 유전 노동자들 중에는 타이나 인도 등에서 온 기술자들이 많다고 했다. 고향에 보내고도 남을 돈을 프루도베이에서 벌지만, 높은 임금의 택시 월급까지 합치면 예정보다 빨리 고국에 금의환향하는 것도 가능하다는 것이다. 인구 5천 명이 채 안 되는 북극해의 도시에 한국인 51명이 사는 것도 같은 이유였다.

"그건 그렇고, 이 조그만 도시에……, 택시를 타고 다니는 사람이 있나요?"

"에스키모들은 택시를 좋아해요. 돈이 굴러다니거든요. 하하. 그래도 지금은 한가한 편이에요. 10월, 11월이 되면 너무 추워서 문밖에 나가질 못해요. 콜택시를 불러서 택시가 '빵빵' 하면 그때 후다닥 나와 택시에 타야 돼요. 그러지 않으면 입이 얼어서 말할 수 없게 된다니까."

마을 들머리는 북극해였다. 빙산은 바람에 따라 물렸거니 뒤섰거니 했다. 바로 어제만 해도 빙산은 마을을 둘러쌌다가, 아침이 되면 보이지 않을 정도로 저 멀리 물러가 있었다. 추운 날씨와 빙산만 없었다면, 난 배로를 한여름의 해운대 해수욕장으로 착각했을 것이다. 그만큼 배로는 한여름 휴양지처럼 바다와 인접해 있었다.

이튿날에는 배로 거리를 산책했다. 주택가는 경지 정리된 농경지처럼 깔끔한 격자 모양이었지만, 미국 여느 소도시처럼 깔끔하게 다듬어진 정원도 하얗게 페인트칠된 차고도 없었다. 대신 카리부의 뿔이나 물범의 머리뼈들이 나뒹굴었다. 마당이 너른 집 앞에는 우미아크^{Umiaq}도 세워져 있었다. 우미아크는 물범 가죽으로 만든 에스키모 전통의 고래잡이 배다. 그 옆에는 물범 가죽이 펼쳐져 있었다. 아마도 햇볕에 말리는 중인 것 같았다. 집으로 들어가 문을 두드렸다. 마흔 살이 된 페리 아나슈가^{Perie Anasuga}가 친구와 카드 게임을 하다가 나왔다.

"이 우미아크는 작년에 만들었죠. 물범 여섯 마리로 만든 거예요. 물범 가죽을 이렇게 사각 틀에 팽팽하게 펴서 매어놓은 뒤 한 해를 말린답니다.

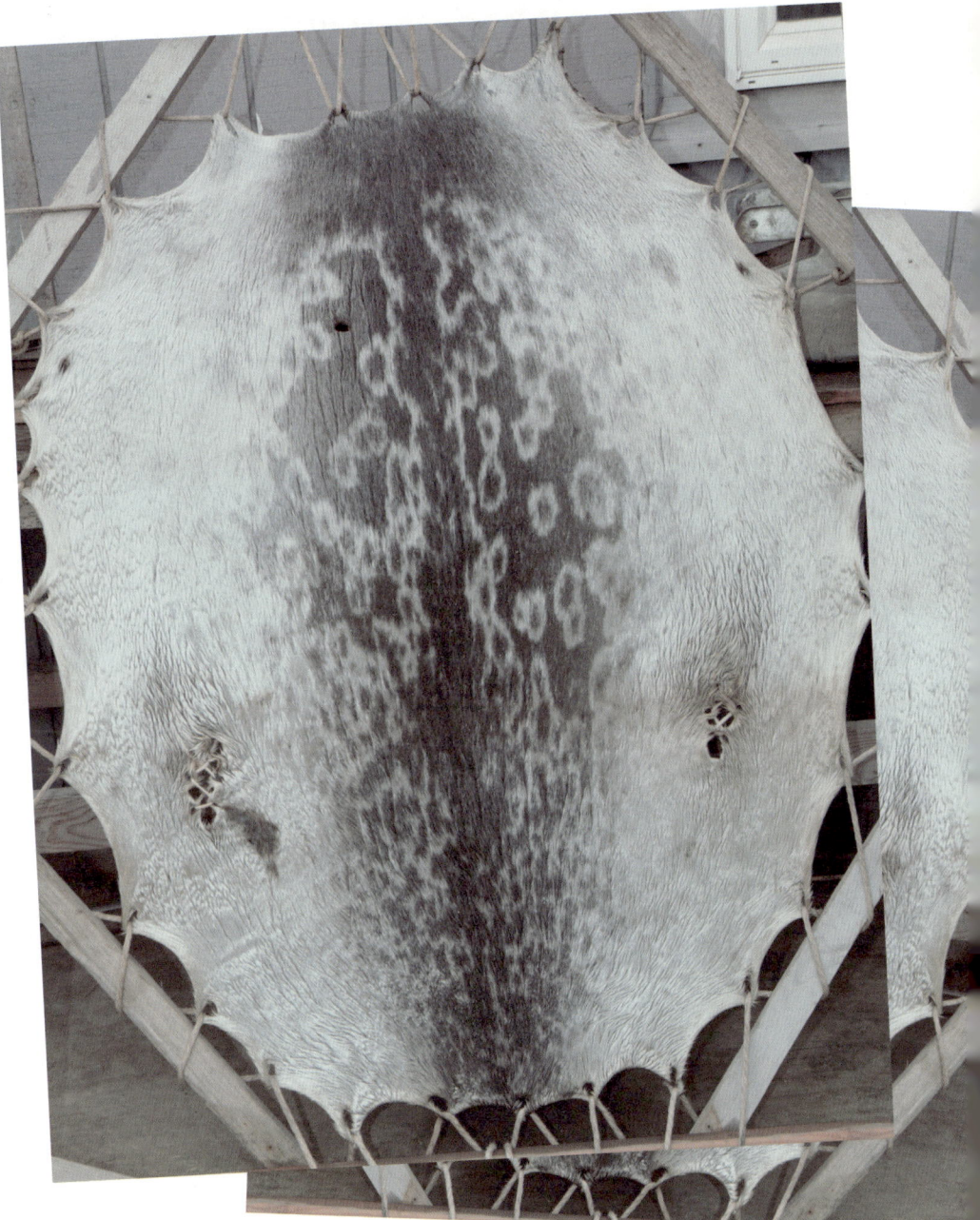

배로에선 집집마다 물범 가죽을 말렸다. 우미아크를 만드는 데 쓰기도 하고 수공예품 재료로 이용하기도 한다. ⓒ류우종

"그러곤 여자들이 카리부 힘줄로 여섯 개의 가죽을 튼튼하게 엮어요. 오래 걸리지 않아요. 그렇게 이틀이면 만들 수 있죠."

예로부터 에스키모는 우미아크를 타고 고래를 잡았다. 물범 가죽으로 선체를 만든 우미아크는 물이 새지 않고 가볍고 튼튼했다. 우미아크 한 대는 보통 어른 여섯 명의 무게를 견뎠다. 고래를 잡으러 나간 여섯 명은 노를 저어가다가 빙산이 나타나면 우미아크를 끌고 빙산 위에 올라가 걸었다. 바다가 나타나면 다시 우미아크를 바다에 띄우고 노를 저었다. 우미아크는 가벼웠기 때문에 빙산이 가로막을 때 빙산 위로 올라가 끌고 다닐 수 있다는 장점이 있었다. 현대의 모험가들이 플라스틱 재질의 가벼운 카약을 매고 밀림을 탐험하는 것과 같은 방법이다. 수천 년 전부터 에스키모들은 그렇게 고래를 찾으러 다녔다.

지금 우미아크는 봄철 고래 사냥 때에만 이용된다. 또 다른 사냥철인 가을에 비해 봄철 배로 앞바다에는 커다란 유빙이 많기 때문에 기동성 있게 다니려면 우미아크가 더 나았다. 가을철에는 엔진이 달린 모터보트가 이용된다. 아나슈가가 말했다.

"나는 열네 살부터 고래잡이에 나갔어요. 지금은 부선장이죠. 지금까지 스물두 마리를 잡았어요."

"가을 고래 사냥은 시작됐나요?"

"아뇨. 아직은……. 배로 포경협회에서 개시를 선언해야 시작할 수 있죠. 올해는 조금 늦네요. 고래들이 아직 배로 앞바다에 도착하지 않았겠죠. 늦어도 10월 초가 되면 시작될 겁니다. 포경협회에 가보세요."

지구온난화 때문에 에스키모의 고래잡이가 힘들어지고 있다는 뉴스를

고래를 잡은 뒤 열리는 에스키모 축제에서 어린이들은 물범 가죽에 올라 통통 뛰는데, 이것을 날루카툭(Nalukatuk) 이라고 부른다. 배로 아이들이 날루카툭에서 놀고 있다.
ⓒ류우종

본 적이 있다. 고래는 빙산 사이의 물길을 다니며 숨을 쉬어야 하는데, 지구온난화 때문에 유빙이 형성되는 양상이 달라지면 물길을 이동하는 시스템 등 여러 습성이 뒤죽박죽되기 때문이라는 것이다.[2] 이렇게 되면 예전의 물길이나 고래 이동 시기에 익숙한 에스키모의 고래 사냥도 혼란을 겪을 수밖에 없다.

두 블록 뒤의 집 마당에는 갈매기들이 떠들썩했다. 아직 엔진 열기가 남은 사륜 오토바이 옆에는 피크닉용 테이블이 놓여 있고, 그 위에는 거대한 뿔을 가진 카리부가 쓰러져 있었다. 고부지간으로 보이는 젊은 여자와 늙은 여자가 울루Ulu(반달 모양의 에스키모 전통 칼)를 들고 카리부를 다듬고 있었다.

"어저께 카리부를 열다섯 마리 잡았어요. 겨우 열여섯 시간 동안 말이에요. 그러니까 한 시간에 한 마리씩 잡은 셈이네요."

젊은 여자는 바가지로 물을 퍼서 울루에 뿌렸다. 울루에 묻은 선홍색 피가 묽게 흩어졌다.

"이게 '울루'라는 거예요. 이걸로 살을 벗기는 거죠. 이렇게……."

늙은 여자는 언 땅바닥에 사행천처럼 흩어지는 카리부의 피를 보고 눈을 찡그리는 나를 보며 입을 뗐다. 그녀는 마치 강의하듯 말을 이어갔다.

"카리부는 아무것도 버릴 게 없어요. 모피는 사냥 갈 때 이불이 되어주지요. 다리로는 마쿨락 부츠를 만들어 신고요. 포큐파인 카리부보다 좀 덜 하긴 하지만, 살코기도 맛있어요. 뇌와 혀도 푹 삶아서 먹을 수 있어요. 고래도 마찬가지죠. 다 쓸모가 있어요. 지방층으론 에스키모 아이스크림을 먹죠. 들어보셨어요? 에스키모 아이스크림? 지방층과 고기를 잘게 썰어서 추운 날에 밖에 내놓기만 하면 돼요. 우리는 어느 것도 버리지 않아요."

에스키모 아이스크림 이야기를 들으니, 하얀 서리가 낀 빨간 참치 회가 생각났다. 그렇다. 참치 회 같은 것이리라. 갈매기 여남은 마리가 두 여자가 해체하고 버린 카리부의 사체를 쪼아 먹기 시작했다.

"근데 열여섯 마리를 어떻게 다 먹어요? 한 마리 해체하는 데도 이렇게 시간이 걸리는데."

"친구와 친척 들한테 다 나눠줄 거예요."

▶이곳에 사는 한 우리는 이누피아트

조지 에드워드슨은 폐차가 쌓인 동쪽 주택가에 살고 있었다. 쉰두 살의 그는 몸을 움직일 때마다 가쁜 숨을 몰아쉬어야 할 정도로 거구였다.

"석유 문제를 취재하러 왔어요."

"물론 알지요."

조지가 웃었다. 그리고 나에게 질문할 틈도 주지 않고 이야기를 시작했다. 이야기는 금세 문화인류학 강의로 발전했는데, 안타깝게도 내가 듣고 싶은 석유 문제는 나올 기미가 없어 보였다. 그의 강의 주제는 말하자면,

'이누피아트Inupiat(에스키모는 언어에 따라 여러 지파로 구분되는데, 이 가운데 서부 알래스카에 사는 이들을 유픽 에스키모, 서북부 중 북부에 사는 이들을 이누피아트로 부른다)[3]로서 자신이 느끼는 자부심'이라고 할 만했다.

"나는 배로에서 태어났고, 페어뱅크스의 알래스카 주립대학University of Alaska in Fairbanks, UAF에서 지질학을 공부했죠. 할아버지는 노르웨이에서 온 탐험가였어요. 물론 이 땅의 지배를 염두에 두고 여기에 파견됐겠죠. 할아버지는 여기서 원주민인 도라 이누이악을 만나서 결국 배로에 정착하게 돼요. 할아버지는 1927년에 프루도베이에서 석유를 발견했죠."

"아, 프루도베이의 석유가 1960년대에 처음 발견된 게 아니었군요?"

그는 내 질문에 신경 쓰지 않고 자신의 이야기를 계속했다.

"할아버지는 노르웨이 왕족 중 한 명이었어요. 미국 주재 노르웨이 대사관에서 왕족 가계도를 우리에게 주면서 우리가 왕족임을 확인해줬어요. 아버지의 사촌뻘 되는 사람들이 왕족이에요."

그러고 보니 조지 에드워드슨은 약간 그을린 낯빛의 에스키모들과는 달라 보였다. 그의 얼굴은 백인에 가까웠다. 하지만 그는 다른 에스키모와 마찬가지로 '다산'을 실천했고, 아들 둘과 딸 다섯이 있다. 20대 후반으로 보이는 딸이 조지의 손자를 안고 집에 들어왔다. 그녀의 첫인상도 둥글고 펑퍼짐한 전형적인 에스키모가 아니었다.

"그럼 당신의 아이덴티티는 뭐죠? 자신을 에스키모라고 생각하나요?"

"물론. 나는 여기서 태어나 자랐고 여기서 배웠어요. 지금은 미국 연방 정부의 우산 아래 있지만, 그렇지 않다면 내 이름은 사가나 에드워드슨Saggana Edwardson이 됐을 겁니다. 할아버지만 노르웨이인일 뿐인 거죠. 나는 어렸을 적부터 고래잡이 배를 탔고, 내가 잡은 물범은 셀 수도 없어요……. 아이들도 이누피아트예요. 고래나 물범을 대하는 방법, 식습관, 세계관 모두 이누피아트의 것대로 배우고 따랐죠. 50퍼센트 혼혈이든 25퍼센트 혼혈이든 중요하지 않아요. 여기에서 사는 한 우리는 이누피아트예요. 단지 여기에서 계속 사느냐, 아니면 떠나느냐 두 가지 선택만 있을 뿐이죠."

나중에 안 사실이지만, 에스키모 마을에서 100퍼센트 순혈의 에스키모는 많지 않았다. 에스키모는 유럽의 침략자들에게 관대했다. 그들은 기독교를 별 저항 없이 받아들였으며, 유럽인들이 가져다준 각종 문명의 혜택을 위협으로 느끼지 않았고, 유럽인들과 결혼하는 데에도 주저하지 않았다. 아메리카 인디언과 달리 에스키모와 유럽인 사이에서 별달리 전쟁이라고 할 만한 것이 없는 역사4도 이를 보여준다.

하지만 에스키모와 유럽인의 충돌은 뒤늦게 발생했다. 1960년대에 프루도베이에서 석유가 발견되고 난 뒤였다. 미국 연방정부와 다국적 석유자본이 프루도베이와 노스슬로프 일대에서 유전을 시추하려고 하자, 에스키모들은 반대하기 시작했고, 거대한 원주민 운동으로 발전하기 시작했다. 논리는 단순했다. 이 땅은 에스키모 땅이라는 것이다. 1971년에 에스키모와 미국 정부의 역사적 대타협인 원주민 토지청구권 해결법이 시행되기 전까지, 싸움은 계속됐다.

"1971년 이전에 브룩스 산맥 이북은 우리 땅이었습니다. 그 누구도 우리에게 뭐라고 하지 않았고, 무엇도 빼앗아가지 않았어요. 역사적으로도 우리는 여기에 살아왔어요. 일곱 개의 빙하기가 지나갈 동안 우리는 여기에 살았어요. 포인트호프Point Hope 마을 같은 서부 알래스카에서 에스키모의 선사 유적이 발견되기도 했고……. 기원전 200~300년의 유적들이죠."

정설에 따르면 에스키모는 베링기아 시대에 동아시아에서 넘어왔다. 5만 년 전에서 1만5,000년 전 사이 마지막 빙하기 때 이주한, 시베리아에서 살던 수렵인들이었다. 그때는 상당히 추워서 해수면이 지금보다 100미터 정도 낮았기 때문에(빙하기나 소빙하기에는 육지가 물을 내륙에서 얼음 형태로 머금고 있어서 해수면이 낮을 수밖에 없다) 아시아와 아메리카는 베링기아라는 다리로 연결돼 있었다.5

베링기아를 건너온 사람들은 캐나다 북극권을 거쳐 그린란드까지 나아갔다. 그리고 에스키모 문명을 형성했다. 그리고 남쪽으로는 북아메리카 일대로 퍼져 인디언이 되었다. 하지만 에드워드슨은 그 이론을 뒤집어 말했다.

"아시아인들도 에스키모의 이동에서 유래됐어요. 당신의 조상은 아마도 우리의 친척 중 하나였을 거예요. 우리는 빙하기를 버틴 사람들이니까."

말이 길어질 것 같았다. 나는 주제를 돌렸다.

"지구온난화 때문에 고래 숫자가 줄어들지 않나요?"

"우리가 얼마나 많은 빙하기를 통과했는지 아세요? 이누피아트는 고래 사냥법을 바꾸기만 하면 됩니다. 자연의 자연스런 변화에는 얼마든지 적응할 수 있어요. 지금까지 그렇게 살아왔으니까요. 하지만 유전 개발은 다른 문제죠. 그건 인간이 일으킨 변화니까요. 북극해 바다 여기저기에 유전이 개발되면 해양생태계의 먹이그물이 끊어질 거예요. 자, 이 물컵에 물을 채웠어요. 여기에 60밀리리터의 석유를 넣으면 여기에 사는 동식물은 다

죽어요. 해상에서 기름이 유출되면 끔찍합니다. 기름 제거 작업은 거의 불가능하죠. 고래 같은 해양포유류는 사라지고 마는 거죠. 그것도 일 년에 3분의 2가 어는 북극해 바다인데……."

1989년에 일어난 엑슨발데즈 호 사건이 떠올랐다. 알래스카 북극권으로 올라오기 전에 나는 발데즈와 코르도바에 들렀다. 그곳에서 유조선 엑슨발데즈 호의 기름 유출이 20년 가까이 지난 지금에도 얼마나 많은 피해를 입히고 있는지 확인할 수 있었다.

프린스윌리엄스 해협에서는 씨가 마른 것 같던 해달이 코르도바 항구에 누워 사각사각 소리를 내며 무언가를 먹고 있었지만, 코르도바 어부들을 먹여 살리던 청어는 아직 돌아오지 않았다. 아직도 코르도바 바닷가의 흙을 파내면 얼룩진 기름이 묻어나온다.

"나는 에스키모 사회에서 석유 개발에 반대하는 유일한 지질학자입니다. 나는 전선에 서 있어요. 나는 석유자본과 연방정부가 추진하는 석유 개발을 중지시키려 합니다. 그들에 맞서 싸우려고 이렇게 앞에 서 있는데, 뒤를 돌아보면 같이하겠다던 사람들이 사라져버리고 없지요. 사람들 대부분이 석유 개발을 찬성하는 공화당에 표를 던집니다."

"아크틱빌리지에서 사라 제임스를 만났어요."
"그 사람들이야말로 석유가 없으면 생존할 수 없는 사람들이에요."
"왜 배로 사람들은 석유 개발을 지지하죠?"
"유전 개발을 하지 않으면, 알래스카는 생존할 수 없다고 믿기 때문이죠. 공화당원들이 퍼뜨리는 말대로……. 하지만 그건 죄다 거짓말이에요."

"하지만 돈을 얻잖아요."

"그건 원주민 공사 Native Corporation의 땅이니까 그런 거지요. 당연히 우리의 권리에요. 하지만 그렇다고 우리 허가 없이 석유를 개발할 순 없어요. 바로 그 지점에서 내가 싸우는 거죠. 이 땅은 내가 태어난 곳이고, 어머니가 태어난 곳이에요. 그렇기 때문에 이 땅을 지켜야 하죠."

에스키모들은 노스슬로프 내륙의 유전 개발을 허용하고 막대한 수입을 챙기고 있다. 에스키모들이 유전 확대에 별다른 브레이크를 걸지 않음으로써, 검은 황금을 실은 송유관이 프루도베이를 중심으로 서쪽으로는 배로 인근까지 동쪽으로는 카크토비크 인근까지 뻗어나갔다.

그런데 지금 알래스카 석유 개발의 제2차전이 시작되고 있다. 석유자본과 연방정부는 노스슬로프 내륙에 이어 북극해 해상의 석유 개발을 추진하고 있다. 땅에 이어 바다에도 시추공을 뚫겠다는 것이다.

내륙 유전 개발에는 가만있던 에스키모들이 이번엔 좀 다른 태도를 보이고 있다. 에스키모는 바다로 먹고사는 사람들이기 때문이다. 그위친 인디언과 달리 에스키모들에게 카리부 사냥은 취미에 가깝다. 대신 그들은 고래와 물범, 바다사자 등 해양포유류에 한해살이를 기댄다. 그위친이 카리부 가죽으로 옷을 입고 사냥도구를 만들고 음식을 해먹는다면, 에스키모 사회에선 고래와 물범이 그것을 대신한다.

에스키모 문화에서 해양포유류는 핵심에 존재한다. 검은 황금의 부스러기들이 에스키모들을 가난에서 벗어나게 했지만, 이번에는 좀 다를 것 같았다.

▶물범 사냥에 따라가다

고래는 아직 배로에 돌아오지 않았다. 하지만 아침저녁으로 배로 앞바다는 분주했다. 하얀 빙산군이 몰려 들어왔다가 쏜살같이 빠져나가기를 반복했고, 에스키모들은 각자 보트를 바다에 띄우고 빙산의 미로 속으로 사라졌다.

요즈음은 물범 사냥철이었다. 10월이 되면 바다가 꽁꽁 얼기 때문에 바다에서 이동이 어려워진다. 적당한 빙산이 있고 그 사이로 물길이 나 있는 지금이 물범 사냥의 최적기다.

나는 배로 이누피아트 헤리티지 센터 Inupiat Heritage Center에 들렀다가 수공예품을 파는 리처드 파코닥 Richard Pakodak과 제넬 파코닥 Jenell Pakodak 부부를 만났다. 각각 쉰두 살과 마흔여섯 살인 이 중년 부부는 마침 내일 물범을 잡으러 갈 예정이라고 말했다. 나는 대뜸 따라가겠다고 했다.

물범 사냥의 사수로 나선 론 사가나. 초보 사수인지라 연신 헛방만 쐈다. ⓒ류우종

이튿날 파코닥 부부는 마흔 살 청년인 론 사가나 Ron Saggana를 소개했다.

"이 친구가 총을 잡을 거야. 나는 수전증이 있어서 잘 쏘질 못하거든."

파코닥 부부의 집 차고에 보관된 물범 사냥용 보트는 단출했다. 4기통 야마하 엔진이 달린, 그러니까 한강의 수상보트 정도 되는 크기였다. 엄혹하고 삭막한 북극의 바다를 이 보트로 견딜 수 있을까 하는 생각이 들었지만, 다른 에스키모의 보트들도 그랬으므로 걱정은 접어두었다. 우리의 안전을 보장해주는 도구는 보트에 매달린 '에스키모 무선라디오'뿐이었다. 무선라디오는 바닷가로 달려가는 파코닥 부부의 픽업트럭에도 달려 있었다.

"안녕! 나는 리처드 파코닥. 우리는 지금 배로 앞바다로 나간다. 목적지는 72구역."

배로에는 배로 수색구조대가 있다. 바닷가에 나가는 모든 배는 여기에 무선으로 보고한다. 그런데 이 무선라디오는 사냥보트뿐만 아니라, 자동차에도 집에도 달려 있다. 무선라디오는 일종의 '원주민 공용 통신망'으로, 한 사람이 라디오에 대고 말하면 수색구조대뿐만 아니라 배로의 모든 라디오에 전달된다.

"그래서 금요일 밤에는 누구네 집에서 파티가 열린다는 소식이 주로 전달되지요."

제넬 파코닥이 웃으며 말했다.

보트에 오르자 제넬은 방한복과 카리부 가죽을 여섯 개 꺼냈다. 카리부 가죽만 있으면 조난당해도 얼어 죽지 않는다고 제넬이 말했다. '거대한' 방한복을 입으니, 북극곰처럼 둥그레졌다. 아직 카리부 가죽은 필요 없었다.

사냥 목표는 턱수염바다물범 Bearded Seal이었다. 턱수염바다물범은 물범

가운데 가장 크기 때문에 그만큼 쓰임새도 넓다. 특히 가죽은 고래잡이 배인 우미아크를 만드는 데 쓰인다.

"운이 좋으면, 바다코끼리도 잡을 수 있지. 어제 바다코끼리를 봤다는 사람이 있던데."

리처드의 말로는 바다코끼리는 북극 사냥감으로선 '레어 아이템'에 속했다. 지천에 흔한 물범과 달리 이놈들은 쉽게 인간의 눈에 띄지 않는다. 하지만 일단 눈에 띄면 잡기는 어렵지 않다. 물범과 달리 이놈들은 보통 빙산 위에 게으르게 엎어져 있어서 도망가는 데 오래 걸리기 때문이다.

물범 사냥을 위한 역할 분담은 철저했다. 선장은 리처드였다. 그는 보트를 운전하면서 사냥꾼들을 통솔하고 안전을 책임진다. 부선장은 그의 아내 제넬이다. 그녀는 군대로 치면 수색병 정도 됐다. 물범의 향방을 쫓고 선장에게 이동 방향을 알려준다. 론이 가장 핵심적인 역할을 하는 사수다. 그는 보트 선두에 앉아 부선장이 가리키는 물범을 명중시켜야 하는 막중한 임무를 맡았다.

해양포유류인 물범은 아가미가 아닌 허파로 숨을 쉰다. 그래서 일정 시간이 되면 수면 위로 올라와 숨을 쉬어야 한다. 사냥은 바로 그 찰나에 이뤄진다. 물범은 약 3, 4초 고개를 내밀다가 다시 바다 아래로 몸을 빼는데, 이 찰나의 간극에 총으로 물범을 명중시켜야 했다. 그러니까 이것은 동네 문방구 앞에 있던 두더지잡기를 연상시켰다. 머리를 잠깐 내밀 때 승부를 봐야 했다. 총 대신 작살을 던져 물범을 잡은 100년 전의 에스키모에 비해 엄청 편해졌지만, 론은 그렇지 않은 것 같았다. 벌써 서른 발째, 그는 연신 헛방만 쏘고 있었기 때문이다.

물범은 호흡을 위해 바다 위로 잠깐 머리를 내놓는다. 사냥은 그 찰나에 이뤄진다. ⓒ류우종

"빵!"

보트가 배로 앞바다의 빙산군을 헤매다가 결국은 도시 서쪽 4, 50킬로미터 지점의 연안까지 흘러 내려갔을 때, 드디어 물범이 빨간 피를 흘리며 파란 바다에 떠올랐다. 론은 그때까지의 어설픔을 날려버리듯, 총을 놓고 비호처럼 작살을 던졌고, 그러자 총탄이 박혀 떠오른 물범은 도망갈 겨를도 없이 작살에 꽂혔다. 금세 바다가 빨갛게 물들었다. 물범은 은빛 배를 드러내고 빨간 자취를 남기며 갑판 위로 끌어올려졌다. 길이 1.5미터 정도 되는 고리무늬물범이었다. 물범은 눈을 감지 않았다. 은빛 고리를 온몸에 감은 물범은 호두알만 한 눈동자로 나를 쳐다봤다.

고리무늬물범의 인간적인 눈빛은 '두더지잡기' 놀이 같은 물범 사냥에 끼어든 나로선 일말의 죄책감을 느끼게 했는데, 나중에 카크토비크에서 만난 리처드 마누에게서 다음과 같은 말을 듣자, 나는 좀 더 심각해졌다. 그는 이렇게 말했다.

"에스키모 마을은 거의 전부가 물범 사냥을 하지요. 그리고 잡은 물범을 먹기도 하고, 모피로 수공예품을 만들기도 하죠. 물범 사냥은 원주민 문화의 핵심에 존재하지만, 하루도 쉬지 않고 해야 할 정도로 생존이 달린 경제활동은 아니에요. 마을마다 분위기가 좀 달라요. 물범 사냥을 경쟁적으로 하는 마을이 있고, 가끔씩 하는 마을도 있고. 그런데 배로는 좀 심한 편이죠. 좀 남획하는 느낌이 든다고 할까. 내 친구는 지난봄에 3주 동안 스무 마리를 잡았다고 자랑하더군요."

▶가질 것이냐, 얻을 것이냐

　물범 사냥은 법적으로 엄격히 제한돼 있다. 미국은 1972년에 제정한 '해양포유류보호법'에 따라 고래를 포함한 물범, 바다사자, 해달 등의 사냥과 상업적 거래를 금지하고 있다. 심지어 물범 근처 30미터까지는 접근해서도 안 된다. 하지만 원주민의 사냥은 허용된다. 단 생계 목적에 한해서다. 많게는 한 해 수십 차례 나가는 에스키모들의 물범 사냥과 두어 차례 나가는 고래 사냥도 모두 생계 목적의 사냥이다.

　그럼 정말로 이들은 생계 목적으로만 물범을 잡을까. 사람에 따라 다르겠지만, 적어도 3주 동안 스무 마리를 잡았다는 리처드 마누의 친구나 열여섯 시간 동안 카리부 열다섯 마리를 잡았다고 자랑한 사람들의 경우(물론 순록은 사냥 금지 대상은 아니다)는 생계 목적은 아닌 것 같았다. 파코닥 부부를 따라나선 물범 사냥만 해도 훌륭한 레저였다는 생각(물론 파코닥 부부는 욕심을 부리지 않았다. 론의 사수 실력이 형편없어서이기도 했지만, 고리무늬물범 한 마리만 잡고 그들은 미련없이 철수했다)이 들었으니까. 당시 우리는 엽총을 들고 산토끼와 매를 쫓아다니는 포수와 다를 바 없었다.

　물론 해양포유류 사냥은 에스키모 삶의 중요한 부분이다. 봄과 가을에는 고래를 잡고 나머지 기간에는 물범이나 바다코끼리를 잡아, 바닷고기를 집안이 나눠먹는 건 보호돼야 할 문화적 관습이기도 하다. 그래도 꺼림

칙함은 사라지지 않는다.

실제로 캐나다 북동부 뉴펀들랜드에서 이뤄지는 하프물범Harp seal 포획은 세계적인 이슈다. 해마다 3월이면 '캐나디언 실 헌트'Canadian seal hunt라고 부르는 대대적인 하프물범 사냥이 상업적으로 이뤄지는데, 환경단체의 시각에서 이는 '학살'에 가깝다. 사냥꾼들은 하얀색 모피를 얻기 위해 생후 13일을 전후한 하프물범(검은 털로 털갈이를 하기 전에 가장 아름다운 하얀 털을 지니고 있는 시기이기 때문이다)을 '때려잡는다'. 총에 맞으면 물범 가죽이 훼손되기 때문이다.

캐나다 정부는 해마다 쿼터를 정해 사냥을 허용하는데, 사실상 쿼터는 의미가 없다. 2006년에 상업적 쿼터는 32만5,000마리였고, 이에 추가된 원주민용 쿼터는 1만 마리였다.[6] 엄청난 수다. 캐나다에서 하프물범 사냥은 이미 산업화됐다. 캐나다 정부는 "2003년에 4,000만 달러의 수익을 올린 경제적 가치가 큰 산업"이라면서, 쿼터를 줄일 생각을 조금도 하지 않는다.

물론 캐나디언 실 헌트와 알래스카 에스키모의 물범 사냥은 조건이 다르다. 캐나다는 상업적 목적의 물범 사냥을 허가하지만, 미국은 그렇지 않다. 하지만 환경단체와 에스키모 사이에서는 모종의 긴장감이 흐른다. 비교적 급진적인 환경단체인 그린피스도 알래스카 에스키모들의 해양포유류 사냥에 대해 공식적으로 반대하지는 않고 있지만, 스포츠와 생계 목적 사냥의 경계선 어디 즈음에서 유동하는 에스키모의 행태에 대해서는 묵혀둔 말이 많다. 알래스카에서 만난 환경운동가들은 그들에게 곱지 않은 시선을 보내고 있었다. 특히 '순수한 생계 목적으로 카리부를 사냥하고' '북극 유전 개발의 전선에서 맞서 싸우는' 아크틱빌리지의 가난한 그위친 인디언들과 비교해서는 말이다.

에스키모들은 결코 풍족하지 않지만, 그렇다고 가난하지도 않다. 바로 에스키모의 땅 상당수를 다국적 석유자본에 빌려주고 있기 때문이다.

먼저 에스키모를 포함해 알래스카 주에 사는 모든 주민은 해마다 알래스카 종신기금The Alaskan Permanent Fund의 배당금을 받는다. 알래스카 종신기금공사가 운영하는 이 기금은 1976년부터 주 정부가 석유로 인해 얻는 수익(주 정부 땅 임대료 및 알래스카 종단 송유관 같은 유전설비 사용료 등)에서 매년 25퍼센트를 적립해 운영된다. 알래스카 주민들은 해마다 종신기금에서 1,500달러가량의 배당금을 받는다.

노스슬로프에 사는 에스키모들은 한몫을 더 챙긴다. 비피와 아르코 등 석유기업이 에스키모의 땅을 빌려 유전을 개발하기 때문이다. 원주민 공사는 땅 임대료와 그 밖의 유전 개발에 참여해서 얻는 수입 중 일부를 주주인 에스키모들에게 배당금으로 지급한다. 비판적으로 말을 하자면, 천혜의 자연조건을 지닌, 지구 마지막 날에도 보호돼야 할 북극의 툰드라를 에스키모들이 자신의 이익을 위해 자본에 떠넘겼다는 말이 된다. 적어도 환경운동 활동가들의 내심에선 그런 등식이 성립돼 있다.

이튿날 물범을 해체하기 위해 파코닥 부부 집에 갔다. 나는 파코닥 부부에게 알래스카 종신기금 이야기를 꺼냈다.

"작년에는 배당금을 얼마나 받았죠?"

"나와 제넬은 우크펙비크 원주민 공사Ukpeagvik Inupiat Corporation, UIC와 아크틱슬로프 원주민 공사Arctic Slope Regional Corporation, ASRC의 주식을 각각

100주씩 가지고 있어. 800달러 정도 받았나?"

"아니야. 작년에는 크리스마스 특별 배당금이 있었잖아요. 그걸로 2,500달러를 받았죠."

"맞아. 그런 특별배당금이 있지. 가장 많이 받을 적에는 5,000달러를 받은 적도 있어. 1994년이었지, 아마도."

"사람들 모두 그렇게 받는 건가요?"

"아니야. 우크펙비크 원주민 공사는 1971년 이후에 태어난 사람들만 주식을 소유하고 있어. 아크틱슬로프 원주민 공사는 나중에 설립된 공사라서 아이들도 받고 있지만 말이야."

"그래도 가족 배당금을 합치면 한 해 불로소득이 수천만 원은 되겠네요."

"많은 돈은 아니야. 각종 세금과 주택 유지 비용이 한 달에 300달러는 들거든."

"한국에서는 100달러면 되는데."

"하하, 우리 한국에 가야겠다!"

노스슬로프 내륙에 이어 이제 북극해 바다에서도 해상 유전 개발이 추진되고 있다. 불과 몇 달 전만 해도 말쑥한 정장 차림의 비피 직원들이 와서 성대하게 파티를 열고 설명회를 하고 갔다고 리처드가 말했다. 나는 조심스럽게 물었다.

"유전 개발에 대해서는 어떻게 생각하죠?"

"우리는 유전을 개발하겠다는 사람들을 좋아하지 않아. 카리부들이 내륙 깊숙이 도망치고 말 거야. 지금은 해안가에 가면 카리부들을 볼 수 있어. 하지만 해상 유전이 개발되고 각종 시설물이 해안가에 들어서면 카리부들은 꽁꽁 숨어버리고 말겠지. 지금도 그것 때문에 헬리콥터들이 수없이 드나들어서 문제인데……."

나는 좀 더 캐묻기로 했다.

"그래도 많은 사람들이 좋아하잖아요? 대규모 유전이 들어오면 많은 하청이 생길 테고, 원주민 공사도 주민들에게 더 많은 일자리를 제공할 수 있을 텐데요. 배당금도 많아질 테고."

"돈 때문이지. 물론 지지하는 사람들이 더 많긴 하지만, 우리처럼 반대하는 사람들도 있어."

어제 잡은 고리무늬물범은 테라스에 누워 있었다. 북극에서는 포획한 물범이나 카리부, 고래를 그냥 밖에 놔둔다. 차가운 날씨 때문에 썩지 않으니 걱정할 필요가 없다.

옆집에 사는 론이 왔다. 론은 부엌으로 가서 싱크대의 수도꼭지를 틀더니, 입으로 물을 받아 물범에게 다가갔다. 그리고 물범의 작은 입을 벌린 뒤, 입 안에 있는 물을 쏟아 넣었다. "죽은 물범이 다시 바다로 돌아와 살라고 기원하는 거야."

론은 물범의 눈을 감겨주었다. 또랑또랑한 눈망울이 윤기 나는 털에 덮였다.

고래도 마찬가지다. 에스키모들은 고래를 해체하고 나면 턱뼈를 바다로 돌려보낸다. 그대의 육체는 사라졌으나 영혼은 사라지지 않았으니, 다시 살을 붙여 거친 북극해를 자유롭게 떠돌라는 뜻이다. 이제 고래가 보고 싶었다.

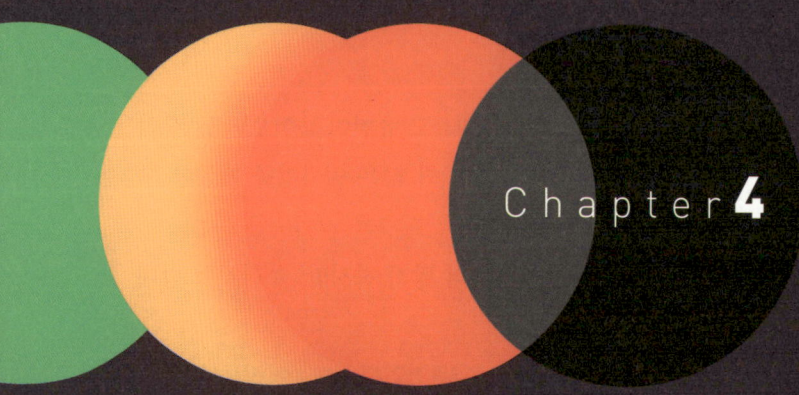

Chapter 4

보퍼트 해

배로
카크토비크
프루도베이

아크틱빌리지

페어뱅크스

검은 바다를 헤엄치는 고래들
Kaktovik, Alaska
-알래스카 카크토비크

"주민들은 언제 고래잡이를 떠나죠?"
"음……, 다음 주 월요일이에요. 벌써 북극곰이 마을 주위를 어슬렁거리기 시작했어요."

전화선을 타고 왈도의 목소리가 들렸다. 그는 카크토비크에 있는 호텔 '왈도암스 Waldo arms의 주인이었다. 얼마 전까지만 해도 왈도암스는 카크토비크의 유일한 호텔이었기 때문에 그는 외지인의 창구 역할을 했다.

다행히도 나는 고래 잡는 날에 맞춰 그곳에 갈 수 있었다. 카크토비크 마을 사람들은 일 년에 단 사흘 동안만 그것도 세 마리밖에 잡지 않는데, 그 가운데 첫날을 골라잡은 것이다. 운이 좋은 셈이다.

▶고래 축제의 첫 손님, 북극곰

앞서 말했지만 북극곰을 볼 수 있는 곳은 지구에서 흔치 않다. 북극은 넓고 북극곰은 적기 때문이다. 일반인이 북극곰을 확실히 관찰할 수 있는 지역은 단 세 곳뿐이다. 앞서 말한 캐나다의 처칠, 이곳 카크토비크, 그리고 나머지 한 곳은 동물원.

어미가 굴을 파고 새끼를 낳는 북극곰 최대 번식지인 처칠과 달리 카크토비크에 북극곰이 출몰하는 이유는 독특하다. 카크토비크 이누피아트들은 해마다 세 차례 고래 사냥을 나간다. 마을별로 할당되는 포경 쿼터로 카크토비크에 세 마리가 주어지기 때문인데, 카크토비크 사람들은 사냥에 그다지 욕심이 없어서 세 번 사냥을 나가는 것만으로 만족한다. 못 잡으면 그만, 일 년에 꼭 세 마리를 채우지 않는다. 그것도 봄철에는 나가지 않고 가을에만 나간다.

어쨌든 가을 고래 사냥은 9월 초에 시작됐다. 이렇게 해오던 주민들의 관습을 언젠가부터 북극곰들도 알아차렸다. 그래서 8월 말부터 북극곰들이 카크토비크 주변 해안에 출몰하기 시작한다. 보통 고래 사냥 출정 일주일 전부터 어슬렁거린다고 한다.

그럼 북극곰은 왜 고래 사냥철에 맞추어 카크토비크에 오는 걸까? 그 이유는 카크토비크 주민들이 고래를 해체하고 난 뒤, 사체를 해안가에 남겨두기 때문이다. 고래가 너무 커서, 해체작업은 보통 고래잡이 배들이 닻을 내린 해안가에서 이뤄진다. 거기서 직접 고래를 해체하고 축제를 열고 고래 고기를 나눠 먹는다. 고래 축제는 하루 동안 지속되는데, 사람들이 물러난 그날 저녁이면 북극곰들이 코를 킁킁거리며 나타난다. 북극곰들은 살점이 꽤 많이 남은 고래 뼈를 발라 먹는다. 하얀 털에 피를 묻히면서 말이다.

이튿날 카크토비크행 비행기를 탔다. 배로를 이륙한 비행기는 북극해와 툰드라가 맞닿은 보퍼트 해 해안선을 따라 날았다. 두 시간 뒤에 비행기는 미국과 캐나다의 국경선 가까이에 닿았고, 그곳에서 한번 회항하더니 바터 섬Barter Island에 착륙했다. 알래스카의 이누피아트와 캐나다의 에스키모가 교역했다barter고 해서 바터 섬이라는 이름이 붙었다. 카크토비크는 바터 섬 북쪽 해안가에 자리 잡은 인구 200여 명의 작은 마을이다.

카크토비크는 듣던 대로 여느 에스키모 마을과 달리 깨끗하고 깔끔한

북극곰은 북극 생태계의 최상위 포식자지만, 지구온난화 시대에는 가장 취약한 생존자다.

2,000미터급 산으로 이어진 브룩스 산맥은 알래스카를 동서로 가로지른다.
산맥 남쪽에는 그위친 인디언이, 산맥 북쪽 북극해에는 에스키모가 산다.

부촌이었다. 페인트가 새로 칠해진 놀이터, 가로등과 수영장이 있는 학교, 공공기관이 입주한 거대한 타운센터 그리고 마을을 둘러싸고 있는 방풍벽까지, 말하자면 '에스키모 게토'라고 적이 혹평받을 만한 배로와 현저하게 다른 모습이었다.

그렇잖아도 그 위친 마을 아크틱빌리지에서 카크토비크가 자연을 팔고 돈을 벌었다며 비아냥대는 소리를 많이 들었다. 카크토비크는 북극야생보호구역 개발 여부를 두고 아크틱빌리지와 환경단체의 정반대 편에 서 있었다. 마을 전체가 북극야생보호구역에 속해 있고, 더욱이 포큐파인 카리부의 최대 양육지역인 1002구역에도 들어 있는지라, 카크토비크의 행보는 환경론자들에게 위험해 보였다.

결정적인 사건은 카크토비크가 1985년에 마을이 소유한 토지 일부를 다국적 석유기업인 쉐브론^{Chevron}과 비피에 유전 시범 시추 용도로 빌려준 일이었다. 카크토비크가 운영하는 카크토비크 이누피아트 원주민 공사^{Kaktovik Inupiat Corporation}, KIC가 소유한 1002구역 내 9만4,000에이커 땅의 동쪽 끝 지점을 대여한 것이다. 쉐브론과 석유기업들은 곧바로 유공을 뚫었고, 거대한 드릴이 4.6킬로미터까지 파고들어갔다. 시추는 이듬해에 중지됐다. 유공은 뚜껑으로 막혔고, 시추 기계는 해체됐다. 하지만 시추 결과는 아무에게도 알려지지 않았다. 사람들 사이에서는 4,000만 달러를 들여 파낸 4.6킬로미터의 끝에서 이들이 만난 건 석유 기둥이 아니라 물줄기였다는 소문이 돌았다. 카크토비크 원주민 공사와 쉐브론은 시추 결과에 대해 입을 닫았으며, 쉐브론은 시추 결과의 비밀을 유지해달라는 소송을 내서 10년 뒤에 승소 판결을 받았다.

북극야생보호구역에서 유일하게 개발의 손길이 미친 이곳을, 사람들은 케이아이시원KIC-1 유정으로 부른다. 이누피아트의 배신으로 금단의 땅에 구멍이 뚫렸다며, 아크틱빌리지 주민들과 환경론자들이 카크토비크를 경계하기 시작한 지점이다.

왈도암스 호텔(사실 호텔보다는 판잣집에 가까웠다)에는 이미 고래잡이 소식을 듣고 찾아온 방문자들로 북적였다. 북적인다고 해봐야 열댓 명이다. 하지만 일 년 가운데 지금이 가장 손님이 많은 시기임은 분명했다. 대부분은 돈 많은 관광객이었고, 그중에는 로우어48 The lower 48(알래스카 사람들은 미국 본토의 48개 주를 이렇게 부른다)[1]에서 온 대학 연구자들과 독일에서 찾아온 다큐멘터리 작가가 한 명 있었다.

호텔 로비에는 망원경이 설치돼 있었다. 관광객과 연구자 그리고 다큐멘터리 작가는 손을 부비며(난방비가 아까웠는지 호텔은 시종 히터를 꺼두었다) 로비에 나와 망원경에 눈을 갖다대곤 했다.

"어제 북극곰을 바로 앞에서 봤다니까! 비행기에서 내려 자동차를 타고 마을로 들어오는데, 그리즐리Grizzly bear만 한 북극곰 한 마리가 자동차를 막아서는 거야. 어찌나 크던지! 그러니까 바로 저 자린데……."

돈 많은 관광객은 망원경을 5센티미터 아래로 내리면서 말했다. 자갈이 깔린 공항 활주로. 공항 활주로는 비행기가 뜰 때만 활주로로 이용되고 나머지는 카크토비크 곶으로 가는 도로로 이용됐다. 활주로는 바다로 가늘게 삐져나온 제방처럼 뻗은 육지였다. 지금은 비행기도 자동차도 없었다.

"진짜 북극곰을 보려면, 그 활주로를 따라 공항 끝까지 가면 나오는 카크토비크 곶에 가야죠. 거기에 지난해 마을 주민들이 버려놓은 고래가 있

Chapter 4_검은 바다를 헤엄치는 고래들

거든요. 거기가 지금으로선 카크토비크에서 북극곰을 볼 수 있는 확률이 가장 높은 곳이죠."

왈도는 망원경을 툭 쳐서 원상태로 되돌렸다. 망원경은 다시 카크토비크 곶을 조준했다.

북극곰을 보는 데도 요령이 있다. 북극곰은 카크토비크에 '먹으러' 온다. 올해 이누피아트들이 아직 고래를 잡지 않았으니, 지난해나 2~3년 전에 이용된 고래 해체 작업장이 '북극곰 포인트'였다. 작업장은 해안가에 있었다. 카크토비크의 이누피아트들은 해마다 고래 해체 작업장을 달리했고, 그래서 전에 작업한 곳에는 아직 고래 사체가 남아 있었다. 북극의 차가운 기후는 뼈에 붙은 작은 고깃덩어리조차 부패시키지 않는다. 북극곰은 말하자면 '냉동육 고래'를 찾으러 여기까지 온다. 몸무게가 600킬로그램이 넘는 북극곰에게 간에 기별도 가지 않을 양이지만, 어쨌든 힘쓰지 않고 '주워 먹을' 수 있는 훌륭한 냉동식품임에 틀림없었다. 그러니까 고래 해체 작업장 두어 곳을 순찰하면서 북극곰을 기다리면 됐다.

또 한 가지. 북극곰이 나타나는 시간도 정해져 있다. 해 뜰 무렵과 해 질 녘이었다. 내 취재 경험상 태양이 아스라해지는 즈음에 활동이 활발해지는 건 북극곰뿐만 아니라 다른 동물들도 마찬가지다. 그리즐리도 흑곰도 이때를 이용해 먹이활동을 한다. 알래스카 남부에서 그리즐리를 찾아 헤맬 때, 주민들은 "해 뜨기 전에 일찍 나가보라"고 충고하곤 했다.

그날 저녁부터 매일 해 질 녘과 해뜰 무렵 카크토비크를 중심으로 바터 섬 해안가의 고래 해체 작업장을 순찰하기 시작했다. 그렇게 나의 북극곰

보초는 시작됐다.

해마다 가을에 카크토비크를 방문하는 보퍼트 해 북극곰은 매우 굶주린 놈들이다. 원래 북극곰은 산딸기에서부터 물범까지 아우르는 잡식성 동물이자 북극 생태계의 먹이피라미드에서 정상을 차지하는 맹수지만, 항상 사냥에 성공하는 것은 아니다. 북극곰이 주된 먹이인 바다표범을 잡을 수 있는 건, 바다표범이 바다얼음 위에 올라왔을 때뿐이다. 바다표범이 바다로 도망가버리면, 천하의 수영선수라는 북극곰도 따라잡을 수 없다.

북극곰은 원래 고래를 먹지 않는다. 바다표범과 같은 이치로 바닷속에서는 지느러미 달린 고래를 따라잡을 수 없기 때문이다. 단 북극곰들이 고래를 먹는 건 고래가 사체로 버려졌을 때다. 단독 생활을 하는 북극곰도 고래가 버려져 있으면 냄새를 맡고 모여들어 고래 고기에 얼굴을 파묻기 시작한다. 북극고래Bowhead Whale의 사체가 노르웨이의 해빙에 떠올랐을 때 자그마치 쉰여섯 마리의 북극곰이 몰려서 게걸스럽게 먹어치웠다는 기록이 있다. 에스키모들은 알래스카 해안에 북극고래가 죽어 있으면, 서른 마리 이상의 북극곰을 끌어모은다고 말한다.[2]

카크토비크의 이누피아트들은 북극곰을 위해 까치밥처럼 고래 고기를 남겨둔다. 인간이 버린 부산물을 취식한다는 점에서 처칠의 북극곰들이 쓰레기장을 뒤지는 것과 비슷하다. 처칠에서처럼 카크토비크에서도 북극곰과 인간 사이에는 일종의 행동 코드가 관습화돼 있다. 북극곰은 고래 사냥철에 앞서 마을에 들어와 대기한다. 북극곰은 인간이 자신을 해치지 않는 걸 안다. 지난해에 버려둔 고래 사체를 뜯어 먹으며 곧 잡혀올 싱싱한 고래를 기다린다. 이누피아트들도 북극곰을 고래 축제의 첫 손님으로 환영한다. 이누피아트들에게조차 나누크^{Nanuq}('북극곰'을 이르는 에스키모어)는 쉽게 볼 수 있는 존재가 아니니까.

▶동토의 카니발리즘

고래 사체를 즐겨 먹는 보퍼트 해 북극곰들은 굶주린 나머지 동족 포식을 하는 것으로 학계에 알려졌다. 서로 다른 종끼리(이를테면 북극곰이 그리즐리를, 그리즐리가 흑곰을) 습격한 사건은 보고된 적이 있지만, 같은 종류의 곰끼리 습격하고 고기를 먹어치운 일은 그동안 보고된 바 없었다. 하지만 북극곰의 동족 포식 현장은 2004년에 미국 지질조사국^{USGS}의 스티븐 암스트럽$^{Steven\ Amstrup}$ 박사 팀에 의해 포착됐다.

4월 7일에 우리는 허셸 섬$^{Herschel\ Island}$에서 1킬로미터 떨어진 바다에서 어미 북극곰과 새끼 한 마리의 발자국을 좇아갔다. 그런데 큰 동물들이 싸운 흔적이 눈밭에 찍히더니, 어느새 어미 북극곰의 사체가 나타났다. 열다섯 살 난 어미 북극곰이었다. 나이를 바로 알 수 있었던 이유는 15년 전에 연구용으로 '올해의 북극곰 새끼'로 포획해 번호를 문신으로 새겼기 때문이다. 꽁꽁 언 북극곰 6838번의 두개골은 크게 부서져 있었다. 두개골의 왼쪽과 오른쪽이 함몰됐다. 아마도 큰 맹수에 물린 것 같았다. 하얀 가죽은 목에서부터 등까지 벗겨져 있었다. 피하지방층은 모두 먹혀 없어졌고 다리, 등, 갈비에 붙은 살점도 이미 떨어져 나가 사라진 상태였다. 내장조차도 이미 게걸스럽게 먹힌

흔적밖에 없었다. 6838번에서 온전하게 남은 건 간과 폐 그리고 가슴 일부뿐이었다.[3]

허셀 섬은 카크토비크에서 약 150킬로미터 떨어진, 국경 근처에 있는 캐나다의 섬이다. 카크토비크처럼 육지와 작은 해협을 사이에 두고 있다. 물론 이 모든 상황의 결론을 북극곰이 습격해 먹어치운 것으로 단정할 순 없다. 일반적으로 북극곰이 물범이나 바다사자를 먹으면, 북극여우 같은 '청소동물'들이 잔해를 해치우기 때문이다. 그래서 청소동물 여우는 곧잘 북극곰을 따라다닌다. 하지만 잘게 부서진 두개골처럼 누군가에게 크게 먹힌 흔적은, 거대한 수컷 북극곰이 습격하고 먹어치우지 않는 한 설명할 수 없다. 북극에는 이렇게 큰 이빨자국을 낼 만한 동물이 북극곰 말고는 없다. 북극곰이 습격만 하고 바로 자리를 떴다 하더라도, 북극여우 같은 청소동물이 이렇게 많은 고기와 살점을 빨리 뜯어 먹을 수는 없다. 북극의 추위는 범행 현장을 불과 몇 시간 안에 냉동해 보존시키기 때문이다.

6838번의 새끼 북극곰은 사흘 뒤인 4월 10일에 발견됐다. 허셀 섬에서 북북서쪽으로 125킬로미터 떨어진 바다얼음 위에서 스티븐 암스트럽은 다시 충격적인 현장을 목도해야만 했다.

> 우리는 한 수컷 북극곰이 죽은 새끼 북극곰을 눈구덩이 안에서 먹고 있는 것을 봤다. 그놈은 X32216번이었다. 주변의 발자국을 관찰해보니, 새끼는 바다얼음의 눈 능선^{ridge} 위에 있다가(일반적으로 어미와 새끼 북극곰은 시야를 확보하기 위해 높은 지대에 있다) 공격을 받고 아래로 끌려 내려온 것 같았다. 새

Chapter 4_검은 바다를 헤엄치는 고래들

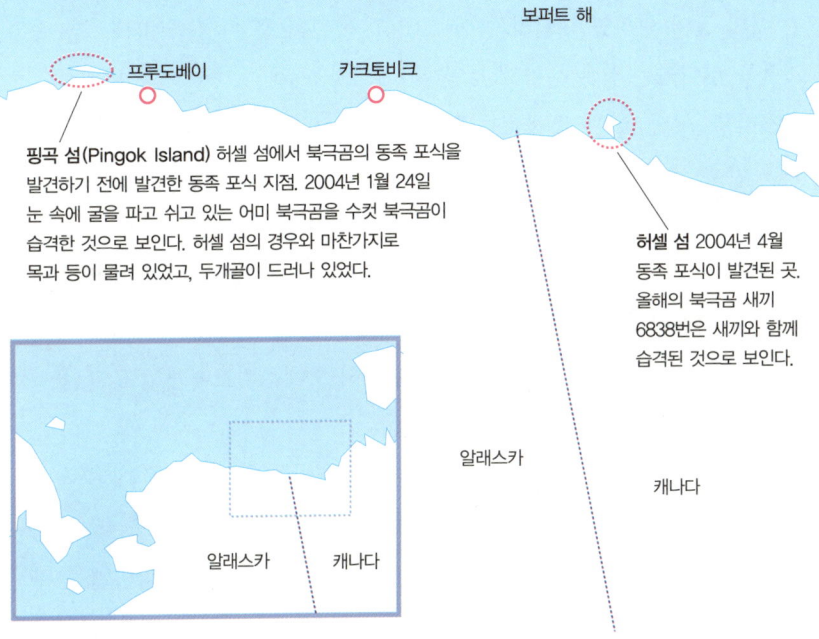

▶북극곰 동족 포식 지도

보퍼트 해

프루도베이

카크토비크

핑곡 섬(Pingok Island) 허셀 섬에서 북극곰의 동족 포식을 발견하기 전에 발견한 동족 포식 지점. 2004년 1월 24일 눈 속에 굴을 파고 쉬고 있는 어미 북극곰을 수컷 북극곰이 습격한 것으로 보인다. 허셀 섬의 경우와 마찬가지로 목과 등이 물려 있었고, 두개골이 드러나 있었다.

허셀 섬 2004년 4월 동족 포식이 발견된 곳. 올해의 북극곰 새끼 6838번은 새끼와 함께 습격된 것으로 보인다.

알래스카

캐나다

알래스카   캐나다

끼 역시 머리를 물렸고, 두개골은 잘게 부서져 있었다. 머리와 목 그리고 몸통 일부만 남아 있었고, 모두 얼어 있었다. 새끼는 이미 눈 능선 위에서 죽은 것 같았다. 그리고 75미터 정도 아래로 끌려 내려와 포식당한 것이다.[4]

이미 새끼 북극곰은 얼어 있었기 때문에 스티븐 암스트럽이 직접 본 수컷 북극곰이 바로 직전에 습격한 것처럼 보이지는 않았다. 게다가 북극곰 몇 마리의 발자국들이 찍혀 있었기 때문에 동족 포식을 하고 있는 X32216

이 범인이라는 보장은 없었다. 어쨌든 습격당한 새끼 곰이 사흘 전에 발견된 어미 곰의 새끼였을 거라는 점, 그리고 몸집이 큰 수컷 곰이 새끼를 습격했을 것이라는 점은 분명해 보였다.

스티븐 암스트럽은 알래스카에서 지난 24년 동안, 캐나다에서 지난 34년 동안 북극곰이 북극곰을 스토킹하거나 죽이거나 먹었다는 보고는 없었다고 논문을 이어갔다. 적어도 생물학자들이 북극곰을 연구한 이래로 그런 일은 없었다. 앵커리지에서 만난 그린피스 활동가 멜라니 더친Melanie Duchin도 해마다 개와 함께 카크토비크 이북의 북극야생보호구역에서 생태조사를 벌이는데, 그녀 또한 "이 지역에서 사는 에스키모에게서도 그런 이야기를 들어본 적이 없다"라고 말했다.

스티븐 암스트럽은 북극곰이 이상 행동을 보이는 원인으로 먹이 부족을 꼽는다. 기후 변화에 따라 바다얼음이 지속적으로 감소하자 북극곰들이 사냥하는 데 악조건이 형성되었다. 예전과 달리 바다얼음과 바다얼음 사이의 거리가 멀어졌다. 그러면 북극곰들은 바다얼음과 바다얼음 사이를 수영해서 건너기 위해 더 많은 에너지를 소모해야 하고, 바다얼음 위 작은 틈으로 올라오는 물범을 잡기도 어려워진다.

카크토비크에 온 지 사흘째 되는 날 북극곰을 만났다. 그날 역시 새벽에 북극곰 순찰을 돌고, 해가 질 즈음 다시 한 번 확인하러 카크토비크 곶에 나갔을 때였다. 놈은 지난해에 남겨둔 고래 사체 주변을 어슬렁거리고 있었다. 자동차 소음을 줄이고 천천히 북극곰에게 다가갔다.

상당히 작은 놈이었다. 아마도 어미에게서 독립한 지 얼마 되지 않는 것으로 보였다. 보퍼트 해 북극곰의 독립 시기가 평균 2.3세니까, 이놈은 아마도 세 살 남짓이 아닌가 싶었다. 그래도 북극곰은 북극곰이었다. 동물원에 있는 웬만한 곰 크기는 됐으니까.

놈은 사람의 인기척을 느꼈는지 잠시 또랑또랑 쳐다보더니, 다시 고래 고기에 얼굴을 파묻었다. 놈의 게걸스런 혀 놀림에 고래 고기가 녹았고, 응고된 피는 빨간색을 되찾았다. 어느새 놈의 입가가 붉게 물들었다.

숨 막히는 순간이 이어졌다. 북극곰이 돌변해 공격할 수 있으므로 원칙적으로는 자동차에서 나가면 안 됐다. 하지만 동행한 사진기자가 문을 열고 나갔다. 어느새 왔는지 독일인 다큐멘터리 작가도 옆에 와서 사진을 찍고 있었다. 찰칵, 찰칵, 찰칵. 북극곰이 고래에 머리를 처박고……. 찰칵, 찰칵, 찰칵. 북극곰이 하늘을 쳐다보고……. 찰칵, 찰칵, 찰칵.

북극곰은 두 살이 지나면 어미 곰으로부터 독립한다. 카크토비크에서 만난 곰도 독립한 지 얼마 안 됐음에 틀림없었다. 어린 곰일수록 먹이 조건이 척박한 북극에서 생존하기 힘들다.

아마도 왈도암스의 망원경에 북극곰과 대치하고 있는 우리의 모습이 잡힌 모양이었다. 마을에서 들어오는 도로에 픽업트럭 두어 대가 달려오고 있었다. 몇 분 뒤, 마을 주민들 여남은 명이 북극곰과 우리를 둘러쌌다.

북극곰은 자신이 이종의 생물에 둘러싸인 것을 알아채고 천천히 두리번거렸다. 아마도 인간을 이렇게 한꺼번에 많이 보기는 처음이었으리라. 북극곰은 고래 뼈 더미에서 기어나와 내가 탄 픽업트럭으로 저벅저벅 걸어왔다. 그러고는 운전석 바로 아래 타이어 앞에 주저앉았다. 나는 시동을 껐다. 하얀 연기가 창문 위로 스멀스멀 올라왔다.

한참 뒤 북극곰은 임시 개설된 '북극곰 쇼 무대'를 빠져나갔다. 북극곰은 바닷가로 저벅저벅 걸어갔다. 바닷물에 네 발을 담근 놈은 이어서 육중한 몸을 내려놓았다. 그리고 앞발을 차례로 굴러 첨벙첨벙 수영을 시작했다. 얼마 되지 않아 북극곰은 지는 해 사이로 사라졌다.

▶정체성의 시험대, 고래 사냥

다음 날은 고래를 잡기로 되어 있었다. 마을 사람들은 가문별로 팀을 꾸린다. 고래 사냥에 참여하기로 한 사람은 모두 51명. 마을 인구가 250명이니, 주민 5분의 1이 사냥에 나섰다. 젊은 장정들은 모두 나선 셈이다. 한 배는 6, 7명으로 구성되고, 모두 여덟 대가 고래잡이 배로 준비됐다. 배는 우람하고 거대한 '포경선'이 아니었다. 고래잡이에 나서는 배는 그냥 보트였다. 한강 수상보트와 별반 다를 게 없는, 고래보다 작은.

아침이 되자 카크토비크의 원주민들은 작은 보트에 몸을 싣고 고래 사냥을 떠났다.
이 작은 보트로 몇 배 더 큰 고래와 싸워야 한다. ⓒ류우종

　하지만 고래잡이는 고도로 전략적인 사냥이다. 배는 두 팀으로 나뉜다. 한 팀은 보퍼트 해 서쪽을, 다른 팀은 보퍼트 해 동쪽을 수색한다. 흩어져서 각개 약진하지만, 고래를 먼저 발견하는 팀으로 모든 배가 모인다.
　고래를 발견하면 추적해 작살을 쏜다. 작살에는 폭약이 들어 있다. 고래에 꽂힌 작살은 고래 내장을 터뜨린다. 내장에 상처를 입은 고래는 몸부림친다. 이때부터 고래와 이누피아트 사이에 생존을 건 싸움이 벌어진다. 고래가 기진맥진할 때까지 작살을 놓쳐선 안 된다. 작살을 놓치면 끝장이다. 물론 고래 가운데 피하지방층이 가장 두꺼운 북극고래는 실신하면 물 위로 쉽게 떠오른다. 하지만 그건 이누피아트의 작살이 북극고래의 급소를 단 한 방에 맞췄을 때다. 그렇지 않으면 고래와 인간 사이의 싸움이 지루하게 이어진다.

고래의 광란이 잦아들 때 즈음, 주변의 고래 수색대 전원이 현장에 집합한다. 보트 한 대가 최대 100톤에 이르는 고래를 끌고 오기란 쉽지 않다. 두서너 대의 보트가 고래를 같이 묶고 마을로 되돌아오는 것이다. 게다가 고래를 운반하는 이 작업은 바다에 흩어진 얼음덩어리들 때문에도 쉽지 않다. 끊임없이 유동하는 바다얼음 조각과 빙산 사이로 길을 내야 하고, 거대한 고래를 매달고 동시에 이것들을 조심조심 피해서 달려야 한다. 보트가 빙산에 부딪혔다가는 전복될 수 있다.

그래도 현대 이누피아트의 고래 사냥은 전통적인 사냥에 비해 많이 쉬워졌다. 예전에는 고래에 작살을 꽂더라도 게임이 끝난 게 아니었다. 거대한 고래가 물을 뿜으며 높이 도약하거나 몸을 힘껏 휘두르면 이누피아트는 북극 하늘 저 멀리로 던져졌다. 게다가 전통적 고래잡이 배인 우미아크는 바다표범 가죽으로 만들어져 매우 가벼웠기 때문에 고래의 요동에 나뭇잎처럼 흔들렸다. 그나마 지금의 고래들은 이누피아트의 폭약에 내상을 입고 빨리 삶을 포기한다. 고래와 인간의 사투 시간이 줄어든 것만은 사실이다. 하지만 작살 폭약에 대해 논란이 제기되는 것도 사실이다. 사냥 방법이 비인도적이라는 이유에서다.

이튿날 아침 7시가 되자 보트가 하나둘씩 시동을 걸기 시작했다. 파코닥 가족과 친척 들도 선착장으로 나왔다. 이 배에는 모두 다섯 명이 탔다. 제임스가 키를 잡고 젊은이들은 고래 수색과 포획을 맡는다. 그중에는 제임스의 손녀도 끼어 있었다. 파코닥 가문은 보트의 시동을 걸고 둥글게 모여서 짧게 기도했다.

"하나님 우리를 지켜주소서!"

나는 고래 사냥에 동행하지 못했다. 이누피아트는 원칙적으로 외지인에게 고래 사냥을 허가하지 않았다. 기민하고 민첩하게 움직여야 하는 고래 사냥에 아무것도 모르는 외지인은 걸림돌이었다. 고래 사냥은 운항과 수색, 포획 등 철저하게 분업화돼 이뤄진다. 보트 한 대에 대여섯 명밖에 타지 못하는데, 나 같은 '식물인간'이 타봐야 거치적거리기만 할 뿐이다. 가장 큰 이유는 고래 사냥이 생과 사를 넘나드는 위험한 일이기 때문이다. 내가 사냥에 동행하고 싶다고 요청했을 때, 그들에게서 돌아온 첫 번째 대답은 외지인을 터부시하는 감정이 아니었다.

"사고가 났을 때 당신의 생명을 보장하지 못한다고……. 그럼 상황이 복잡해져."

실제로 알래스카 고래 사냥 중에는 심심찮게 인명 사고가 발생한다. 바다얼음이 갈라져 크레바스에 빠진다거나 보트가 해빙에 부딪혀 전복되는 등 고래 사냥에서는 안전사고가 연례행사처럼 발생했다. 물론 예외 없는 원칙이 없다고, "난 고래 사냥에 따라가봤다"고 자랑하는 사람을 한두 번 만난 적이 있으나, 그건 그 마을에서 오랫동안 거주하면서 신뢰를 얻은 사람의 경우였다. 단 일주일 정도 머무는 나에게 그런 기회가 오기는 어렵다.

사실 고래 사냥은 원주민 경제에 별다른 도움을 주지 않는다. 국제포경위원회International Whaling Commission, IWC는 고래 사냥을 금지하고 있다. 단 원주민이 생계를 목적으로 하는 사냥은 허용하며, 미국 정부가 마을별로 한 해에 포획할 수 있는 고래 수를 정해놓았다. 사실 에스키모들은 고래가

고래 사냥에 성공한 장정들이 돌아오자, 마을은 자연스레 축제의 장으로 바뀌었다.
사람들은 고래 위에 올라가 기념사진을 찍었다. ⓒ류우종

없어도 굶어 죽지 않는다. 그런 점에서 고래 사냥은 생계 목적이라기보다 전통문화를 수호하기 위해서라는 측면이 크다. 몸속에 흐르는 북극 사람으로서의 피를 확인하기 위해서 그들은 고래와, 삶과 죽음의 승부를 벌인다. 어쩌면 고래 사냥은 해마다 찾아오는 정체성의 시험대다.

이누피아트와 유픽 에스키모 등 에스키모 종족이 주로 사냥하는 고래는 북극고래다. 북극고래의 피하지방층은 두께가 43~51센티미터로 다른 어떤 동물보다 훨씬 두껍다. 피하지방층은 에스키모의 좋은 음식이 된다. 특히 피하지방층을 고르게 썬 묵툭Muktuk은 고래를 잡자마자 바로 소진된다. 에스키모는 묵툭을 날것 그대로 간장에 찍어 먹거나(북극에서 부족하기 쉬운 영양소인 비타민C가 이때 대부분 섭취된다), 참치처럼 약간 얼려서 먹거나(에스키모 아이스크림), 쪄서 먹는다.

북극고래들은 기나긴 겨울 동안 북극해 서부와 베링 해의 바다얼음 모서리를 따라 형성된 빙호(얼지 않은 넓은 지역)에 모여 있다. 겨울이 끝날 무렵 얼음이 녹아 없어지기 시작하면, 북극고래들도 움직이기 시작한다. 북극고래들은 바다얼음 사이에 난 해수면을 따라서 1,200여 명의 유픽 에스키모가 사는 세인트 로렌스 섬St. Lawrence Island의 서쪽 끄트머리를 지나가는데, 그 시기가 3월 말에서 4월 초다. 북극고래들은 계속해서 북쪽으로 헤엄쳐서 빅 디오메데 섬Big Diomede Island의 서쪽을 지나, 알래스카와 시베리아의 접경 구역인 로크 호 해를 빠져나간다. 여기서 북극고래들은 북극점으로 돌진하지 않고 오른쪽으로 방향을 틀어 알래스카 북극해 연안을 따라 헤엄치기 시작한다.

다음 목적지는 에스키모의 수도 배로의 배로 곶Point Barrow[5]이다. 여기서부터는 이누피아트의 바다다. 첫 번째 고래 무리가 배로 곶에 도달하는 것은 4월 말이나 5월 초다. 5월 중순에는 두 번째 무리, 5월 말에서 6월 중순에 세 번째 무리와 네 번째 무리가 도착한다. 배로의 이누피아트들은 이때 봄철 고래 사냥을 나간다. 북극고래들은 배로 이누피아트의 작살을 피해 보퍼트 해 동부에 닿을 때까지 헤엄쳐 간다. 카크토비크 앞바다를 지나고 캐나다의 허셸 섬을 지나면 매켄지 강Mackenzie River 삼각주다. 북극고래는 여기서 여름을 난다.[6]

9월 초부터 고래들은 다시 온 길을 되밟는다. 다시 허셸 섬을 지나 카크토비크 앞바다에서 배로 곶으로, 보퍼트 해 동쪽에서 서쪽으로 거슬러 오른다. 카크토비크 이누피아트들은 북극고래의 첫 무리가 당도하는 9월 초부터 마지막 무리가 지나가는 10월 초까지 고래 사냥을 나간다. 봄철에 이동하는 북극고래보다 가을철에 이동하는 북극고래가 사냥하기 쉽다. 가을철에는 해안가에 더 붙어서 이동하기 때문이다. 북극고래들은 무리를 지어 이동하는데, 젊은 고래들이 맨 앞을 맡고 새끼를 밴 짝들이 그 뒤를 따르며 성숙한 큰 고래들이 후미를 형성한다. 마지막으로 고래들은 배로 곶을 돌아 남하하여 베링 해로 돌아간다. 이곳에서 북극고래들은 겨울을 난다.[7]

현재 알래스카 연안을 이동하는 북극고래는 7,000마리로 추정된다. 17세기에 그린란드와 스발바르 제도에 포경 열풍이 불어서 이 지역의 북극고래가 한때 씨가 마를 정도로 멸종 위기로 치달았다. 이 전염병은 알래스카로 옮겨 붙었고, 결국 1912년에 북극고래의 포경이 금지되기에 이르렀다. 지금 전 세계 북극고래의 대부분은 알래스카 연안에 산다. 1912년부터 100년 가까이 보호종으로 분류됐음에도 북극고래의 개체 수는 그다지 많아지지 않고 있다. 왜냐하면 북극고래가 200년을 사는 장수종이기 때문이다. 후대를 생산하는 데 드는 시간이 그만큼 길다는 말이다.[8]

북극고래가 에스키모에게 달러를 선사하지는 않지만, 북극고래 7,000마리의 이동은 에스키모 사회가 돌아가는 주요한 축을 이룬다. 사냥 자체만 놓고 보면 봄철에는 약 6주, 가을철에는 한 달 동안 사냥이 이뤄진다. 그러나 사냥과 관련된 여러 활동들은 일 년 내내 계속된다. 이누피아트들은 고래 사냥철이 아닌 때에는 물범과 바다코끼리를 잡는다. 물범과 바다코끼리 가죽들은 북극의 건조한 바람에 말려 마을의 부녀자들에게 건네진다. 부녀자들은 건네받은 가죽들을 카리부 힘줄로 꿰맨다. 그 뒤에 전통적인 고래잡이 배인 우미아크가 완성된다.

봄이 오면 이누피아트들은 고래잡이에 필요한 장비들을 새로 만들거나 기존 장비를 깨끗이 닦고 손질한다. 그리고 고래 사냥철 직전에는 바다에 나가 바다얼음에 갈라지거나 금 간 데가 없는지 바닷길을 점검한다. 북극고래가 어디쯤 왔는지도 확인한다. 북극 해안가에 늘어서 있는 다른 마을들과 연락하여 북극고래가 언제쯤 당도할지 가늠한다.

북극고래 사냥은 매번 성공하는 게 아니다. 카크토비크에게 허가된 북극고래 쿼터는 세 마리지만, 마을 사람들이 쿼터를 다 채우지는 못한다. 작살 폭약이 동원되는 현대에 빈손으로 돌아오는 것은 결코 이례적인 일이 아니다. 예로부터 에스키모는 북극고래가 아주 머리가 좋고 힘이 세서 힘을 합하지 않고는 결코 죽일 수 없다고 믿었다. 그래서 고래가 그들에게 자신의 몸을 내주기로 결정해야 사냥을 성공할 수 있다고 생각했다.

▶석유자본에 등을 돌리다

2006년 5월 24일에 알래스카 유력 일간지 《앵커리지 데일리 뉴스》에는 '카크토비크가 셸Shell과 적대적으로 돌아섰다'라는 기사가 실렸다. 카크토비크는 북극야생보호구역 석유 개발의 오랜 후원자였다. 다국적 석유기업의 든든한 지지자로 여겨지던 카크토비크가 셸과 사이가 틀어졌다는 뉴스는 이목을 끌기에 충분했다.

기사는 카크토비크 주민위원회가 셸에 대한 반대 결의문을 냈다는 내용이었다. 결의문은 이전의 분위기와 달리 짐짓 비장했다. '적대적이고 위험한 세력'으로부터 '커뮤니티를 방어하겠다'는 내용이었다. 브룩스 산맥 너머 아크틱빌리지의 그위친 인디언에게서나 들을 법한 이런 강경 발언은, 카크토비크 앞바다에서 셸이 추진하는 유전 조사 때문이었다.

셸은 카크토비크 근처 보퍼트 해의 50만 에이커를 무려 4,400만 달러(우리 돈으로 600억 원에 이르는 금액이다!)를 주고 리스했다. 해상 유전을 개발하기 위해서였다. 이를 위해 셸은 먼저 유전 조사를 해야만 했다. 그런데 해상 유전 조사는 초음파를 이용한다. 바다 위에서 초음파를 쏘아 내려 해저 지형을 판독하는 것이다.

하지만 초음파 때문에 바다 밑 생태계가 교란될 수 있다는 게 카크토비크 주민위원회의 주장이었다. 특히 음파로 통신하는 고래에게는 심각한 위험 요인으로 작용할 수 있다고 우려했다. 카크토비크 주민위원회는 셸이 주민들을 납득시킬 만한 노력을 기울이지 않았다고 주장했다. 주민위원회는 '셸이 우리의 충고를 무시'했으므로, '노스슬로프의 에스키모 마을 주민들에게 셸의 활동을 반대하도록 알려나갈 것'이라고 선언했다.

이에 대해 셸은 괜한 호들갑이라는 반응을 보였다. 모든 주택으로 연결된 상하수도, 깔끔한 수세식 화장실 그리고 현대적으로 지어진 주민센터는 누구의 돈으로 지은 것인가? 다국적 석유기업의 지원 아래 카크토비크는 노스슬로프의 부촌이 되었다. 셸은 '우리는 카크토비크와 함께 일하고 있으며 앞으로도 그렇게 될 것'이라고 카크토비크의 반란에 대해 묻는 기자에게 답했다.

그랬기 때문에 지금 시작된 고래 사냥은 의미가 깊었다. 친자본적인 카크토비크가 셸에 반기를 들고 처음 나가는 고래 사냥인 것이다.

사람들이 고기를 잡으러 떠난 카크토비크는 유령마을처럼 텅 비어 휘휘했다. 250명 중에 51명이 떠났으니, 5분의 1이 사지로 떠난 것이다.

마시크릭인Marsh Creek Inn(왈도암스의 추위에 못 이겨 호텔을 옮겼다)의 로비에서 텔레비전이 혼자 떠들었다. 조지 부시 대통령의 노동절 연설을 생중계하고 있는 모양이었다. 청중들에 둘러싸인 부시는 결연한 표정을 짓다가 맥 빠지는 농담도 하다가, 다시 미국적 영웅의 표상처럼 연설을 이어나갔다.

"우리는 더 이상 석유를 외국에 의존할 수 없습니다. 우리도 우리 나름

▲ 셸의 해상 유전 개발

대로 해결할 방법을 찾아야 합니다."

 부시의 말은 북극야생보호구역의 유전 개발을 언급하는 듯했다. 북극야생보호구역 2,000에이커를 개발하는 법안이 부시 행정부와 공화당 의원들의 적극적인 공세로 하원에서 통과됐으나, 2005년 12월에 상원에서 56 대 60으로 부결된 차였다. 부시는 다시 한 번 북극야생보호구역에서 유전 개발을 시도하겠다는 뜻을 밝히는 것처럼 보였다. 카크토비크는 북극야생보호구역 개방을 추진하는 석유기업과 공화당 정부의 오랜 후원자였지만,

브룩스 산맥 북쪽의 북극야생보호구역. 북극곰과 북극사향소 그리고 포큐파인 카리부가 공존하는 북극 최대의 야생지대다.

북극해 유전 개발에 대해서는 입장이 달랐다. 에스키모 문화의 핵심에 존재하는 고래의 생태가 교란되면, 그들의 삶과 문화도 교란된다고 생각하기 때문이다.

고래 사냥대는 여기저기에 설치된 무선라디오를 통해 마을과 시시때때로 연락을 취했다. 마시크릭인에도 무선라디오가 있었는데, 대충 한 시간에 한 번씩 이런 내용이 오갔다.

"고래 봤어요?"

"못 봤는데."

Chapter 4_검은 바다를 헤엄치는 고래들

"……."
"고래 잡았어요?"
"개미 새끼 한 마리 안 보여."
"……."

해가 기울고 있었다. 바람이 쌀쌀해졌다. 시계는 이미 오후 5시를 가리키고 있었다. 보퍼트 해에 애꿎은 기름만 뿌리고 다니던 카크토비크 고래 사냥대는 무선라디오로 최후통첩을 보내왔다.

"6시까지 고래를 못 찾으면 철수하겠다!"

저녁 6시가 넘었지만, 무선라디오는 침묵하고 있었다. 고래를 발견했다는 소리도, 철수하겠다는 소리도 들리지 않았다. 6시 반쯤이었다. 흥분에 가득 찬 목소리가 정적을 깼다.

"샐던 브라우어 Seldon Brower 가 잡았다!"

샐던 브라우어는 카크토비크에 집성촌을 이루고 사는 브라우어 가문의 젊은이였다. 그는 고래에 작살을 명중시키는 데 성공했고, 이어 작살을 놓치지 않고 고래를 제압했으며, 이제 고래를 끌고 마을로 돌아올 거라고 했다.

여름이 끝나지 않아 북극의 태양은 밤 10시가 넘어서도 아스라했다. 오후와 달리 카크토비크 앞바다에는 빙산의 진용이 바뀌어 있었다. 저 멀리 보석처럼 빛나던 빙산이 어느새 늑대 떼처럼 몰려와 마을을 감쌌다. 미로 찾기를 해야 저 넓은 북극해로 나갈 수 있을 것 같았다.

고래 사냥에 따라가지 못한 아이들이 찾아와 금의환향하는 고래 사냥대를 맞으러 가자고 했다. 자동차에 올라타고 카크토비크 곶으로 달렸다. 사람들은 이미 모닥불을 피우고 빙산이 성벽을 이룬 북극해를 바라보고 있었다. 바람이 매서워지고, 어둠이 지각생처럼 급하게 찾아왔다. 저 멀리 점점이 박힌 불빛이 한곳으로 모여드는 게 보였다. 고래를 잡은 샐던 브라우어의 보트로 다른 보트들이 모이는 것이다. 보트들은 고래의 꼬리에 밧줄을 묶고 부표를 띄워 이곳 카크토비크까지 끌고 올 것이다.

"좀처럼 가까이 오지 못하네요."

고래잡이 수색대는 몇 시간째 하얀 빙산 사이에서 노랗게 반짝이기만 할 뿐 다가오지 못했다. 간격을 좁힌 얼음덩어리들 사이에 갇혀 고생하고 있는 게 틀림없었다. 더욱이 거대한 고래를 매달고 달려야 하니 속도가 날 리 없다. 게다가 빙산에 부딪혀서 보트가 침몰하면 끝장이다. 북극 바다에 빠진 사람은 몇 분 이내에 쇼크사로 숨진다. 고래 수색대는 빙산의 미로에 갇힌 것이다.

기다리다 지친 사람들이 하나둘씩 마을로 돌아가고, 해변에는 여남은 명만 남았다. 이 속도라면 해 뜨기 전에 돌아올 수 있을지도 미지수였다. 엷은 안개가 스멀스멀 피어올랐다. 나는 해안에 떠내려온 북극의 부목을 주워 사위는 모닥불에 던져놓고, 몇 사람에게 말을 붙였다.

"그런데 왜 고래잡이에 따라가지 않았죠? 아까 보니까 열다섯 살짜리 여자애도 나가던데……."

"나는 며칠 전에 카크토비크에 돌아왔어요. 여기서 태어났지만, 어릴 적에 입양돼서 오리건 주에 살았거든요."

그는 리처드 챈들러Richard Chandler라고 불리는 스물다섯 살 친구였다. 며칠 전부터 몇몇 마을 젊은이들과 어울려 다니는 게 눈에 띄었다.

"근데 왜 돌아왔죠?"

"글쎄, 뭐 그냥 고등학교를 졸업하고 군에 입대했다가 제대하고 나니 딱히 할 일도 없고……. 고향이 생각나기도 했고……. 아, 근데 나 한국에도 다녀왔어요. 주한미군으로 포천에서 근무했어요."

'포천'을 발음하는 그의 턱 근육이 부자연스럽게 움직였다. 챈들러의 친구 사무엘 렉스포드Samuel Rexford가 끼어들었다. 배로에서 친척을 찾아 놀러 온 친구다.

"고등학교는 로우어48의 워싱턴 주에서 나왔어요. 지금은 원주민 공사에서 건설공사 감독관으로 일하죠. 여기 급료는 페어뱅크스의 두세 배예요. 그래서 원주민들이 여기로 다시 돌아오기도 하지만……. 어쨌든 전 고향이 좋기도 하고요."

실제로 알래스카 원주민 사회에서 도시 집중화로 인한 인구 감소 문제는 대두되지 않고(원주민들이 아이를 워낙 많이 낳는 것도 원인일 것이다. 그들은 현대 핵가족 사회에서도 예닐곱씩 낳는다) 있었다. 오히려 그들이 직면한 문제는 알코올, 마약 중독 등 로우어48이 겪고 있는 아노미 현상과 같았다. 하지만 정도는 더 심했다. 지리적 고립으로 인한 소외, 전통과 현대의 급격한 단절에 따른 문화적 혼돈이 아노미의 원인으로 꼽혔고, 노스슬로프 보로가 문제를 해결하기 위해 특별 프로그램을 운영할 정도이다.

하늘에 안개처럼 낀 하얀 장막이 언제부턴가 천천히 움직이기 시작했다. 안개는 슬며시 초록이 되어갔고, 초록은 자유자재로 연기처럼 움직였다. 초록은 아주 느리게 거대하게 부풀어 하늘을 휘감았다. 오로라였다. 오로라가 그렇게 두 시간 이상 마을 위에서 춤을 췄다. 새벽 2시가 넘어서도 고래 사냥대의 불빛은 가까워지지 않았다. 우리는 마을로 발길을 돌렸다.

해가 떴다. 고래잡이 배들은 이미 도착해 있었다. 활주로 옆 해안가에 고래는 검은 언덕처럼 누워 있었다. 입이 크고 등이 활처럼 둥근 북극고래였다. 꼬리에는 아직 밧줄이 묶여 있었다. 본토에서 온 과학자는 줄자를 대고 고래의 체장(體長)과 몸통 둘레, 꼬리, 수염^{baleen} 길이를 재고 있었다. 북극고래의 체장은 15미터나 됐다.[9]

고래를 잡은 날은 카크토비크의 축제 날이다. 햇살이 따사로워지면서 마을 사람들이 하나둘 집에서 기어나왔다. 전통의상을 입은 아이들은 고래 위로 올라가 통통 튀었다. 고래수염을 튕기면 '통통' 하고 오르골 소리가 났다. 마을 사람들 모두가 고래 위로 올라가 기념사진을 찍었다. 2006년에 잡은 첫 고래.

포클레인이 대열을 뚫고 들어왔다. 포클레인은 밧줄로 고래를 묶은 뒤, 바다에 반쯤 잠겨 있는 고래를 육지로 끌어 올렸다. 고래를 해체하기 위한 자리가 대충 정리되자, 다양한 모양의 칼을 든 이누피아트들이 하얀 옷을 입고 나타났다. 고래의 급소에 작살을 명중시킨 샐던 브라우어가 고래 위로 올라갔다. 이누피아트 사회에서는 고래를 잡은 이가 고래에 처음으로 칼을 대는 관습이 있다. 그는 활처럼 둥근 북극고래의 등을 따라 칼을 그었다. 그리고 격자무늬로 해체하기 시작했다. 북극고래의 검은 피부는 바둑판처럼 하나씩 떨어져 나갔다. 카크토비크는 초등학교와 중학교에 휴교령을 내렸다. 해안가에는 임시 식당이 차려졌다. 샐던 브라우어가 자른 고래의 피하지방층은 바로 솥단지에 넣어졌다. 이누피아트들이 가장 좋

하늘에 오로라가 나타났다. 오로라는 세상을 떠난 자가
세상에 남은 자들에게 보여주는 잔영이라고 에스키모들은 생각한다. ⓒ류우종

불도저가 물을 퍼 올려 고래를 씻었다. 고래의 피하지방이 먼저 격자 형태로 해체된다. 고래를 잡은 가문의 대표자가 해체용 칼을 들고 고래에 오를 수 있다. ⓒ류우종

아하는 묵툭이 끓여 나올 참이었다. 고래는 산처럼 누워 있고, 주민들의 축제가 시작됐다. 해가 지면 마을 주변을 어슬렁거리던 북극곰들도 찾아올 것이다.

2년여 뒤 한국에서 카크토비크의 소식을 들을 수 있었다. 2008년 11월 20일 《앵커리지 데일리 뉴스》에는 '법원이 보퍼트 해 시추 계획을 재고하라고 명령했다'는 제목의 기사가 올라왔다.

"연방항소법원은 미국 정부가 내린 보퍼트 해 석유 및 천연가스 채굴 허가가 부당하다고 19일 판결했다. 제9순회법원은 미국광물청US Mineral Management Service, USMMS에 석유 및 천연가스 채굴이 이 지역의 야생과 이누피아트 에스키모의 사냥, 어로 같은 생활양식을 어떻게 변화시킬지 재조사하라고 결정했다."

Chapter 4_ 검은 바다를 헤엄치는 고래들

그사이 카크토비크 주민들은 석유자본의 협조자에서 반대자로 바뀌었다. 이례적으로 카크토비크에서 석유기업과 싸워온 로버트 탐슨Robert Thompson이 "우리가 고래를 잡지 못한 유일한 해가 바로 셸이 석유 개발을 위해 굴착장비를 바다에 설치한 해였다"라고 비난했다.[10]

여하튼 카크토비크 주민들은 셸과 치른 싸움에서 이겼다. 하지만 한시적인 승리일 뿐이다. 법원이 내린 결정은 셸이 낸 환경평가서가 부실하니 다시 만들라는 것, 그때까지 석유 채굴 일정을 중지하라는 것, 그 이상도 그 이하도 아니다.

셸은 2005년에 보퍼트 해를 리스하는 데만 무려 4,400만 달러를 썼다. 리스한 해상 구역만 여든네 곳이었다. 그리고 2007년에 2월 추크치 해에서도 유전을 개발하기 위해 21억 달러의 리스 비용을 추가 지출했다. 셸은 거대한 도박을 시작한 것이다. 주사위는 이미 던져졌다. 천문학적인 금액으로 베팅을 한 셸은 절대 손해 보지 않으려고 할 것이다.

보퍼트 해 유전 개발은 카크토비크에서 이뤄지는 '인간과 북극고래 그리고 북극곰'의 동정적 순환 관계를 깨뜨릴 것임에 분명하다. 인간은 북극고래가 교란당하는 것을 막기 위해 유전 개발을 반대한다. 북극고래는 죽고 난 뒤, 제 살점을 북극곰에게 남겨준다. 물론 동정적 순환의 조물주는 인간이다. 유전 개발이라는 문제를 풀 열쇠를 쥐고 있는 것도 인간이다.

Chapter 5

투발루

피지

뉴칼레도니아

통가

오스트레일리아

침몰하는 미래의 실낙원
Tuvalu, South pacific
―남태평양 투발루

    사람들은 빙하와 해빙(바다얼음)을 구분하지 못한다. 신문사와 방송국의 국제부 기자들 그리고 수십 일에 걸쳐 기후 변화에 관해 현장취재를 했을 다큐멘터리 제작진조차 빙하와 해빙을 혼용해 쓴다.
    물론 나도 북극과 적도, 남극을 여행하기 전까지 빙하와 해빙을 구분하지 못했다. 북극의 빙하든 남극의 빙하든 얼음덩이는 다 같은 것으로 알았다. 남들처럼 '북극이 녹으면 해수면이 높아지고, 해수면이 높아지면 육지가 잠긴다'는 단순 공식을 반복해서 말했다. 참으로 간단하지 않은가? 복잡한 사실을 쉽게, 그리고 선정적으로 보여줘야 하는 미디어로선 매력적인 화법이 아닐 수 없다. '북극의 빙하가 녹으면 당신의 집이 잠긴다……'라는, 가슴에 확 와 닿는 공포.

하지만 기후 변화의 메커니즘은 그렇게 간단하지 않다. 미디어는 지구온난화가 몰고 올 위기를 간단한 삼단논법으로 대중에게 각인시키지만, 그 밖의 여백이 너무도 많다. 특히 자연현상을 과학적으로 논증하지 않은 채 모든 환경 변화의 원인을 지구온난화로 귀결시키는 것은 신중하지 못한 태도다. 이런 관행은 환경 변화의 원인을 웬만하면 전부 지구온난화로 몰아붙이는 '지구온난화 저널리즘'의 현주소를 보여준다.

빙하와 해빙은 다르다. 빙하의 사전적 정의는 '육상에 퇴적한 거대한 얼음덩어리가 중력에 의하여 강처럼 흐르는 것'이다. 반면 해빙은 바다에서 주기적으로 결빙과 해빙을 반복하는 바다얼음이다. 해빙은 북극해와 남극 대륙 연안 그리고 가까이는 한반도 서해의 랴오둥 반도 주변에도 형성된다.

자, 그렇다면 상당수 미디어의 말을 다시 떠올려보자. 그들은 북극의 빙하가 줄어들고 있다고 말한다. 북극에 빙하가 있을까? 그렇지 않다. 그린란드와 스발바르 제도 등 몇몇 섬을 제외하면 북극은 기본적으로 넓은 바다다. 북극의 얼음은 '육상에 퇴적한 거대한 얼음덩어리'가 아니라 '해마다 겨울과 여름에 반복적으로 얼고 녹는 바다얼음'일 뿐이다. 그러한 바다얼음이 해빙이다.

그런 점에서 북극의 얼음과 남극의 얼음은 기본적으로 다르다. 북극은 바다로 이뤄졌지만, 반면 남극은 오스트레일리아보다도 큰 대륙으로 이뤄졌다. 얼음을 깨서 맛을 보면 북극의 얼음은 짠맛이 날 것이고, 남극의 얼음은 아무 맛도 나지 않을 것이다.

다시 처음의 명제로 돌아가보자. '북극이 녹으면 해수면이 높아지고 육지가 잠긴다'라는 명제로 말이다. 과연 그럴까? 북극의 해빙이 녹으면 육지가 바닷물에 잠길까? 그렇지 않다. 위스키 잔에 떠 있는 얼음을 상상해보자. 위스키 잔의 얼음이 녹아도 위스키는 넘치지 않는다. 이미 얼음의 부피가 위스키에 반영됐기 때문이다. 같은 이치로 해빙이 녹아도 해수면은 높아지지 않는다. 민물이 얼어 형성된 빙하가 녹고, 그 물이 바다에 도달해야 해수면이 높아진다. 그래서 빙하는 '민물을 가둔 댐'이라고 불린다.

그런 점에서 막대한 해수면 상승의 파괴력을 지니고 있는 곳은 북극이 아니라 남극이다. 남극 대륙이 민물을 가장 많이 가두고 있기 때문이다. 유엔 산하 기후변화정부간위원회Intergovernmental Panel on Climate Change, IPCC의 자료에 따르면, 남극의 빙하가 다 녹을 경우 57미터의 해수면 상승 효과가 나타난다. 북극에 위치한 그린란드가 다 녹으면 7미터, 미국 알래스카와 히말라야, 남미 파타고니아 등 그 밖의 군소 빙하와 만년설이 다 녹

투발루 푸나푸티의 유일한 호텔 바이아쿠 라기 뒤편의 부두교. ⓒ류우종
아이들이 물장구를 치던 부두교에 차오른 바닷물을 보면서 매일 아침 수위를 가늠했다.

으면 0.5미터가 높아진다.[1]

　기후변화정부간위원회가 2007년 스페인 발렌시아 총회에서 확정하여 발표한 기후 변화에 관한 제4차 보고서에 따르면, 지구의 지표면 온도는 지난 100년(1906년부터 2005년까지) 동안 0.74도[2] 상승했다. 그리고 해수면 상승은 온난화와 일치하여 일어났다. 지구의 평균 해수면은 1961년 이후 연평균 1.8밀리미터가 상승했고, 1993년 이후에는 이보다 두 배가 많은 연평균 3.1밀리미터가 상승했다.[3]

　하지만 해수면을 상승시키는 파괴력을 가진 것은 빙하라기보다 온실가스 그 자체다. 빙하가 녹아내려 생성되는 바닷물 부피의 증가보다, 바다의 온도가 증가함에 따른 열팽창이 해수면 상승에 더 큰 효과를 미친다. 1993년 이래 해수면 상승에 열팽창의 기여도는 약 57퍼센트였고, 빙하와 만년설 부피의 신규 유입이 기여한 바는 약 28퍼센트, 극지 대륙빙하의 소실이 그 나머지 원인이었다.[4]

　이처럼 '북극이 녹으면 해수면이 높아지고, 해수면이 높아지면 육지가 가라앉는다'라는 '지구 최후의 날' 시나리오의 여백은 너무도 방대하다. 빙하와 바다얼음의 차이, 빙하의 지역적 분포, 온도 증가에 따른 열팽창 등의 요소가 복잡하게 얽혀 있기 때문이다.

▶지구온난화 시대의 디스토피아

　'지구 최후의 날' 시나리오의 주인공은 단연 남태평양의 섬 투발루^{Tuvalu}

다. 투발루는 지구온난화 시대의 디스토피아를 보여주는 극명한 사례로 언론에 자주 거론된다. 투발루의 정치지도자들은 각종 국제회의에 참석해 기후 변화로 투발루가 위기를 겪고 있다고 설파해왔다. 해외의 유수한 방송국과 다큐멘터리 제작진 그리고 지구온난화를 걱정하는 예술가들까지 투발루를 성지순례하듯 찾아가 다양한 콘텐츠를 쏟아냈다.

한국도 예외는 아니어서 2007년에 이어 2008년에도 투발루의 총리를 한국에 초대하기까지 했다. '나도 기후 변화에 관심이 있다'라는 것을 증명하기 위해서 정부의 산하 기관이나 각종 재단들이 투발루를 원했고, 투발루는 그들의 외교적 치장을 위한 초대에 기꺼이 응했다. 오래된 주연배우 투발루는 북극을 제외하면 지구온난화와 관련해 언론을 가장 많이 탄 지역일 것이다.

투발루는 하와이와 오스트레일리아 사이에 펼쳐진 드넓은 남태평양에 떠 있는 산호섬 국가다.[5] 인구는 1만2,000명, 면적은 26제곱킬로미터. 바티칸시국과 이웃나라 나우루를 제외하면 세계에서 가장 인구가 적은 나라이고, 바티칸시국과 모나코, 나우루 다음으로 영토가 작은 나라다.

북극을 한 바퀴 돈 이듬해 봄, 나는 다음 목적지를 투발루로 정했다. 출발하기 며칠 전에 투발루에서 지독한 바닷물 홍수가 발생했다는 소식이 날아들었다. 피지의 수바 공항에서 투발루의 수도 푸나푸티Funafuti로 가는 프로펠러 비행기에 몸을 실었다.

하늘에서 내려다본 투발루의 모습은 왜 이 나라가 해수면 상승에 취약한지 알 수 있게 해주었다. 그러니까 투발루까지 2시간 30분을 날아가는 동안 바다에는 모래섬 하나, 암초 하나 없었다. 그러다가 망망대해에서 문득 나타난 투발루(정확히는 푸나푸티 섬이다)는, 파란 하늘이 녹색 눈물을 흘린 듯 길고 얇은 빗금이었다. 큰 파도라면 한 번에 삼킬 수 있을 것 같았다.

비행기가 활주로에 착륙할 때 이 섬은 자신의 실체를 극명하게 보여주었다. 활주로가 아이들 과자 빼빼로 같은 이 섬의 거의 전부를 채우며 뻗어 있었고, 비행기는 짧은 활주로 끝에서 가까스로 멈췄다. 비행기에서 내려 활주로에 섰다. 오른쪽으로 고개를 돌려도 바다가 보이고, 왼쪽으로 고개를 돌려도 바다가 보였다. 투발루는 바다에 포위된 듯했다. 샌프란시스코 앞바다의 교도소 앨커트래즈처럼 바다에 갇혀 있었다. 투발루는 태생적으로 바다에 취약한 지형이었다.

영국 식민지 시절에 엘리스 제도라고 불린 데서 알 수 있듯이, 투발루는 아홉 개의 섬으로 이뤄졌다. 이 가운데 다섯 개는 산호섬이고, 네 개는 암초다. 아홉 개의 섬 가운데 가장 큰 섬이, 수도인 푸나푸티 섬이다. 푸나푸티는 일주일에 세 번씩 남태평양의 강대국 피지와 항공편으로 연결된다. 나머지 섬들은 투발루 정부가 한 달에 한 번 정도 운항하는 관용 여객선을 타야만 들어갈 수 있다.

호텔에 여장을 푼 뒤 거리로 나갔다. 푸나푸티의 시내인 바이아쿠^{Vaiaku}는 공항 바로 옆이었다. 푸나푸티에서 가장 높은 듯한 3층짜리 투발루 정부종합청사가 있고, 그 옆에는 정부가 운영하는 바이아쿠 라기^{Vaiaku Lagi} 호텔 그리고 원두막 형식으로 지은 민가들이 촘촘히 세워져 있었다. 시내는 중앙도로를 중심으로 일자로 펼쳐져 있었다. 그럴 수밖에 없었다. 양쪽 해안 사이의 거리가 너무도 짧아서 동해안에서 서해안까지 이삼 분이면 뛰

하늘에서 내려다본 푸나푸티 섬의 모습은 투발루가 얼마나 자연재해에 취약한지를 단적으로 보여준다.

어갈 수 있을 정도였으니까.

낯익은 물체가 거리에 다니는 게 눈에 들어왔다. 한국산 대림오토바이였다. 사람들은 좁은 아스팔트 도로 위로 대림오토바이를 타고 다녔다. 오토바이 정비소에서 스쿠터를 빌려준다는 얘기를 듣고 그곳으로 향했다. 하루 대여료로 5오스트레일리안달러(AUD)[6]를 주고 스쿠터를 빌렸다. 푸나푸티 가장 남쪽에서 가장 북쪽으로 가보기로 마음먹었다.

뱀처럼 긴 섬 푸나푸티는 중간 즈음의 활주로와 바이아쿠 시내에서 넓어졌다가 끝으로 갈수록 점점 좁아졌다. 변두리로 갈수록 작은 연못들이 자주 나타났다. 섬은 작은 연못들 때문에 여기저기 구멍이 뚫린 것처럼 보였다.

연못은 쓰레기와 오물로 가득 차 있었다. 주위에는 허름한 판잣집과 마당, 돼지 막사가 빼곡했다. 연못 위에 가설된 주택도 눈에 띄었다. 마치 중국과 베트남의 수상가옥처럼, 물 밑에 나무 기둥을 박은 채 판잣집들이 위태롭게 서 있었다. 아마도 땅이 좁고 사람은 많으니, 자리를 찾지 못한 집들이 육지에서 연못 위로 부양한 듯했다. 투발루 사람들은 이런 작은 연못을 '보로 피츠' Barrow pits, Borrowed pits 라고 불렀다.

푸나푸티를 종단하는 데는 30분도 채 걸리지 않았다. 남쪽 끝에서 북쪽 끝까지 12킬로미터밖에 되지 않았기 때문이다. 푸나푸티 섬의 전체 면적도 2.8제곱킬로미터에 지나지 않는다. 푸나푸티에서 폭이 가장 좁은 부분은 10미터(동해안에서 서해안까지 거리가 10미터라는 얘기다), 폭이 가장 긴 부분은 400미터다. 여기에 4,500명이 산다.

▶가장 안전한 활주로

폭 400미터, 섬의 가장 두꺼운 부분에 활주로가 지나간다. 그러니까 푸나푸티 섬은, 섬에서 가장 비옥한 땅을 공항에 내주었다.

공항은 투발루 사람들의 생활 중심에 존재한다. 공항은 문명과의 유일한 연결선이다. 석 달에 한 번씩 피지를 왕복하는 여객선이 있지만, 그래도 오스트레일리아나 뉴질랜드에서 일하는 자식들이 금의환향하는 통로는 바로 푸나푸티 공항이다. 일주일에 세 번, 비행기가 착륙할 때마다 섬 전체에 사이렌이 울린다. 비행기가 도착하니 가족과 친척을 맞이할 사람은 공항으로 나와서 기다리라는 뜻이고, 활주로 근처에 있는 사람에게는 위험하니 빨리 비키라는 뜻이기도 하다. 공항에서 내리는 가족이나 친척이 딱히 없더라도, 사람들은 단층짜리 공항 빌딩으로 몰려간다. 그리고 태평양을 건너온 비행기가 아슬아슬하게 착지하는 장면을 지켜보고, 한 시간 뒤에 비행기가 다시 문명 세상으로 도약하는 하늘을 멀거니 바라본다.

적도의 폭염을 뚫고 태평양에서 불어오는 바람이 선선해지는 오후 4시면, 활주로는 다시 사람들로 북적인다. 활주로는 투발루 사람들의 놀이터다. 산책을 하기도 하고 축구공을 차기도 하고 민속경기인 '테 아노'를 하기도 한다. 자전거를 탄 아이들이 활주로를 가로지르고, 돼지 막사를 빠져나온 돼지들이 꿀꿀거리며 잔디밭을 휘젓는다. 석양빛이 사위면 사람들은 돗자리를 들고 나온다. 그러고는 투발루에서 가장 시원한 곳, 활주로 아스팔트 위에 누워 잠을 청한다.

"활주로가 아마 투발루에서 가장 안전한 곳일 거예요. 너비가 400미터

투발루의 중심지인 활주로. 일주일에 세 번 비행기가 들어오는 시간을 제외하곤 운동장과 놀이터, 산책로가 된다. ⓒ류우종

쯤 되니까 물이 차도 가장 늦게 차지 않겠어요? 물이 들어오는 데 시간이 걸리잖아요."

"그럼 가장 높은 지점은 어디인가요?"

쉰여섯 살의 아이포 다피아Aipo Dafia는 활주로 동쪽의 얕은 둑을 가리켰다. 어른 키 높이나 될까. 다피아가 낄낄 웃으며 말했다.

"그곳이 가장 높을 거예요. 정부종합청사를 제외하면……."

길고 긴 투발루의 평균 해발고도는 2미터 안팎에 지나지 않는다. 가장 높은, 활주로 동쪽의 둑도 3.7미터다. 지대가 이렇게 낮은 이유는 푸나푸티 전체가 산호섬이기 때문이다. 얇고 긴 데다 언덕 하나 없으니, 섬은 홍수에 취약할 수밖에 없다. 지구온난화로 인해 바닷물이 천천히 차오르면

Chapter 5_ 침몰하는 미래의 실낙원

투발루는 활주로밖에 남지 않을 것인가? 저렇게 얕은 둑에 일렬로 서서 구조 비행기를 기다릴 것인가? 그렇다면 물이 흥건한 활주로에 비행기가 착륙할 수 있을까? 그것이 투발루의 마지막 날인가? 엉뚱한 상상이 꼬리를 무는데, 다피아가 자신의 딸 이야기를 꺼냈다.

"딸아이 취업 때문에 푸나푸티에 왔어요. 큰딸이 고등학교를 막 졸업했거든요. 은행이나 정부기관에 취업하면 좋긴 한데, 그런 안정적인 직장은 오스트레일리아나 타이완에 유학 갔다 온 사람들이 차지하거든요. 내 딸도 유학을 보내고 싶지만 돈이 충분하지 않아서……. 아, 나는 누쿨래래Nukulaelae 섬에서 왔어요. 밀물이 3미터 넘게 오르면 우리 섬도 침수가 됩니다."

"아, 그곳도 푸나푸티처럼 작은 섬인가 보죠?"

"물론이죠. 아직 푸나푸티처럼 심각한 상황은 아니지만, 큰 밀물이 들어오면 해안가에 있는 집부터 차례로 침수가 돼요. 어떨 때는 풀라카pulaka(투발루에서 주식으로 이용되는 열대 토란)7 농장까지도 흠뻑 젖고 말거든요. 그러면 풀라카 뿌리가 썩기 시작하죠. 그래서 내가 그 증거로 작년에 사진을 찍어놨어요."

"예전에 비해 바뀐 게 있나요?"

"바람 부는 모양새가 예전 같지 않아요. 예전에는 이맘때쯤에 동쪽에서 바람이 불었는데, 요즈음에는 남쪽에서 불기도 하고 서쪽에서 불기도 하고……. 어떨 때는 종잡을 수가 없어요. 나는 바다에 나가 물고기를 낚는 사람이니까 잘 알아요. 바람이 여기저기 섬을 미친 듯이 돌아다녀요. 폭풍도 훨씬 강해졌고……. 예전에는 우기에만 한두 번 몰아쳤는데, 지금은 거의 매달 찾아오는 것 같아요. 폭풍, 폭풍, 폭풍……. 우기와 건기의 구분이 없어진 것 같기도 하고."

  활주로의 푸른 잔디밭에 서서 이야기를 나누고 있는 사이 옆으로 돼지 한 마리가 지나갔다. 사람들은 활주로 옆 해안가를 따라 여기저기에 돼지 막사와 양계장을 세워 돼지와 닭을 쳤다. 투발루에 오자마자 여행 코디네이터로 나온 리 칼로 모르 Lee khalo Morsei 씨가 "돼지고기와 닭고기는 질리도록 먹게 될 것"이라고 한 말이 생각났다. 투발루에는 소를 키우는 사람이 없었다. 여기저기 풀을 뜯는 소는 작은 땅에서 키우기에 적당한 가축이 아니었다. 좁은 공간에 많은 개체를 사육할 수 있는, 돼지와 닭이 적합한 축산물이었다. 하지만 돼지 막사는 허술하기 짝이 없었다. 그래서 공항 활주로에 이렇게 '유기돈'들이 돌아다녔다.

"그런데 난 이민을 알아보고 있어요."

  물어보지도 않았는데, 다피아는 이민 얘기를 꺼냈다. 나는 고개를 비스듬히 젖히고 그를 바라봤다.

푸나푸티 섬에서 가장 좁은 지역. 일요일 오후 투발루의 미래를 상징하는 이곳을 교회에 입고 간 정장 차림으로 소풍을 다녀온 가족이 걸어가고 있었다. ⓒ류우종

"우리 부부와 세 딸은 뉴질랜드에 갈 거예요. 뉴질랜드 정부에 방문 비자를 신청했어요. 큰아들이 뉴질랜드에서 결혼해서 일하고 있죠. 지금은 큰아들이 자식을 낳길 기다리고 있죠.[8] 자식이 있으면 가족 초청이 훨씬 유리해지거든요. 일단 4월쯤에 한번 가볼 생각이에요."

다피아는 외국에서 살아본 적이 있느냐고 물었다. 나는 캐나다에서 7, 8개월쯤 어학연수를 했다고 대답했다. 그는 캐나다 생활에 대해서 꼬치꼬치 물었다.

"그런데 왜 이민을 가려는 거죠?"

"이 섬에는 미래가 없어요."

다피아의 말에서 알 수 없는 불안감이 느껴졌다. 그의 이민은 단순히 '물이 차오르니 하루 빨리 대피해야 한다'라는 재난 대피 계획이 아니었다. 그의 불안은 위성텔레비전을 통해서 실시간으로 전파되는 서구 세계의 물질적 풍요와 문화, 그와 함께 전해오는 '조국이 이번 세기 안에 사라질지 모른다'라는 뉴스, 그리고 이대로 섬 안에 있으면 뒤처질지 모른다는 막연한 공포가 뒤섞인 그 무엇이었다.

"기자 양반, 다음 주 일요일에는 큰물이 들어올 거예요. 그때가 사리거든. 그때까지 기다려봐요."

다피아는 한마디를 남기고 사라졌다. 매년 봄, 매달 그믐과 보름의 사리 때 바닷물은 가장 높이 차올랐다. 달의 인력이 가장 강한 순간, 투발루는 물난리를 겪었다. 달은 태평양을 빨아들이고, 투발루는 솟아오른 태평양이 넘실대는 것을 지켜봐야 했다. 투발루 사람들은 그래서 항상 사리 날을 챙겼다. 이달 사리에 바닷물이 어디까지 차오르는지 해수면 높이를 챙기

는 건, 내일 해가 뜨고 비가 오는 것보다 더 중요했다. 투발루의 유일한 신문 《투발루 에코즈》Tuvalu echoes[9]도 매일 만조 예보를 했다.

해 질 녘 활주로에서 돌아온 나는 호텔 뒤편의 부두교로 걸어갔다. 동네 꼬마들이 다이빙을 하고 노는 짧은 시멘트 부두교였다. 몇 시간 전보다 바닷물이 많이 올라와 있었다. 해는 아스라하게 붉은빛을 띠고 있었다. 만조였다. 나는 눈짐작으로 시멘트 기둥 위에 수위를 표시했다. 언젠가 바닷물이 부두교 위를 넘실댈 터였다. 부두교가 바닷물에 잠기는 날이 투발루가 물난리를 겪는 날일 것이다.

▶'투발루 마지막 날'의 진실은 무엇인가

'투발루 마지막 날의 논리'(빙산이 녹으면 해수면이 상승하고, 해수면이 상승하면 투발루가 잠긴다)의 상대편에는 지구온난화 회의론자들의 공격이 있다. 곧 투발루 정부가 퍼뜨리고 환경주의자들이 확산시킨 거짓말에 지나지 않는다는 것이다.

한국에서는 "좌경 성향을 띠고 있는 한국의 환경운동을 우려의 눈초리로 보아온"[10] 이상돈 중앙대 법학과 교수가 투발루의 해수면 상승은 허구라고 꾸준히 주장했다.[11] 이상돈 교수에 따르면, 처음 '투발루가 가라앉는다' 라는 소문은 2000년 2월 18일에 영국의 공영방송《비비시BBC》가 퍼뜨렸다. 이 방송이 투발루 기상청의 말을 인용해 수도가 있는 푸나푸티 섬이 여섯 시간에 걸쳐 물에 잠길 수 있다고 경고했다는 것이다. 그러면서 "(《비비시》는) 많은 과학자들이 온난화로 인해 해수면이 향후 100년 동안 몇 십 센티미터 상승할 가능성이 있다고 보고, 그대로 보도했다"[12]라고 이 교수는 전한다.

투발루발 '문제 보도'는 1년 뒤에도 이어진다. 2001년 10월 9일에 《비비시》는 뉴질랜드 정부가 투발루의 요청을 받아들여 투발루 주민을 난민으로 수용하기로 했다고 전한다. 그리고 투발루의 환경자원부 차관은 이주 요구를 거부한 오스트레일리아를 비난한다.

《비비시》의 보도가 나간 지 20일 뒤인 2001년 10월 29일, 진보 성향의 영국 일간지 《가디언》은 신경제재단New Economics Foundation의 앤드류 심스Andrew Simms가 기고한 '투발루여, 안녕' Farewell Tuvalu이라는 글을 싣는다. 앤드류 심스는 다음과 같이 주장한다. 투발루가 역사 속으로 사라지고, 앞으로 다른 섬에 사는 700만 명도 삶의 터전을 잃을 것이다. 그다음에는 방글라데시에서만 2,000만 명의 환경난민이 발생할 것이다.

또다시 며칠이 지나고 이번에는 일부 한국 언론이 잇달아 지구정책연구소Earth Policy Institute[13]의 레스터 브라운Lester R. Brown 소장의 발표를 전한 외신기사(《아에프페AFP》 통신을 받아쓴 것으로 보인다)를 인용해 보도한다. 북극과 남극의 얼음이 녹으면서 섬의 침수가 진행됐고, 투발루 지도자들이 솟아오르는 바다와의 싸움에서 패배를 인정하고 조국을 버리기로 했다는 내용이다.

전 세계 우표수집가들이 투발루 우표를 우선 수집 대상으로 꼽고 있어서, 투발루도 정책적으로 다양한 우표를 내놓는다. 푸나푸티의 우체국에는 우표광들이 흥분할 만한 우표들이 여럿 있다.

그리고 투발루의 해수면이 21세기에도 평균 1미터 이상 상승할 것으로 전망되며, 투발루 지도부가 오스트레일리아에 주민들을 받아달라고 부탁했으나 거부당했고, 대신 뉴질랜드가 2002년부터 이민 쿼터만큼 받아들이기로 했다는 내용이 추가됐다.[14]

하지만 꼬리를 문 환경단체의 발표와 언론 보도는 거짓말이 확산되는 과정에 지나지 않았다고 이상돈 교수는 주장한다. 투발루 정부의 발표는 엄살과 과장일 뿐이고, 이와 관련한 과학적 논문이나 근거 등이 없는, 그저 비과학적인 주장이 언론을 타면서 사실로 굳어졌다는 것이다. 그러면서 그는 '투발루가 가라앉지 않는다'는 근거를 제시한다. 언론의 보도 열풍과 거의 같은 시기에 《사이언스》에 발표된 프랑스 과학자 세실 카바네Cecile Cabanes 등의 논문[15]을 보면, 투발루가 있는 남태평양은 1950년에 비해 해수면이 오히려 내려갔다는 것이다.

이상돈 교수는 또 오스트레일리아 국립조수연구소National Tidal Facility, NTF[16]의 연구 결과를 실은 언론 보도를 인용해 투발루 위기설을 반박한다. 2000년 11월 22일에 방송된 《비비시》의 보도에 따르면, 이 지역의 해

Chapter 5_ 침몰하는 미래의 실낙원

수면은 0.8밀리미터 상승했을 뿐이다. 이는 몇몇 기후모델에서 보는 바와 같은 해수면 상승보다 훨씬 작은 상승률이며, 온난화 현상이 있더라도 해수면 상승을 일으키는 데는 수백 년이 더 걸릴 것이라는 국립조수연구소 볼프강 쉬레어 박사의 주장도 덧붙인다. 그리고 이듬해 3월에 국립조수연구소가 〈투발루의 해수면 현황〉Sea Level in Tuvalu; Its Present State이라는 보고서에서 투발루의 해수면은 지난 9년 동안 연평균 0.9밀리미터 상승했으며, 1998년에 발생한 엘니뇨로 인해 봄철에 해수면이 35센티미터 내려갔다가 11월에야 평균 수위로 회복한 적이 있을 뿐이라고 발표한 사실도 전한다.[17]

이 교수의 주장에 따르면, 투발루 위기론은 환경단체의 비과학적인 주장이 선정적인 언론 확성기를 통해 전 세계에 퍼져 '사실'로 고착된 것이다. 특히 '좌파 환경주의자'인 레스터 브라운과 앤드류 심스가 위기론에 공헌했고, 이들이 투발루 정부가 국제사회에서 생떼를 부리도록 부추겼다는 혐의를 제기한다.[18]

이 교수는 투발루의 진짜 속사정이 다른 데 있다고 주장한다. 투발루 주민들이 사실 "희망이 없는 고향을 버리고 오스트레일리아와 뉴질랜드로 건너가서 사회보장 혜택을 듬뿍 누리며 살고 싶어" 한다는 것이다. 지구온난화가 아니라 인구 과잉, 환경오염, 그리고 제2차 세계대전의 유산 등이 투발루 위기의 진짜 원인이라고 한다. 제2차 세계대전 당시에 타라와 섬에 주둔한 일본군과 싸우던 미군이 푸나푸티 섬에 활주로를 만들었는데 그때 섬의 많은 부분이 깎여나갔고, 최근에 투발루 정부가 관광객을 유치한다면서 활주로를 더 확장했다는 것이다. 주민들이 나무를 자르고 해안의 모래를 파냈으니 해수가 밀려들어오는 것은 당연한 이치라는 것이다. 이 교수는 《아에프페》 통신의 2002년 3월 28일자 기사를 인용해 위와 같이 주장했다.[19]

이 교수는 버지니아 대학의 기후학 교수이자 게이토 연구소의 연구위원인 패트릭 마이클스Patrick Michaels의 2001년 11월 10일자 평론 〈투발루를 위해 엉엉 울지 말자〉Don't Boo-Hoo for Tuvalu[20]도 소개한다. 패트릭 마이클스는 "더 이상 팔아먹을 도메인 주소도 없는 투발루가 있지도 않은 해수면 상승을 팔아서 아예 오스트레일리아나 뉴질랜드로 전체 국민이 이민을 가겠다고 배짱을 부리는 것"이라고 주장했다고 한다.

그렇다면 정녕 투발루의 위기는 환경단체와 사려 깊지 못한 언론이 공동 연출한 사기극인가? 적어도 이상돈 교수가 계보학적으로 추적한 작업에 따르면 그럴듯하다. 이 교수가 인용한 환경단체의 발표와 언론 보도는 대부분 2001년 말에서 2002년 초에 나온 것이다. 사실 이 시기는 지구온난화에 대해 회의론자와 주창론자가 격렬하게 논쟁한 때이다. 특히 논쟁의 정점은 2002년 3월에 국립조수연구소가 내놓은, '투발루의 해수면은 그다지 상승하지 않았다'라는 자료였다.

국립조수연구소가 불쑥 제시한 수치를 두고, 투발루 주민들은 과학에 배반당한 느낌을 받아야만 했다. 투발루 주민들이 느끼기에는 뭔가 이상한데, 과학은 이상하지 않다고 말한 것이다. 교토 협정 서명에 미적대던 오스트레일리아와 미국과 싸우던 환경단체는 국립조수연구소가 당시 내놓은 이 자료에 뭔가 속임수가 있을 것이라는 의심을 거두지 않았다.

물론 국립조수연구소가 내놓은 자료에는 과학적 하자가 없다. 지금은 국립조수센터(NTC)로 이름이 바뀐 국립조수연구소는 1992년부터 1994년까지 남태평양 일원 11개 지점에 조수 측정기를 설치했다. '남태평양 해수면 높이 및 기후 모니터링' South Pacific Sea Level and Climate Monitoring Project, SPSLMCMP이라 불리는 이 프로젝트[21]는 투발루뿐만 아니라 나우루, 마셜 제도, 키리바시, 솔로몬 제도, 통가 등에 조수 측정기를 설치하여 측정값을 오스트레일리아 기상청에 자동으로 전송하도록 했다.

투발루의 경우 조수 측정기는 1993년에 푸나푸티 섬 정부종합청사 뒤편에 세워졌다. 국립조수연구소가 발표한 투발루 해수면 상승률이《아에프페》통신에 보도되어, 기후 변화를 연구해온 학계에 파문을 던진 것이 2002년이다. 그러니까 고작 9년 동안 측정하고서, 투발루의 해수면이 연평균 0.8~0.9밀리미터밖에 상승하지 않았다고 발표한 것이다. 이 결과를 환호 속에 받아들이며 언론에 전파한 이상돈 교수 등 온난화 회의론자들은 '국립조수연구소의 자료가 통계적 유의성이 떨어진다는 단서'를 그 어디에도 붙이지 않았다.

더욱이 국립조수연구소가 투발루 해수면 높이를 측정한 시기에는 아주 예외적인 엘니뇨가 태평양을 몰아쳤다. 1997년부터 1998년까지의 엘니뇨 시기에 투발루의 해수면은 최저 35센티미터까지 내려갔다. 해수면은 1998년 11월에 곧 예전 수치를 회복했지만, 단기간의 엘니뇨가 통계에 미친 영향은 막대했다. 세계 어느 곳이든 해수면의 연평균 상승률은 고작해야 3.0밀리미터에서 10.0밀리미터 안팎을 오르내리는데, 한 번에 350밀리미터가 내려갔기 때문이다. 엘니뇨가 정합적인 통계를 해친 게 분명했다.

국립조수센터는 곧바로 자신의 오류를 수정했다. 장기적인 측정값이 쌓이면서 투발루 주민들이 체감하는 '해수면 공포'가 통계로 나타나기 시작했다. 국립조수센터는 매달 투발루를 비롯한 남태평양 섬들의 해수면 상승에 관한 보고서를 내는데, 투발루의 해수면 상승률은 세계 평균을 훨씬 상회한다.[22] 1993년부터 2007년까지 14년 동안 투발루의 연평균 해수면 상승률은 6.0밀리미터다. 반면 지구 연평균 해수면 상승률은 3.3±0.4밀리미터다.[23]

유감스럽게도 이 교수는 국립조수센터의 번복 내용을 자신의 글에 담지 않았다. 그는 온난화 회의론자와 주창론자의 논쟁을 검증하지 않은 채 회의론자의 의견만을 편식하여 전파했고, 이 주장은 다시 보수적인 일간지를 통해 확산됐다. 이들 신문에서 남태평양의 소인국이 주는 이색적인 이미지는 '소인국이 벌인 사기극'으로 증폭됐고, 이는 세계적 지평에서 환경운동 일반이 벌이는 사기극으로 변조됐다.

이를테면《문화일보》2007년 12월 14일자에 실린 칼럼〈투발루의 진실〉은 국립조수센터의 통계적 유의성이 없는 예전 데이터를 그대로 실으면서, "투발루의 경우처럼 사실을 왜곡하거나 과장하는 것은 환경운동 자체의 미래를 위해서도 잘못된 길"이라고 주장한다.《한국경제신문》2007년 9월 10일자의 다산 칼럼〈낙원이 가라앉는다고?〉는 투발루가 인터넷 도메인 'tv'와 국가전화번호 '090'을 판 것을 비아냥대며 "환경론은 이미 슬로건을 좋아하는 정치인들의 현대판 종말론으로 변질된 지 오래"라고 비약해버린다. 이 교수조차 자신이 비판한 무분별한 단정과 주장 그리고 언론의 확대 재생산이라는 루트를 답습한 것이다.

▶바닷물이 솟아오르는 보로 피츠에 갇히다

그럼에도 지구온난화 회의론자들의 지적은 일부 옳다. 투발루의 수몰을 이야기할 때, 선정적인 지구온난화 주창론자들이 빠뜨린 것이 있다. 바로 보로 피츠다.

투발루는 제2차 세계대전 당시 연합군과 일본군의 격전지였다. 당시 투발루는 키리바시와 함께 '길버트·엘리스 제도'라는 이름으로 영국의 식민통치를 받고 있었다. 투발루에는 20세기 초반부터 근대 문물이 들어오기 시작했다. 1923년에 뉴질랜드인 D. G. 케네디[D. G. Kenedy]가 투발루에 통치관으로 부임해 오스트레일리아식 기숙학교를 설립했고, 근대적 상점인 퍼시[fusi]와 라디오 등 서구 문명을 소개했다. 물론 민속춤이나 축제, 야간 낚시 등 투발루 사람들의 전통적 일상을 금지하는 등 강력한 동화정책도 시행됐다.

당시 일본군은 남태평양 북쪽에서 남쪽으로 세력권을 넓히고 있었다. 이웃나라 나우루에 인광석을 채취하러 간 투발루 노동자들이 일본군에 사로잡혀 부역을 당하기도 했다. 그러자 미군이 일본의 남하를 저지하기 위해 푸나푸티에 상륙했다. 6,000명 이상의 병사들이 푸나푸티에 진주했고, 이들은 활주로부터 닦기 시작했다. 길버트 제도(지금의 키리바시)와 나우루, 마셜 제도에 캠프를 차린 일본군을 폭격하기 위해서였다.[24]

하지만 그때나 지금이나 푸나푸티는 평탄한 산호섬일 뿐이었다. 활주로를 만들기 위해서는 땅을 돋우어야 하는데, 모래를 구해올 만한 작은 언덕 하나 없었다. 그럼 어떻게 활주로를 만들었을까?

나는 투발루 초대 총리이자 독립 지도자인 토아리피 라우티^{Toaripi Lauti}를 찾아갔다. 그의 나이는 일흔여덟. 투발루 국민 모두가 인정하는, 사회의 원로였다. 그의 집은 바이아쿠 시내의 변두리 간선도로 옆에 있었다. 그와 아내는 문을 열어놓고 문발 뒤에서 나를 기다리고 있었다.

미군이 투발루에 진주한 해가 1943년이었다고 또렷이 기억하는 걸 보니, 할아버지 독립지도자는 아직 정정했다.

"난 당시 피지에서 공부하고 있었어. 그때 미군이 투발루에 상륙했어. 그해에 내가 고향에 돌아왔을 적에도 미군들은 스피드보트를 타고 이 섬 저 섬으로 분주하게 돌아다니더군. 타라와 섬에서 큰 전투가 벌어질 적에는 푸나푸티 사람들이 인근의 푸나팔라와 푸나마누 섬으로 소개되기도 했지."

"활주로 공사를 하려면 많은 모래가 필요했을 텐데, 언덕 하나도 없는 섬에서 그 많은 모래를 어디서 구해온 거죠?"

"그냥 맨땅을 판 거야. 육군은 참호를 만들려고 팠고, 공군은 활주로를 만드느라 팠지. 그게 보로 피츠야. 미군은 상륙하자마자 풀라카 농장을 접수했어. 풀라카는 예로부터 투발루 사람들이 일상적으로 먹던 작물이었지. 미군들은 풀라카와 코코넛 나무 들을 베고 거기에서 모래를 팠지. 미군이 보상을 해주긴 했지. 코코넛 나무 하나에 10달러. 코코넛 나무에 얼마나 많은 코코넛이 열렸는지 관심도 없었겠지만 말이야. 풀라카는 얼마에 쳐줬는지 기억이 안 나. 하지만 사람들은 달러를 받고도 쓸 곳이 없었어. 이 조그만 섬에 무슨 가게가 있겠어? 우리는 그저 배고프면 바닷물고기를 잡아먹고 목이 마르면 코코넛을 따 먹으며 자급자족하면서 살아왔을

Chapter 5_침몰하는 미래의 실낙원

뿐인데……. 어떤 사람들은 쓸데없다며 달러를 버리기도 했지. 달러는 그저 종잇조각에 불과했거든. 어떤 미군들은 빨래를 맡기고 달러를 주거나 달러 대신 담배와 통조림을 주기도 했어."

보로 피츠는 투발루에서 '빌린 구덩이' borrowed pits 라고도 불린다. 미군들이 땅을 잠깐 빌리자면서 흙을 퍼갔기 때문이다.

제2차 세계대전이 끝났다. 미군은 구덩이를 파놓고 떠났다. 그런데 이상한 일이 벌어졌다. 구덩이 아래에서 온천이 샘솟듯 바닷물이 분출하기 시작한 것이다. 지하수가 없고 지반이 약한 산호섬이었으니, 미군들도 필경 이런 부작용을 예상했으리라. 그 뒤 미군이 파낸 구덩이의 수만큼 투발루에는 작은 연못이 생겨났다. 그게 바로 보로 피츠다.

"미군들은 섬에 상처를 냈어. 섬의 일부를 떼어간 거야."

일흔이 넘는 나이에도 라우티의 목소리는 또렷했다. 그는 유창한 영어로 결론을 내리듯 말했다.

"우리는 담배와 술, 통조림에 길들었고, 전통 생활양식은 점점 사라져갔지. 지금 우리는 풀라카를 먹지 않아. 그건 축제 때나 먹는 음식이지. 외국에서 수입한 쌀이 우리의 주식이야."

라우티는 벽에 붙어 있는 액자들을 가리켰다. 아내와 함께 세계 각지를 여행하면서 찍은 사진들이었다. 그는 투발루 독립정부의 초대 총리에 이어 여러 차례 각료를 역임했기 때문에 여러 나라를 방문할 기회가 많았다. 그는 액자 하나를 가리키며 "젊었을 때 영국의 엘리자베스 여왕과 함께 찍은 사진"이라고 자랑했다. 한국에도 온 적이 있다고 했다.

라우티는 투발루의 근현대사를 증명하는 엘리트였다. 그는 1997년에 교토 협약 회의에 나가 연설한 적도 있었다. 아마도 국제회의에서 나가 '환경정의'를 외친 투발루 지도자 1세대일 것이다. 그의 주장은 정치적으로 간명했다.

"투발루 수상이 1997년에 교토 협약 특사로 나를 파견했지. 나는 거기에서 투발루가 겪고 있는 변화에 대해서 연설했어. 그때 처음으로 그 분야에서 저명한 인사들과 과학자들을 만났지. 그리고 그 원인을 알게 됐어. 특히 피지 사우스퍼시픽 대학University of South Pacific의 패트릭 넌Patrick Nunn 교수에게 자세한 설명을 들었어. 그 전까지만 해도 나의 조국이 왜 변화를 겪고 있는지 알 수 없었기 때문에 그 이유가 궁금했거든. 그때 문제의 원인과 처방을 알게 된 거야. 하지만 강대국의 오만불손한 태도를 느끼곤 실망할 수밖에 없었지. 심지어 우리와 협력하던 오스트레일리아까지 온실가스 감축에 소극적이었어. 그들에게 우리는 아주 작은 나라에 불과하며 지구 온난화 문제를 풀 능력도 여력도 없다고 말했지. 하지만 미국과 오스트레일리아 같은 강대국들은 그때부터 지금까지 우리를 실망시키고 있어. 그때 느낀 실망이 여태 이어질 줄이야."

라우티의 이야기는 미래의 구상으로 이어졌다. 그의 머릿속에는 원인과 결과 그리고 처방의 순서도가 이미 그려진 것처럼 보였다.

"우리는 새 섬을 찾아야 해. 기후 변화에 준비해야 하지. 우리 섬의 최고 높이는 4미터가 채 되지 않아. 피지나 사모아 같은 다른 섬들은 언덕도 있고 산도 있지만, 투발루는 최고점에까지 바닷물이 밀려들어올 지경이야. 지금은 우리가 새 이주처를 두고 다른 나라들과 협상할 시점이야. 활주로? 재난이 몰려오면 사람들이 모여 있을 곳이 못 돼. 해수면이 높아지는

데 여기서 계속 산다는 건……."

"모든 사람이 해수면 상승을 절박하게 받아들이는 것 같지는 않은데요."

"섬이 가라앉지 않을 거라고 말하는 사람들도 있어. 거의가 기독교 신자들이지. 그 사람들(투발루 국민의 97퍼센트는 기독교로, 상당수가 독실한 신자들이다)은 성경을 들고 우리 섬이 사라지지 않을 거라고 말하고 다녀. 노아의 방주 사건 뒤에 하나님이 무지개를 보여주면서 다시는 이런 일이 없을 거라고 말씀하셨으니까. 하지만 그 사람들은 정말로 우리 섬이 어떤 위기에 처했는지 실감하지 못하고 있어. 어느 날 쓰나미가 닥쳐서 단숨에 우리를 삼켜버릴지도 모르는데……. 내가 보기엔 생각할 겨를조차 없어. 기후는 너무 빨리 변하고 있어."

라우티는 자신의 이야기에 도취된 듯 쉼 없이 말을 이어갔다.

"뉴질랜드나 오스트레일리아가 있지. 오스트레일리아는 이주를 받아들이지 않았어. 그들은 백호주의 정책을 펴잖아. 난 오스트레일리아가 이주지로 적당하지 않다고 생각해. 뉴질랜드? 내가 뉴질랜드에서 학교를 다녔는데, 괜찮은 곳이야. 나는 뉴질랜드를 좋아해. 뉴질랜드는 소수인종에게도 공평한 기회를 주는 편이지. 문제는 뉴질랜드의 기후야. 너무 춥거든. 그래도 뉴질랜드가 좋지. 우리 노동자들의 불법체류 문제가 시끄럽지만, 여전히 뉴질랜드는 좋은 이주처라고 생각해."

"하지만 뉴질랜드가 받아줄까요?"

"사람들은 나에게 어딜 가고 싶으냐고 묻지. 우리와 기후가 비슷하고 큰 시장에 근접한 지역이 좋다고 생각해. 괌이나 오키나와, 타이완 근처의 섬이 적당하지 않을까. 하지만 한편으로 우리는 이 섬을 지켜야 해. 우리는 이 섬에서 나고 자랐어. 이 섬이 무슨 일을 당하든지 간에 우리는 이 섬을 지키려고 노력해야 해. 지금 뉴욕의 유엔 본부에 대사를 파견해 외교적으로 노력하는 것처럼 말이지. 무엇보다 우리는 투발루라는 나라를 지켜야 해. 이주를 하더라도 나라는 지켜야지."

투발루의 20세기를 영국과 미국이 차례로 휩쓸고 간 뒤, 작은 섬나라에 남은 것은 서구화된 식생활과 콜라나 스프라이트 같은 캔 음료 그리고 보로 피츠다. 또 있다면 지구온난화가 일으키는 근원 모를 불안감과 불안을 해결하는 각기 다른 방식일 것이다. 보로 피츠에서는 지금도 바닷물이 솟아오른다. 매달 사리가 되면, 바닷물은 작은 섬을 삼킬 듯 덮친다. 돌아오는 일요일, 그러니까 사리까지 이제 나흘 남았다.

스쿠터를 타고 바이아쿠 시내 남쪽의 변두리로 내려갔다. 산발성 폭격의 흔적처럼 보로 피츠가 산재한 곳이다. 아이들 서넛이 바닷가로 밀려오는 파도 앞에서 담력을 겨뤘다. 파도가 들어오면 육지 쪽으로 도망 오고, 파도가 빠지면 바다를 쫓아갔다. 아버지처럼 보이는 사람이 해먹에 누워 아이들을 지켜봤다. 마흔다섯 살 된 아버지 바야쿠아 파팅아^{Vayakua Patinga}였다.

"영어를 잘하시네요?"

"외항선을 탔거든요. 지금은 지구를 한 바퀴 돈 다음에 휴가를 내고 돌아왔어요. 아, 참! 지난해 부산에도 갔다온 걸요."

투발루의 주요 수입은 외항선원들이 보내는 송금이다. 투발루에는 태평양에서 알아주는 선원학교가 있다. 푸나푸티에서 지척인 아마투크^{Amatuk} 섬 전체가 선원학교인데, 투발루 남자들의 상당수가 고등학교를 졸업하고 아마투크 선원학교에 진학한다. 선원학교를 졸업하면 외항선을 탄다. 투발루 남자들이 부산, 울산, 인천의 네온사인이 찬란한 시내에 대해 이야기하고, 여자들이 배용준이 나오는 한국 드라마를 즐겨보는 '이상한 상황'이 이해가 갔다. 나는 말을 이었다.

"투발루가 곧 사라질 거라고 하던데……"

"언론에서 그렇게 떠들긴 하던데……, 모르겠어요."

잠시 침묵하던 그가 다시 말을 이었다.

"테푸카 사빌리빌리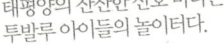 섬은 이미 사라졌지요."

테푸카 사빌리빌리는 푸나푸티 앞바다에 있는 섬이다. 아니, '섬이었다'라고 말하는 게 정확할 것이다. 사람들은 예전에는 푸나푸티에서도 코코넛 나무가 숲을 이룬 그 섬이 보였다고 했다. 그런데 테푸카 사빌리빌리는, 정말로 하룻밤 사이에 없어졌다. 어느 날 밤 사이클론이 푸나푸티를 집어삼킬 듯 몰아쳤고, 장대비를 피해 집 안에 있던 주민들이 다음 날 아침에 밖으로 나와보니 눈앞에 보이던 섬이 없어졌다. 그 섬이 테푸카 사빌리빌리였다.

"나는 외항선을 타면서 2005년에 아시아 쓰나미 현장을 직접 보고 사진도 찍었지요. 사실 그 때문에 나의 조국에 언젠가 재앙이 닥치면 그런 모

태평양의 잔잔한 산호 바다는 투발루 아이들의 놀이터다.

습일 거라는 생각도 했어요. 사리일 때 폭풍이 몰아치면 우리는 끝장이에요. 오후 5시가 되면 밀물이고, 점점 보름달에 가까워지죠. 사리가 되고 밀물이 밀려오면 어떻게 될지 모르죠. 나는 선원이라 달빛에 민감해요. 달이 찰수록 바다의 성질도 바뀌죠."

파팅아는 지난주에 기나긴 세계일주에서 돌아왔다고 했다. 지난 일주일 동안 집들이를 하느라 바빴다고 했다. 그의 집은 보로 피츠에서 약간 떨어진 해안가에 서 있었다. 파팅아는 2000년에 직접 집을 지었다. 깔끔한 이층 목조 주택이었지만, 폭풍이 불면 한번에 날아갈 것처럼 보였다. 그나마 그는 투발루에서 풍족한 편에 속했다. 4,500달러 월급에 야간근로 등 각종 수당을 합치면 한 달에 1,000달러를 벌었으니까.

"에이전트에서 불러야 다시 외항선에 오를 수 있어요. 지금은 투발루에서 버틸 만한 일자리를 알아보는 중이에요."

"이민 갈 생각은 없으신가요?"

"나와 아내는 뉴질랜드로 이민가고 싶어요. 정말 고대하고 있죠. 하지만 아버지가 사는 한 이곳을 떠날 수는 없어요. 나만 느끼는 문제는 아닐 거예요. 투발루인들의 관념이 그래요. 투발루 문화에서 빠져나와 나 혼자 살 수 없죠. 명절이 되면 가족과 친척이 다 모여야 하고, 돈을 벌어도 함께 나누는 관습이 있어요. 뉴질랜드에 친척이 있긴 해요. 나를 초청하겠다고 했지만, 아버지를 떠나고 싶진 않아요. 아버지가 돌아가시고 나면 그때 떠날 거예요. 아버지는 누크페타우Nukfetau 섬에 살아요. 아직도 전통적인 삶을 살고 있는 곳이죠."

투발루 사람들은 과거와 미래 사이에서 혼돈스러워했다. 파팅아는 누크

페타우에서 외로이 사는 아버지를 생각하면 과거가 떠올랐고, 물장구 치는 아이들을 보면 미래가 아득해졌다. 과거는 남태평양의 안온한 낙원이었고, 미래는 아틀란티스처럼 사라져버릴 실낙원이었다.

스쿠터를 타고 바이아쿠 시내 북쪽의 변두리로 올라갔다. 보로 피츠는 달 표면의 분화구처럼 불쑥불쑥 나타났다가 사라졌다. 보로 피츠 위로는 마치 수상가옥처럼 판잣집들이 얼기설기 지어져 있었다.

사람들은 테무키사 마우마우Temukisa MauMau의 집을 찾아보라고 했다. 테무키사 마우마우가 홍수가 날 때마다 자기 집 기둥에 최고 수위를 표시해두었다는 것이다.

그녀의 집은 보로 피츠에 걸쳐져 있었다. 쓰레기장이 되어버린 연못 위로 대여섯 개의 시멘트 기둥을 심고 그 위에 이층집을 세운, 원두막 같은 구조였다. 마우마우를 불러도 아무 대답이 없자, 나는 이층으로 올라갔다. 그녀는 기자임을 금방 알아채고 의자를 내밀었다. 마치 기자를 맞이하는 게 그녀의 임무인 듯.

"1층은 더는 안전하지 않아요. 밀물 때 물이 마루까지 들어와요. 10년 전만 해도 이런 일이 없었는데……. 지난해에는 1층 거실의 가재도구가 죄다 물에 잠겨서 치우느라 한참 고생했죠."

마우마우는 내 손을 잡더니, 1층으로 끌고 내려갔다. 1층의 마루는 난간 없이 바깥으로 열려 있었고(투발루의 집들은 더운 날씨 때문에 벽 없이 밖으로 열려 있는 구조다) 마루 옆의 담은 허물어져 있었다. 허물어진 담을 떠받치는 기둥으로 내려가더니, 마우마우가 말했다.

"건축가인 남편이 표시를 해뒀어요. 지난해에는 여기까지 올라왔어요.

해마다 수위가 올라가죠. 그래서 작년에 물난리를 겪고 남편이 1층 담장의 벽돌을 더 높게 쌓았어요."

그래 봤자 새로 쌓은 벽돌의 높이는 20센티미터도 안 돼 보였다. 몇 년이 지나면 보로 피즈에서 샘솟은 바닷물이 저 벽돌을 타고 넘어올지 모른다.

마우마우는 '정말로'라는 단어를 두 번씩이나 써가며, "날씨가 정말로 정말로 변했다"라고 몇 번을 말했다.

"재작년부터 오스트레일리아에 이민신청서를 내고 있어요. 하지만 정부 정책상 45세 이상은 잘 받아주지 않는다고 하더군요. 스물다섯 살 된 아들이 살긴 하는데, 녀석이 초청을 해도 허가가 안 나와요. 초청자에게 자식이 네 명 있어야 그 부모의 이민이 허락된다고 하더군요. 녀석은 아직 신혼이거든요."

하지만 마우마우는 타고난 낙관주의자인 듯했다. 그녀는 슬픈 표정을 지우고 이내 익살스러운 표정을 짓더니 이렇게 말했다.

"I'm stuck in Tuvalu.' (투발루에 갇혀버렸어요.)

▶해수면 상승이 없다고 말하는 사람은 누구인가

테푸카 사빌리빌리 섬에 가보기로 했다. 사이클론의 습격을 받은 테푸카 사빌리빌리는 푸나푸티의 시야에서 사라졌다. 푸나푸티를 반달 모양으로 둘러싼 산호섬 가운데 어디쯤에 있을 것이다.

조그만 보트를 하나 빌려 호텔 뒤편 부두교로 나갔다. 사리가 이틀밖에 남지 않았기 때문인지, 푸나푸티 초호^{lagoon}(산호초로 인해 섬 둘레에 바닷물이 얕게 괸 곳)의 바닷물은 불룩하게 솟은 듯했다. 사리가 가까워질수록 달은 푸나푸티의 파란 물을 끌어당긴다. 초호는 볼록렌즈처럼 부풀다가 사리 날 해 질 녘 만조에 이르면, 볼록렌즈처럼 부푼 바닷물을 펑 터뜨려서 푸나푸티 섬을 침공하고 만다.

초호를 빠져나가니 파도가 거칠어졌다. 보트는 자갈밭을 달리는 트럭처럼 휘청거렸다. 보트 키를 쥔 선장이 속력을 늦추며 말했다.

"저 섬이 테푸카 사빌리빌리예요."

몸의 중심을 잡고 일어나 한참을 두리번거렸지만, 섬이 보이지 않았다. 선장이 시동을 껐다. 보트는 관성으로 나아갔고, 이내 하얀 산호초가 바로 밑에 다가와 있었다. 테푸카 사빌리빌리가 어느새 눈앞에 나타나 기다리고 있었다. 그것은 바다 한가운데에 살짝 등을 내민 고래처럼 아슬아슬하게 솟아 있었다. 아니 솟아 있다기보다 살짝 드러나 있다는 표현이 옳을 것이다.

나는 보트에서 훌쩍 뛰어내린 뒤, 산호 위를 걸어 이 작은 섬에 올라갔다. 섬은 100평짜리 산호더미에 불과했다. 밀물이 들거나 큰 비가 쏟아지면 섬의 흔적조차 없어질 것 같았다. 하얀 산호더미 위에 파도에 실려온 페트병과 석면 조각, 존슨즈베이비로션 통이 흩어져 있었다. 몇 개 남은 야자수 그루터기가 한때 이곳이 섬이었음을 말해주었는데, 이마저도 거친 물살에 파여 생명력이 없어 보였다.

"폭풍이 친 게 아마 1997년이었을 거예요. 그때도 무인도였긴 하지만, 이 섬이 하룻밤 사이에 없어진 건 푸나푸티 사람들에게 커다란 정신적 충격이었죠."

보트의 닻을 산호초 사이에 고정시키며 선장이 말했다. 그는 심드렁한 표정을 지으며 보트 난간에 걸터앉았다. 나는 이 '사라진 섬'의 동쪽에서 서쪽으로, 남쪽에서 북쪽으로 분주히 오갔다. 마치 바다에 갇힌 한 평의 감옥 안에서 종종걸음을 치는 것과 같았는데, 선장은 이런 나를 흥미로울 것 없다는 태도로 바라봤다.

섬에는 정말 아무것도 없었다. 걸터앉을 바위조차, 등을 기댈 야자수조차 없었다. 유일하게 발견한 건 어디선가 쓸려 내려온 코코넛 열매였다. 코코넛 열매는 그새 산호더미 위에서 싹을 틔웠다.

"이 코코넛 싹이 나무로 자랄 수 있을까요?"

선장은 나를 보고 씩 웃더니 시동을 켰다.

기후변화정부간위원회는 투발루의 위기를 다가올 현실로 인정한다. 특히 기후변화정부간위원회가 2007년에 제4차 보고서를 냄으로써 '해수면 상승은 없다'는 온난화 회의론자들의 주장은 더욱 힘이 빠졌다. 논쟁의 초점은 '지구온난화는 있다, 없다' 혹은 '해수면 상승은 있다, 없다'에서 '온실가스 감축비용과 감축효과를 고려했을 때, 온실가스를 어떤 수준으로 줄이는 게 최적인가?'로 바뀌었다.[26]

해수면 상승은 온난화와 일치하여 일어나고 있다. 지구 평균 해수면은 1961년 이후 연평균 1.8밀리미터, 1993년 이후 3.2밀리미터 상승했으며, 이는 열팽창과 빙하, 빙모ice cap 및 극지방 빙상의 융해에 의한 것이다. 1993년에서 2003년 사이의 급속한 상승률이 단순히 10년 동안만의 변동인지 더 장

▶ 21세기 말 지구 온도와 해수면 상승

시나리오 (이산화탄소 농도)	온도 상승(°C)		해수면 상승(미터)
	최적의 추정치	예상 범위	미래 빙하류(ice flow)의 급격한 역학적 변화를 배제한 모델에 근거한 범위
2000년 농도 유지	0.6	0.3-0.9	NA(Not Available)
B1 (600PPM)	1.8	1.1-2.9	0.18-0.38
A1T (700PPM)	2.4	1.4-3.8	0.20-0.45
B2 (800PPM)	2.4	1.7-4.4	0.20-0.43
A1B (850PPM)	2.8	2.0-5.4	0.21-0.48
A2 (1250PPM)	3.4	2.0-5.4	0.23-0.51
A1FI (1150PPM)	4.0	2.4-6.4	0.26-0.59

- 온도와 해수면 상승치는 1980~1999년 대비 2090~2099년에 오를 것으로 예상되는 수치다.
- 시나리오는 IPCC 제4차 보고서가 사용한 SRES 6개 시나리오에 따른 것이다. SERS 시나리오에 대해서는 주 28 참고.

출처 : IPCC 제4차 보고서

기적 추세의 증가를 반영하는지는 불분명하다.[27]

해수면 상승은 21세기에도 계속될 것이다. 인간이 문명을 '올 스톱' 하지 않는 한 바닷물은 점점 차오른다. 기후변화정부간위원회는 온실가스 배출량에 따라 여섯 개의 시나리오[28]로 나눠 이번 세기말의 해수면 상승치를 예상했다. 여섯 개 시나리오는 각각 B1, A1T, B2, A1B, A2, A1FI인데, 각각의 이산화탄소 농도는 600, 700, 800, 850, 1,250, 1,550피피엠이다. 현재의 이산화탄소 농도의 네 배가 되는 사회, 즉 현재처럼 온난화의 심각성을 무시하고 화석연료에만 의존하는 상황이 계속될 경우 직면할 가장 비관적인 시나리오 A1FI에서 해수면은 최대 0.59미터 상승한다. 지표면 온도가 약 4도 상승했을 때다.

투발루 기상청은 활주로 건너편에 있었다. 유엔 회원국 가운데 전체 공무원 대비 기상청 직원 비율이 가장 많은 나라가 아마도 투발루일 것이다. 활주로 옆에 단출하게 세워진 1층짜리 기상청에 열여섯 명이 일한다.

기상청 사무실에 들어가자 액자에 걸린 사진이 눈에 띄었다. 마치 홍수 피해를 입은 우리나라 도시의 전형적인 풍경처럼 물에 잠긴 거리의 모습이 담겨 있었다. 테무키사 마우마우의 집 거실까지 물이 들어왔다던 지난해 2월, 바로 그날이었다. 사진에 찍힌 장소는 바로 기상청 앞마당이었다. 물에 잠긴 백엽상 옆에 기상청 직원들이 일렬로 서서 포즈를 취했다. 타발라 카티Tavala Katie 기상청장 직무대행이 사진 앞에 멈춰 선 내게 다가와 말했다.

"지난해 2월에 기념사진으로 찍어둔 거예요. 폭풍이 친 것도 장대비가 내린 것도 아니었죠. 킹 타이드King tide예요. 투발루 관측사상 최고치인 3.48미터까지 해수면이 상승했죠."

그러고 보니 이 사진을 본 적이 있었다. 한국에서 투발루 기상청 홈페이지에 들어갔을 때 이 사진이 걸려 있었다. 그리고 사진 밑에는 다음과 같은 문장이 적혀 있었다.

"해수면 상승이 없다고 말하는 사람은 도대체 누구란 말인가?"

투발루 기상청 직원들은 바이아쿠 라기 호텔 뒤편의 부두교를 '메인 워프'Main Wharf라고 불렀다. 내가 매일 눈짐작으로 그날의 만조 수위를 확인하던 곳이다. 메인 워프 옆에는 오스트레일리아 기상청이 설치한 조수 측정기가 있다. 이 기계는 남태평양 해수면 높이 및 기후 모니터링 프로젝트의 일환으로 투발루 기상청과 오스트레일리아 국립조수센터로 해수면 높이를 실시간으로 전송한다.

"언젠가부터 투발루 사람들은 킹 타이드가 치는 것에 대해 민감해졌죠. 그러다 보니 음력을 쇠는 거죠. 14일마다 달은 그믐이 되었다가 보름이 되잖아요. 주로 1월부터 3월 사이의 하루 중에 밀물이 들어오는 시간, 특히 태양과 달, 지구가 일직선상으로 서게 되는 그믐과 보름의 사리 날에 킹 타이드가 발생하면 심각해지죠. 그때는 바닷물이 육지까지 들어와요."

"돌아오는 일요일이 사리죠?"

"네. 우리는 매일 만조 예상치를 라디오 방송과 신문에 내보내요. 일요일 사리 땐 바닷물이 해발 2.93미터까지 차오를 거예요. 음……, 만조 시간은 오후 5시 26분이네요. 일반적으로 바닷물 높이가 3미터를 넘으면 섬이 범람하죠. 지난달 18일에는 3.11미터였어요. 작은 물난리로 소동을 벌였죠. 그게 올해 최고치였는데, 다음 다음 사리에 아마 최고치가 경신될 거예요. 3.21미터가 나오는군요."

투발루의 해발고도는 3미터 안팎이다. 가장 높은 지점인 활주로 옆 둑이 3.7미터. 가시적인 변화는 봄마다 찾아오는 서너 차례의 홍수였지만, 물난리만이 문제가 아니다. 14일마다 반복되는 바닷물의 융기가 섬의 생태계를 변화시키고 있다고 기상청장은 말했다.

"소금기가 많은 물에 땅이 젖으니까 풀라카 같은 농작물이 흉년이 들기 일쑤죠. 지금은 지하수를 거의 구할 수 없어요. 지하수가 나오더라도 짜서 먹을 수 없고. 이게 또 하나의 사실이에요."

사리는 하루 남았다. 호텔 베란다에서 보이는 메인 워프로 상승하는 바닷물은 점점 더 위용을 더해갔다. 풀라카 농장에 천천히 물이 고이기 시작했다. 물 밑에서 거품이 피어올랐다. 바닷물이 아래에서 올라오는 신호였다.

지구온난화 회의론자들이 투발루를 공격하는 이유는 바로 투발루가 환경착취체제라는 점이다. 그건 투발루뿐만 아니라 남태평양의 작은 섬나라가 공동으로 직면한 문제다.[29] 영토는 작고 자원은 유한한 반면, 국민은 현대 문명의 모든 것을 누리는 데 익숙해져 있다. 텔레비전과 냉장고를 집 안에 들이고, 에어컨을 틀고, 캔 음료를 마시고, 자동차를 타고 다녀야 한다. 이미 현대 문명의 편리가 몸에 익었으므로, 예전처럼 하루치 식량을 초호에서 조달하고 코코넛 열매로 갈증을 식히고 낮잠으로 더위를 피하는 식의 생활은 불가능하다.

하지만 편리를 받아들인 대가는 가혹하다. 푸나푸티 섬에 캔과 플라스틱 등 일회용품과 각종 고철 쓰레기가 쌓이기 시작했다. 공장 하나 없는

일요일 저녁의 푸나푸티 거리. 저녁 예배를 알리는 교회의 종소리를 따라 한 아주머니가 걷고 있다.

투발루에서 이런 쓰레기들은 모두 외부에서 수입한 것들이다. 하지만 쓰레기 처리장을 만들 정도로 투발루의 땅은 넉넉지 않다. 쓰레기가 보로 피츠를 비롯해 섬 여기저기를 채우기 시작했다.

현대 문명을 영위하기 위해서는 화석연료가 필요하다. 기름 한 방울 나지 않고 수력 발전소를 지을 하천도 없으므로, 투발루는 해외에서 석유를 수입해 디젤 발전소를 돌린다. 자신의 땅의 자원을 이용해 편익을 도모하고, 남은 쓰레기를 자신의 땅에서 처리하는 순환 시스템이 투발루에서는 애초부터 불가능한 건지 모른다. 하지만 그렇다고 투발루가 문명의 이기를 포기해야 한단 말인가.

투발루에게 다짜고짜 화석연료량을 줄이고 청정환경체제로 이행하라고 하는 건 정치적으로 올바르지 못하다. 투발루에 해수면 상승의 위기를 제공한 건 구미 선진국들이다. 이 나라들이 지구를 우주의 작은 온실로 만들었다. 불과 100년 전까지 내연기관이 뭔지 모르던 투발루 사람들이 만든 게 아니다. 2004년의 국제에너지기구 자료를 보면, 미국은 1인당 연간 이산화탄소 배출량이 19.73톤, 오스트레일리아는 17.53톤, 한국은 9.61톤, 뉴질랜드는 8.04톤이다. 반면 투발루 국민의 1인당 이산화탄소 배출량은 0.46톤(유엔기후변화협약 1996년 자료)에 불과하다.

▶재생에너지를 통해 미래를 꿈꾸다

나는 정부종합청사에 찾아갔다. 투발루 정부가 화석연료를 점차 줄이고 재생에너지 사용을 늘이기 위한 에너지 전환 정책을 추진한다는 이야기를 들었기 때문이다. 지구온난화 회의론자들로부터 환경착취체제라고 비난받는 투발루 정부가 이들에게 자신의 순수함을 증명하는 행동으로 보였다. 에너지부의 몰리피 타우시Molipi Tausi 에너지 계획 담당관이 나를 맞아주었다.

"투발루에선 재생에너지가 그리 보편화되어 있지 않아요. 다른 태평양 섬나라도 마찬가지겠지만……. 우리가 재생에너지 확대를 추진하는 이유는 투발루가 고유가에 고통 받기 때문이에요. 투발루 정부는 대행사를 통해서 석유를 일괄 구매하죠. 운송비 때문에 훨씬 비싼 값을 지급해야 돼요. 비피에서 전량을 사는데, 1리터에 1.50달러예요. 그게 도매가죠. 국민들이 주유소에서 사는 석유는 리터당 1.60달러예요."

재생에너지는 투발루에게 환경정의의 문제가 아니라 경제적인 문제였다. 별다른 소득원이 없는 투발루로서는 자급자족적인 에너지 구조가 절실하다. 그러기 위해서 재생에너지는 어쩔 수 없는 선택이기도 하다.

"그럼 어떤 재생에너지가 쓰이죠?"

"대표적인 게 태양열에너지죠. 지금은 개인주택 등 민간에서만 사용해요. 하지만 전체 에너지 사용량 중 차지하는 비율은……, 어디 보자, 4퍼센트에 지나지 않는군요. 나머지 96퍼센트는 석유예요. 투발루 여덟 개 섬에 각각 디젤 발전소가 있죠. 하지만 재생에너지 비중이 점차 늘어날 거예요. 유럽연합에서 기금을 받아 재생에너지 사용량을 늘이는 프로젝트를 추진 중이거든요. 1,300만 오스트레일리안달러가 집행되는 거대한 계획이죠."

투발루는 태양에너지를 주요 에너지원으로 바꿀 계획이다. 또한 보로 피츠를 정화하기 위해 보로 피츠의 썩은 물을 빼내는 계획을 세우고 유럽 연합으로부터 도움을 기다리고 있다고 에너지 계획 담당관은 덧붙였다.

그날 오후, 나는 선원학교가 있는 아마투크 섬으로 가는 배를 탔다. 며칠 뒤에 가동을 시작할, 투발루 최초의 바이오가스 다이제스터 Biogas Digester를 보고 싶어서였다.

아마투크 섬은 0.1제곱킬로미터밖에 되지 않는 작은 섬이었다. 여기에 거주하는 사람은 교사와 학생 60명이 전부다. 목재로 지은 교사와 배구장 그리고 식당 등 대여섯 채의 건물이 오밀조밀하게 섬을 채웠다. 현재 섬은 디젤 발전소에 기대어 유지되고 있었다. 디젤 발전소가 설치된 건물 안에 킴 타네이 Kim Tanei라는 마흔 살 되는 기술자가 땀을 흘리며 앉아 있었다.

"디젤 발전기가 총 석 대지요. 석 대가 교대로 60명을 먹여 살리는 거예요. 기름값이 비싸서 종일 가동하진 않아요. 하루 여덟 시간만 이렇게 시끄러운 소리를 참으면 된다니요. 기름은 하루에 60리터가 필요해요."

디젤 발전기를 대체할 바이오가스 다이제스터는 이미 아마투크 섬에 들어와 있었다. 얼마 전에 피지를 출발한 부속장비만 받아 결합시키기만 하면 된다. 바이오가스 다이제스터는 돼지 막사에서 나온 분뇨를 선원학교의 주방연료로 전환시킬 것이었다. '작은 것이 아름답다' Small is beautiful, SIB로 불리는 이 사업은 프랑스 환경단체인 '알로파 투발루' Alofa Tuvalu 30가 주도하고 있었다. 아마투크를 시작으로 바이오가스 다이제스터와 바이오디젤 발전소를 투발루 곳곳에 설치하고, 주민들을 상대로 운영교육을 실시하는 게 사업의 주요 내용이었다. 푸나푸티 섬에서 몇 척의 배를 가지고

아마투크 섬의 선원학교 학생들은 전 세계 외항선원으로 취직한다. 투발루 경제를 이끌어가는 버팀목이다. ⓒ류우종

운송업을 하는 애티 에셀라^{Ati Esella}가 이 사업의 현지 코디네이터였다.
"내가 여기서 시페리^{Sea Ferry}를 운영하다 보니 프랑스 단체 사람들과 친해졌어요. 그래서 나도 '작은 것이 아름답다' 사업에 참여하게 된 거죠. 아마투크 섬 계획은 일종의 파일럿 프로젝트죠. 이 사업이 성공해야 유럽연합의 기금을 받고 시작하는 재생에너지 프로젝트도 순탄하게 진행될 거예요."

하지만 돼지 분뇨로 만드는 에너지의 양은 제한적일 게 분명했다. 엄격한 규율 아래 60명이 사는 아마투크 섬에서는 무난하게 에너지 조절에 성

공하겠지만, 다른 지역에서 이런 형식의 친환경 발전소가 대규모 전력 수요를 감당할 수 있을지는 확신이 서지 않았다. 투발루 정부는 분뇨를 이용한 바이오 다이제스터가 아마투크 섬에서 성공하면, 투발루의 다른 섬에서 바이오디젤 발전소로 확산하는 비전을 가지고 있었다.

"그건 코코넛에 달려 있어요. 분뇨만으로는 부족하니까 다음 바이오디젤 발전소는 코코넛을 넣어 전기를 생산한다는 계획인데……, 바이오디젤이 대세가 되면 코코넛이 모자랄지도 모르죠. 나도 코코넛을 팔아본 적이 있는데, 이런 종류의 경험은 없지만, 아마도 잘될 거예요. 연료값이 저렴해지고 사람들의 생활도 약간이나마 나아지겠죠."

며칠 전에 만난 포니 파바에Pony Pabaae 국립적응행동계획National Adatation Plan of Action Department 소장 바이오 발전소의 역설을 우려했다. 유럽의 바이오디젤 대중화가 남아메리카의 팜파스를 옥수수밭으로 대량 개조하며 다른 차원의 환경 파괴 논란을 불러온 것과 같은 맥락이었다.

"바이오가스 다이제스터를 사용하려면 돼지가 많아야 하는 문제가 있죠. 그렇다고 돼지 사육 두수를 무작정 늘리는 데에도 한계가 있고……."

여하튼 서구 언론은 투발루가 조국을 포기했다고 호들갑을 떨지만, 이 작은 섬나라에서 지속가능한 발전을 꿈꾸는 사람이 많다는 사실은 약간 의외였다. 어차피 가라앉을 섬인데, 그럼 이들의 꿈은 망상이란 말인가. 투발루에서 다른 미래가 가능한 것인가.

투발루의 평균 해수면 상승률은 연간 6.0밀리미터다. 1993년에서 2007년 사이에 측정된 이 추이가 그대로 지속된다면 10년 뒤에는 6센티미터가 높아질 것이고, 50년 뒤엔 30센티미터, 100년 뒤에 60센티미터(기후변화정

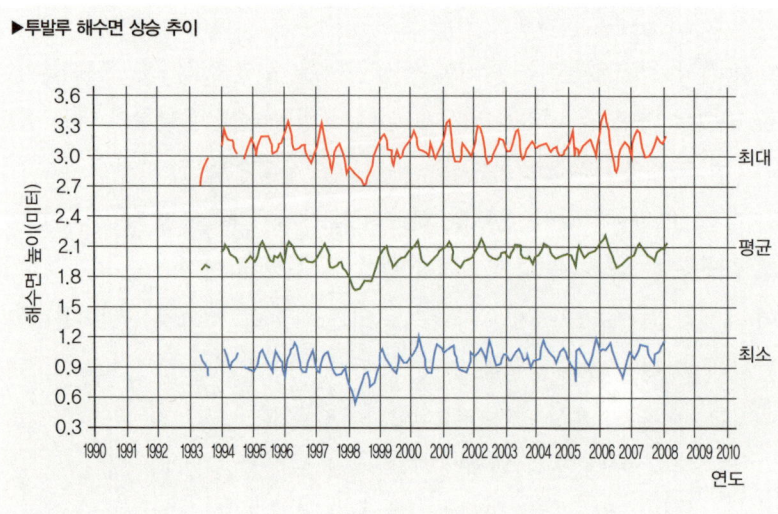
▶투발루 해수면 상승 추이

부간위원회의 가장 비관적인 시나리오 A1FI의 최대 상승치 59센티미터와 비슷하다.) 가 높아질 테다.

  하지만, 더욱 중요한 것은 해수면의 평균 높이가 아니라 해수면의 최고 높이다. 오른손을 뜨거운 난로 위에 얹고 왼손을 얼음 위에 올려놓은 뒤 평균 온도를 재고 아무 이상이 없다고 말하는 게 통계의 장난인 것처럼, 투발루 주민들에게 중요한 것은 해수면의 평균 높이가 아니라 해가 거듭될수록 경신되는 해수면의 최고 높이다. 아쉽게도 해수면 최고치의 상승률에 관한 통계는 없지만, 2006년 기록된 해수면 최고치 3.48미터에 100년 뒤 상승치인 60센티미터를 더하면 해수면 높이는 4미터를 넘게 된다. 정말로 투발루가 잠기는 상황에 이르는 것이다.

Chapter 5_ 침몰하는 미래의 실낙원

일요일 아침, 날이 밝았다. 섬은 태평양처럼 고요해졌다. 신심 깊은 투발루 사람들은 정장을 차려 입고 교회로 걸어갔다. 여자들은 하얀 드레스를 입고, 남자들은 술루Sulu에 하얀 와이셔츠 그리고 원색의 넥타이를 맸다. 교회 근처의 도로는 통제됐다. 정적을 찢는 오토바이 모터 소리마저 아스라해졌다.

오후가 되면서 섬이 조용히 변하기 시작했다. 활주로 주변 잔디밭에는 군데군데 물이 고이기 시작했다. 풀라카 농장도 질척거리는 뻘로 변했다. 흙탕물에서는 분주하게 기포가 솟아올랐다. 만조 시간인 오후 5시 26분. 변두리 보로 피츠는 겨우 몇 시간 만에 거대한 연못이 되어 있었다. 돼지막사도 닭장도 쓰레기장도 물에 잠겼다. 보로 피츠에서 차오르기 시작한 바닷물이 꼬마가 놀던 집 앞마당까지 슬며시 치고 들어왔다. 동네 공터, 배구를 하는 젊은 남녀의 발 아래로 물이 흘러들어왔다. 며칠 동안 밟고 다니던 징검다리가 사라졌다. 바닷가의 집들로 가는 길도 솟아오른 물로 끊겼다.

Chapter 6

오스트레일리아

투발루

피지

태평양

오클랜드

뉴질랜드

기후난민이 사는 법
Auckland, Newzealand
– 뉴질랜드 오클랜드

한국인에게 미국 로스앤젤레스가 '아메리칸 드림'을 상징한다면, 뉴질랜드 오클랜드는 투발루인에게 '뉴질랜드 드림'이 약속된 땅이다. 섬이 아닌 육지, 바다에 둘러싸인 감옥이 아닌 드넓은 대지가 펼쳐진 곳, 홍수가 없고 물이 무섭지 않은 곳. 오클랜드에는 2,600여 명의 투발루인들이 거주한다. 이들은 미래가 없는 아틀란티스를 빠져나온 이민자들이다.

투발루에서 만난 사람들은 하나같이 오클랜드에 사는 친척 이야기를 해 댔다. 열이면 열, 그들은 오클랜드나 시드니에 아들이나 삼촌이 살고 있으며, 조만간 자신을 초청할 것이라는 사실을 흐뭇하게 말했다. 나는 조국을 떠난 그들의 아들과 삼촌을 만나고 싶었다.

오클랜드에 가는 이유는 또 하나 있었다. 투발루를 돌아다니면서 생긴

투발루인들이 '환경 망명'하는 뉴질랜드의 자연환경은 조국과 달리 척박하지 않다.
끝없는 목초지와 마르지 않는 물과 무엇보다 그들이 염원하던 미래가 있다. ⓒ류우종

의문, 곧 '투발루 정부는 조국을 포기한다고 선언했고, 이어 오스트레일리아와 뉴질랜드에 집단 이민 신청을 했으며, 뉴질랜드 정부가 투발루 국민들을 받아들이기로 했다'라는 소문에 대한 궁금함 때문이었다. 언제부터인가 이런 극적인 이야기가 나돌기 시작하더니 요즈음은 투발루 앞에 예의 붙는 수식어가 되었다.

지구온난화를 다룬 거의 모든 다큐멘터리들에서 '조국을 포기한 나라 투발루'를 이야기한다. 망국의 설움을 안은 투발루는 지구온난화 이야기에 약방의 감초처럼 등장한다. 이제 언론인들에게 투발루는 지구온난화의 필수적인 수사가 됐다.

▶투발루인들은 조국을 포기했는가

그러나 투발루를 여행하고 나자 이런 사실에 대해 의문이 들었다. 투발루인들은 과연 조국을 포기했는가? 그리고 뉴질랜드는 투발루 국민들을 받아들였는가?

사실 해수면 상승 때문에 조국을 포기한 투발루 이야기는 조금만 깊이 생각하면 사실의 진위에 대해 의구심을 품을 만하다. 정부 관리들이 나서서 스스로 조국을 포기한다고 선언하는 게 가능한가? 정부가 조국을 포기하겠다고 공개적으로 천명하면 열심히 살아온 국민들은 뭐가 되는가? 적어도 내가 만난 투발루 정부 관리들은 그렇게 무책임한 위정자들이 아니었다. 오히려 그들은 투발루의 '거주친화적인 변환'과 '지속가능한 발전'

을 모색하고 국제사회에서 도움을 받으려고 노력했다.

투발루에서 파나파세 넬레손네Panapase Nelesone 내각 총비서를 만나 인터뷰한 적이 있었다. 나는 당시 투발루의 집단 이주 이야기를 꺼냈다.

"당신들은 어쩌면 최초의 '기후난민'climate refugee이 아닐까요? 투발루 정부가 나서서 집단 이주를 추진한다고 들었어요."

"거기에 관한 공식적인 정책은 없습니다. 그건 언론이 지나치게 선정적으로 보도한 것이에요."

"뉴질랜드 정부가 집단 이주를 허가했다면서요?"

"물론 사람들이 뉴질랜드에 가고 싶어 하는 것은 사실이에요. 하지만 뉴질랜드가 투발루 국민의 집단 이주를 허가한 적은 결단코 한 번도 없었어요. 투발루와 뉴질랜드가 주민 이주를 위한 협정을 맺었다고 하는데, 그건 잘못된 정보입니다."

"그럼 당신들은 앉아서 물 구경만 하고 있을 건가요? 현재 추세대로 해수면이 상승하면, 투발루의 최고점도 이번 세기 안에 정복당하잖아요?"

"맞아요. 어쨌든 우리가 지구온난화와 관련해 위협을 느끼고 있는 것만은 사실이죠. 정확히 말하면 미래에 다가올 생존 위협이라고 정의해야 합니다. 매우 심각한 문제죠. 투발루만의 문제가 아니라 세계 많은 나라들의 문제이기도 합니다만, 불행하게도 투발루가 선두에서 피해를 입게 됐죠. 다른 누군가가 저지르고, 우리가 그 죗값을 치르는……. 우리가 희생양이죠. 물론 가만히 있진 않아요. 물이 차오르는 보로 피츠를 메우기 위한 대안을 연구하고, 온실가스 감축을 촉구하고, 조국에 대한 원조를 호소하고 있죠. 그래서 비싼 돈을 들여 뉴욕의 유엔 본부에 대사를 파견했고요."

투발루인들이 '환경 망명지'로 선택하는 뉴질랜드의 오클랜드.
2,000명가량이 오클랜드에 산다. ⓒ류우종

투발루 주민들도 마찬가지였다. 그들은 뉴질랜드가 배부하는 이민 번호표에 대해서 누구도 이야기하지 않았다. 오히려 그들의 관심은 뉴질랜드나 오스트레일리아로 어떻게 성공적으로 이민 갈 수 있을까에 모아져 있었다. 적어도 투발루에서 나는, 뉴질랜드가 투발루를 구출하고 있지 않다는 결론은 얻을 수 있었다.[1]

투발루 푸나푸티 공항에서 피지의 수바 공항으로, 다시 뉴질랜드의 오클랜드 공항으로 향했다. 투발루 출신 뉴질랜드 이주노동자들이 고향에서 휴가를 보낸 뒤, 다시 삶의 전장으로 돌아가는 경로다. 뉴질랜드의 최대 도시 오클랜드에 도착했다. 인구 130만 명, 투발루 인구의 백 배가 사는 도시에 서니, 잠시 어지러웠다. 간만에 넓은 육지를 밟았다.

오클랜드 시내에 호텔을 잡고, 인터넷에서 지난 기사들을 검색해보았다. 적어도 한국 언론에서 보도한 바에 따르면, '투발루 조국 포기 선언'의 최초 유출구는 2001년 11월 17일에 나온 《동아일보》 등 몇몇 신문기사였다. 《동아일보》 10면에 실린 기사의 제목은 〈태평양 섬나라 투발루 '바다가 솟아올라 조국 포기합니다' 〉였다.

지구온난화의 영향으로 해수면이 상승하면서 머지않아 바닷속으로 잠길 남태평양의 투발루 군도. 매일 해수면을 바라보며 공포에 떨던 이곳 주민들이 마침내 "내년부터 섬을 떠나기 시작할 것"이라고 워싱턴 소재 환경보호단체 '지구정책연구소'가 15일 밝혔다. 연구소의 레스터 브라운 소장은 "투발루 군도 지도자들은 솟아오르는 바다와의 싸움에서 패배를 인정, 조국을 포기한다고 발표했다"고 전했다. ……투발루 지도부는 수년 전부터 호주에 주민들을 받아달라고 요청했으나 거부당했다. 대신 뉴질랜드에서 내년부터 이민 쿼터만큼 받아들이기로 하여 투발루 주민들의 '탈출'이 가능해졌다…….

외국 언론들도 이 소식을 다루고 있었다. 같은 날 오스트레일리아의 지상파 방송인 《에이비시 ABC》 뉴스[2]도 이 소식을 띄웠다. 하지만 한국 신문에 보도된 내용과는 달리 추가된 부분이 있었다.

워싱턴에 소재한 지구정책연구소의 레스터 브라운 소장은 "지구온난화로 인해 태평양의 해수면이 상승하고 있다"며, "투발루 지도자들은 차오르는 바닷물과의 싸움에서 패배를 인정하고 그들의 조국을 버리기로 했다고 발표했다"고 말했다. 그는 "뉴질랜드는 투발루 국민 1만 1,000명을 받아들이는 데 동의했으며, 이주는 2002년부터 시작된다"고 말했다. 하지만 뉴질랜드 관리는 이 같은 이주 계획에 대해 단호하게 부정했다. ……투발루 정부 내각 총비서인 시메티 로파티도 "우리는 투발루를 떠나지 않을 것"이라며, "어떤 결정도 이뤄진 바 없으며 일부 사람들이 이에 대해 과장하는 것"이라고 밝혔다.

지구정책연구소의 레스터 브라운 소장은 정력적으로 활동하는 환경운동가다. 적어도 기후 변화와 관련된 사안이라면 그에 대한 그의 발언 한마디가 곧 뉴스가 될 정도로 큰 파급력을 갖췄다. 지구정책연구소의 홈페이지에는 당시 레스터 브라운의 글[3]이 나와 있었다.

투발루 지도자들은 차오르는 바닷물과의 싸움에서 패배를 인정했다. 그리고 그들은 조국을 버릴 것이라고 발표했다. 오스트레일리아로부터는 거부당했지만, 투발루는 국민 1만1,000명을 받아달라고 뉴질랜드에 요청했고, 뉴질랜드는 거기에 동의하지 않은 상태다……

누가 옳은가? 뉴질랜드는 과연 투발루 국민을 환경난민으로 받아들일 걸까? 아니, 애초에 투발루 정부가 국토 포기를 선언하고 뉴질랜드에게 집단이주라도 요청하기는 한 걸까?

▶오클랜드의 '라디오 투발루'

오클랜드는 아름다운 도시다. 세계에서 살기 좋은 도시들을 말할 때 오클랜드는 캐나다의 밴쿠버, 스위스의 취리히 같은 도시들과 어깨를 나란히 하며 상위권에 꼽힌다. 아름다운 바다와 연중 온화한 날씨 그리고 유

오클랜드 근교의 목장. ⓒ류우종

럽, 미국에 비해 저렴한 생활비가 살기 좋은 이유다. 오클랜드 시내에서는 부리부리한 눈에 얼굴이 검게 탄 남태평양 이주민들을 쉽게 볼 수 있다. 아프리카 사람들은 유럽으로 이동하고 남태평양 사람들은 오스트레일리아와 뉴질랜드로 이동한다. 국제 노동시장의 대체적인 흐름이다.

남태평양 노동자들은 오스트레일리아보다 뉴질랜드를 선호하기도 한다. 백호주의를 얼마 전까지 폐기하지 않았던 오스트레일리아에 비해 뉴질랜드는 문화적 관용도가 높기 때문이다. 그렇잖아도 호텔에서 남태평양 문화를 다루는 전용 텔레비전 채널을 보고 신기했다. 각 섬나라의 언어로 방송되는 에프엠 라디오도 전파를 탔다. 국립태평양라디오기금National Pacific Radio Trust에서 운영하는 '엔아이유 에프엠' NIU FM이었다.

엔아이유 에프엠은 남태평양 여러 섬나라 이민자들이 자체 제작하는 프로그램을 시간대별로 방송한다. 라디오 투발루도 그중 하나다. 투발루어로 방송되는 라디오 투발루는 매주 금요일 밤 9시에서 12시 사이에 방송된다.[4] 뉴스를 비롯해 시사, 문화, 종교 등을 다루는 투발루 종합정보 프로그램이다.

투발루인 97퍼센트가 기독교도이기 때문에 라디오 투발루는 금요일 밤 9시에 기도와 설교로 방송을 시작한다. 9시 30분부터는 시사 이슈 프로그램을 틀어준다. 문화 정체성, 아동 학대, 음주 등 투발루 사회가 직면한 여러 문제에 대해 정부 관료와 전화 인터뷰도 이뤄진다. 10시부터는 오클랜드에 사는 투발루 사람들의 소식을 시시콜콜 전하는 지역 뉴스 시간이다. 뉴질랜드의 수도 웰링턴은 물론 피지, 투발루를 연결해 현지 통신원이 소식을 전한다. 10시 30분에는 정치인 인터뷰가 이어지고, 11시에는 다른 남태평양 지역 인사 인터뷰 등이 이어진다. 수시로 투발루 수상과도 전화 인터뷰가 진행된다고 한다.

사실 라디오 투발루를 주목하게 된 이유는 조국을 떠난 투발루 사람들을 오클랜드에서 찾기 힘들었기 때문이다. 그래서 얼마 되지 않는 '공개 조직'인 라디오 투발루에 매달릴 수밖에 없었다. 라디오 투발루의 제작자는 팔라 하울랑기Fala Haulangi였다. 그녀는 이 라디오 방송의 감독이자 작가이자 아나운서였다. 방송의 처음부터 끝까지 그녀 혼자 스튜디오 안팎을 누볐다.

금요일 밤 라디오 투발루 방송 시간에 맞춰 오클랜드 폰손비Ponsonby에 있는 엔아이유 에프엠 스튜디오에서 팔라를 만나기로 했다. 1인 제작 커뮤니티 프로그램의 생방송 모습을 보고 싶었기 때문이다. 마흔두 살의 그녀는 스튜디오 안에서 방송 대본을 정리하고 있었다. 방송 시작 시간까지 10분이 채 남지 않았는데도, 그녀는 나를 반가이 맞아주었다.

라디오 투발루의 작가이자 피디이자 아나운서인 팔라 하울랑기. 언제나 활기찬 모습의 그녀는 꽤 알려진 노조 활동가이기도 했다. ⓒ류우종

"투발루 사람들을 다른 지역 사람들처럼 쉽게 찾아내 인터뷰하긴 힘들 거예요. 그 사람들은 숨어 살거든요. 남들이 말하길 '불법체류자'죠."

스튜디오 안은 에어컨 냉기로 서늘했다. 팔라의 높은 목소리가 마이크를 울렸다.

"정치적으로 올바른 용어로는 '이주노동자'죠. 취업비자가 없거나 관광비자가 만료된 사람들이긴 하지만……. 투발루 사람들은 돈이 없기 때문에 쉬지 않고 일해요. 취업비자가 없는 불법이주 노동자들은 임금이 싼 곳으로 흘러들기 마련이니까요. 임금이 싼 곳은 오클랜드 변두리의 와이너리나 딸기 농장이에요. 농장주들은 싼 임금에 노동력을 고용할 수 있으니까 불법체류자를 선호하고, 투발루 사람들은 노동부의 단속이 미치지 않으니까 그곳을 선호하죠."

팔라 하울랑기의 원래 직업은 뉴질랜드 서비스·음식업 노조Service and Food Workers Union, SFWU의 상근 활동가다. 라디오 투발루는 그녀의 부업이다. 팔라는 이 나라 노동계에서 눈에 띄는 노동운동 활동가였는데, 그런 명성이 그녀로 하여금 조국의 라디오 프로그램을 제작하는 일에 자원하게 만든 것 같았다. 그녀는 2001년에 직업적인 노동운동가가 됐다.

"2007년 뉴질랜드 법정 최저임금은 시간당 10.25뉴질랜드달러(NZD)예요. 청소용역 노동자는 이보다 70센트 많은 10.95달러를 받죠. 뉴질랜드의 청소용역 노동자는 모두 1만 명이에요. 거의가 투발루 등 남태평양 출신이고, 아시아 유학생들이 나머지를 채우죠. 청소용역 같은 경우는 법정 최저임금을 보장받기라도 하지만, 농장노동은 그마저도 못 받아요. 어쨌든 그 돈으로 한 가족이 살기 힘드니까 투잡, 쓰리잡은 기본이에요. 낮에는 딸기 농장에서 딸기를 따고, 밤에는 불 꺼진 고층빌딩에서 진공청소기를 돌리고……. 잠깐만요."

팔라는 벽시계를 힐긋 올려다보더니 낡은 카세트테이프를 오디오에 집어넣었다. 스튜디오에 장엄한 음악이 울려 퍼지기 시작했다. 그러고 보니, 밤 9시였다. 라디오 투발루가 시작된 것이다. 장엄한 음악의 정체는 투발루 국가였다.

"음……, 어디까지 얘기했죠?"

"투발루 이주민을 좀 만나보려 해도 쉽지 않았는데, 대부분 불법체류자였기 때문이군요."

"그래요. 대부분 바퀴벌레처럼 숨어 살죠. 언론에 나가서 수몰 위기에 처한 조국의 현실을 호소하면 좋으련만, 그렇게 하다가 노동부 이민국 단속반의 표적이라도 되면 어떡하라고요? 내가 투발루 교민사회에서 거의 유일하다시피 한 공개 인사이다 보니, 기자들이 종종 불쑥 찾아와 투발루 사람들을 소개시켜달라고 하는데……, 이래저래 곤란하다니까요. 당신도 그런 부탁을 할 거죠?"

"아……, 네……, 뭐 그럴 계획이었지만……."

장엄하게 시작된 투발루 국가는 클라이맥스를 내려와 장엄하게 끝을 맺었다. 팔라는 마이크에 입을 대고 투발루어로 방송 시작 멘트를 날렸다. 이어 노쇠한 남자 목소리가 끊어질듯 말듯 이어졌다. 마헤아우 파파우 Maheau Papawoo 목사의 설교라고 했다. 팔라와 이야기할 여유가 생겨서 안심이 되었다.

"그럼 당신은 불법이주 노동자가 아닌가요?"

"이민국 단속반에 쫓겨다니는 신세라면 방송을 할 수 있겠어요? 나는 스물다섯 살에 뉴질랜드에 왔어요. 그리고 6년 뒤에 아버지가 영주권을 발급받아서 합법적인 체류 권한을 취득했어요. 나도 처음에는 투발루 이민자들의 통과의례 같은 곤란과 가난을 겪었어요. 다른 사람들이 그랬듯이 단속반의 눈을 피해 딸기 농장에서 일을 시작했고, 딸기 수확철이 끝나면 빌딩 청소를 했어요. 빌딩 청소를 하면서 저임금 노동자의 현실에 눈을 떠서 지금에 이른 거죠. 지금이야 내 일에 확신이 있고 직업적인 활동가로서 이곳저곳을 누비지만, 처음 뉴질랜드에 왔을 때는 충격 그 자체였어요. 문화도 다르고, 일자리를 구하기도 힘들었고요."

팔라는 다시 벽시계를 올려다봤다.

"오클랜드의 투발루 사람들은 일한 만큼 돈을 벌지 못해요. 두세 개의 일터에서 24시간을 노동에 바치지만, 삶의 질은 여전히 바닥을 기죠. 일상의 거의 전부를 노동에 빼앗겨 자식과 대화할 시간도 없고, 건강을 챙길 겨를도 없죠. 게다가 번 돈의 상당 부분은 투발루에 남아 있는 가족과 친척 들에게 송금하죠. 투발루를 갔다 오셨다니, 아시죠? 투발루 사람들 수입의 상당 부분이 해외 송금이라는 거? 가족이 오클랜드에 있는 나도 친척들의 행사 때마다 투발루로 돈을 보내요."

노쇠한 할아버지 목사의 설교가 어느새 끝났다. 팔라는 〈예수 나의 구주 삼고〉라는 찬송을 틀어놓고 혀를 내둘렀다.

"5분 한다고 해놓고선 15분이나 했어."

팔라는 명랑하고 활기찬 여자였다. 그녀에게서 서구 사회에 사는 소수 인종에게 느껴지는 일종의 피해의식이나 의기소침함 따위는 찾아볼 수 없었다. 9시 25분이 되어서야, 팔라는 마이크 앞으로 가서 세 장짜리 원고를 읽기 시작했다. 본격적인 뉴스에 앞서 오늘의 뉴스를 브리핑하는 시간이었다.

"잠시 후 뉴스 시간에는 피지와 웰링턴의 통신원을 연락해 현지 교민사회 소식을 듣겠습니다. 오클랜드의 최대 축제인 파시피카^{Pacifica} 축제가 내일 웨스턴스프링스$^{Western\ Springs}$ 공원에서 열립니다. 투발루 교민들은 투발루 마을을 설치합니다."

뉴스 브리핑을 마친 그녀가 오디오의 플레이 버튼을 눌렀다. 투발루 가수 우타누 타우$^{Utanu\ Tau}$의 노래가 시작됐다. 둥가둥가 하는 남태평양 리듬을 남겨둔 채 나는 육중한 문을 밀고 스튜디오를 빠져나왔다.

▶ 지구화의 정점은 지구온난화

수아말리 이오세파$^{Suamalie\ Iosefa}$ 목사는 나에게 오클랜드 서부의 파시피카 병원으로 오라고 했다. 오클랜드 주재 투발루인 교회의 목사인 그는 팔라 하울랑기와 함께 오클랜드에 사는 투발루 사람들의 비공식적 대변인이었다. 1999년까지 투발루에서 목회를 했고, 투발루 시민단체협의회^{TANGOs} 대표를 지내면서 민간 외교사절을 해온 엘리트인지라, 오클랜드에 사는 투발루 사람들은 그를 많이 믿고 의지했다.

"아, 목사는 자원봉사로 하는 거예요. 평일 낮에는 이렇게 병원 관리자로 일하고 있죠. 나도 돈은 벌어야 하니까."

"투발루보다 평화로운 섬나라는 없어요.
우리나라의 자원은 섬 여기저기 열린 코코넛 열매와
섬 앞의 초호에서 하늘거리는 물고기들이죠." ⓒ류우종

수아말리는 선한 얼굴에 풍채가 좋은 목사였다. 울긋불긋한 하와이안 티셔츠를 입은 그는 지갑에서 명함을 꺼내 건넸다.

"내 이름은 '달콤한(sua) 주스(malie)'라는 뜻이에요. 나는 내가 하나님께 드리는 달콤한 주스라고 생각하죠. 고조할아버지는 마을의 추장이었어요. 기독교가 투발루에 들어왔을 때 기독교를 전파하는 일에 앞장섰죠. 고조할아버지의 후손인 나는 보시다시피 목사가 됐어요."

"처음엔 투발루 사람들 거의가 열혈 기독교 신자라는 사실이 좀 어색했어요."

"아니에요. 투발루야말로 기독교 정신과 부합되는 역사를 이어왔죠. 지금껏 신과 자연 그리고 사람이 평화로운 관계를 맺으며 살아왔으니까요. 투발루에 갔다 오셨다고 하셨죠? 어떻던가요?"

"평화로운 섬나라더군요."

"그래요. 투발루보다 더 평화로운 나라는 없어요. 불빛 없는 밤길을 혼자 걸어도 위험하지 않고, 아침에 일어나 빨리 일을 하라고 닦달하는 사람도 없죠. 투발루는 낙원이에요. 우리나라의 자원은 섬 여기저기에 열린 코코넛 열매와 섬 앞의 초호에서 하늘거리는 물고기들이죠. 우리는 한때 그

것으로도 충분했어요. 그런데 인간과 자연의 관계가 어느 순간 금이 가기 시작했어요. 새로운 문명이 들어오자 술 취한 사람들이 생겼고, 목표를 잃고 방황하는 사람들이 늘어났죠. 자본주의가 이끄는 지구화가 남태평양의 조그만 낙원을 파괴하기 시작한 거예요. 그리고 지구화는 정점에 이르러 지구온난화를 가져왔죠. 지구온난화가 우리 삶을 다시 한번 송두리째 바꾸고 있는 거예요."

지구화의 정점이 지구온난화라는 말이 새로웠다. 어쩌면 온난화는 자본의 지구화보다 더 빠른 속도로 지구화된 게 아닐까. 특정 지역에서 과다 배출된 온실가스는 특정 지역의 온도만 올리지 않는다. 온실가스 배출은 전지구적으로 총합되는 단계에서 효력을 미친다. 그런 측면에서 투발루는 억울하다. 산업화의 과실을 맛보기도 전에 지구온난화라는 괴물을 만나고 말았으니…….

"인간 모두가 지구온난화를 일으켰어요. 하지만 세계를 움직이는 세력이 책임져야죠. 가족이 잘못하면 가장이 책임져야 하는 것 아닙니까? 똑같아요. 누가 지구를 덥혔는지, 누가 지구를 가장 잘 돌볼 수 있는지……. 이건 선진국의 책임이자 부모 세대의 책임이에요."

"오클랜드에 사는 투발루인들은 얼마나 되죠?"

"2,000명 정도 되죠. 이 가운데 80퍼센트 정도가 웨스트 오클랜드에 살아요. 이 지역이 남태평양 이민자들이 주로 사는 저소득층 주거지역이거든요. 해가 거듭될수록 오클랜드에 입국하는 투발루 사람들이 많아져요. 투발루는 취업이나 교육, 주거 등이 매우 제한적이에요. 게다가 해수면 상승이 주는 위협이 그들로 하여금 조국에서 떠나고 싶게 해요. 좀 더 안전

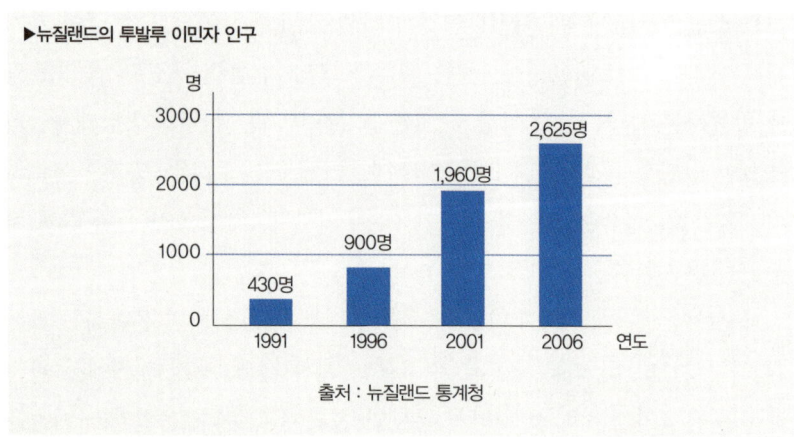

▶뉴질랜드의 투발루 이민자 인구

출처 : 뉴질랜드 통계청

한 곳을 찾고 좀 더 좋은 일자리를 찾는 게 당연지사 아닌가요? 이 때문에 투발루 사람들이 여기에 와 있는 거죠."

뉴질랜드로 이주하는 투발루 인구는 급격한 증가 추세에 있다. 1991년 만 해도 뉴질랜드에 사는 투발루 사람들은 모두 합해봐야 430명에 지나지 않았다. 하지만 2006년에는 2,625명으로 불어났다. 하지만 실제 뉴질랜드에 사는 투발루인은 이보다 훨씬 많다. 인구조사에는 불법체류자가 잡히지 않기 때문이다.

공식 통계치인 2,625명이 뉴질랜드에 산다는 결과는, 인구 1만 명을 조금 웃도는 본국 투발루 인구의 3분의 1 정도가 이미 뉴질랜드로 왔다는 이야기다. 여기에 오스트레일리아 이주민까지 포함하면 숫자는 더욱 늘어날 것이다. 게다가 뉴질랜드에 거주하는 투발루인의 인구 증가율은 다른 남태평양 국가에 비해 월등히 높다.

다른 남태평양 국가들은 5년 평균 증가율이 15퍼센트 정도에 지나지 않지만, 투발루는 두 배에 이른다. 투발루인들의 엑소더스가 물밀듯이 이뤄지고 있음을 보여주는 통계다.[5]

그렇다면 뉴질랜드로 이민 온 투발루인들은 행복할까? 아쉽게도 자본주의 주변부에서 중심부로 흘러드는 '노동력 이동의 법칙'은 여기서도 예외없이 관철된다. 중심부에 흘러든 제3세계 노동자들은 그 사회 최저의 대우를 받고 산다. 2006년 기준으로 투발루 성인 11퍼센트가 소득이 전무하다. 성인 인구의 40퍼센트는 연임금 2만 달러 이하의 넉넉지 않은 생활을 영위하고 있으며, 고소득층으로 분류되는 7만 달러 이상 임금을 받는 사람은 전체의 1퍼센트에 지나지 않는다.

투발루인의 2006년 연평균 임금은 1만9,000달러다. 뉴질랜드 국민 연평균 임금 2만4,400달러의 77퍼센트 수준이다. 그나마 뉴질랜드 통계청은 1만100달러이던 2001년에 비해 상당히 큰 폭으로 임금이 올랐다고 말하고 있다.

투발루인의 실업률은 뉴질랜드 전체 평균 실업률 5.0퍼센트의 두 배인 11.8퍼센트에 이른다. 직업도 단순노동이 34.4퍼센트다. 지구온난화가 자본의 세계화의 정점이라는 말이 통계로 확증되는 순간이다. 19세기 이후

▶투발루 이민자들의 연평균 임금   출처 : 뉴질랜드 통계청

	1996년	2001년	2006년
투발루인	자료 없음	10,100NZD	19,000NZD
뉴질랜드 국민	15,600NZD	18,500NZD	24,400NZD

자본주의 산업화는 온실가스를 과다 배출했고, 이는 투발루처럼 기후 변화에 취약하거나 기후 변화에 대응할 여력이 없는 빈국들의 국민들을 유민화시킨다. 이런 과정은 자본의 지구화, 노동의 지구화와 맞물린다. 자본은 좀 더 싼 노동력을 주변부로부터 수혈받기 원하고, 지구온난화로 쫓겨난 투발루 국민들은 중심부 자본주의 국가로 이주해 그 사회의 저소득 계층을 형성한다.

"오클랜드의 투발루 교민사회가 직면하고 있는 가장 큰 문제는 '가구 내 과밀화' 현상이에요. 본국에 있는 사람들은 뉴질랜드에 사는 가족이나 친척을 믿고 무작정 입국합니다. 그리고 친척이나 친구의 집에 기대어 사는 거예요. 투발루 문화에선 가족, 친척, 친구 관계를 중시하기 때문에 이들을 다 거둬들일 수밖에 없거든요. 결국 이런 식으로 가족이 하나둘 늘어서 마침내 눈덩이처럼 불어납니다. 그래서 한 가구에 예닐곱 명씩 사는 경우가 보통이고, 심한 경우에는 스무 평 되는 집에서 열댓 명 이상이 같이 살죠. 그중에서 일하는 사람은 아버지와 젊은 자녀 두세 명뿐이에요. 두세 명이 열댓 명을 먹여 살리는 거죠."

'패밀리 오버파플레이션' Family Overpopulation 이라고 불리는 가구 내 과밀화는 투발루 교민사회가 뉴질랜드에서 직면한 독특한 사회문제다. 작은 집에 많은 사람들이 모여 살다 보니, 가족 구성원들은 사생활을 영위할 수 없고, 이로 인해 세대 단절과 가족 붕괴 같은 결과가 초래될 수 있다는 염려도 나온다. 2001년의 인구조사를 봐도 두 가족 이상이 한 집에서 사는 가구가 전체의 38퍼센트나 됐다. 이런 가구 내 과밀화 비율은 뉴질랜드의 남태평양 에스닉 그룹에서 최고 비율이다.

▶뉴질랜드 정부에게 답장을 받다

이튿날 어렵사리 투발루에서 갓 이주해온 한 가족을 소개받았다. 주오클랜드 투발루인협회에서 '조심해줄 것'을 신신당부하며 주소 하나를 건네준 것이다.

동시에 뉴질랜드 외교통상부에서도 전자우편으로 답장이 왔다. 앞서 '뉴질랜드가 투발루 국민의 집단이주를 허가했다'는 뉴스에 대한 진위 여부를 물어본 터였다. 외교통상부 환경국의 수석 정책 담당관인 스튜어트 다이아몬드 Stewart Diamond는 아래와 같은 내용을 보내왔다.

> 뉴질랜드 정부는 기후 변화로 인해 남태평양 섬나라들의 이주를 허가하는 결정을 내린 적이 없습니다. 뉴질랜드가 투발루와 협정을 맺고 해수면 상승으로 인해 떠나는 주민들을 받아들이기로 했다는 이야기는 미디어와 인터넷에 떠도는 낭설일 뿐입니다. 미디어의 오해는 뉴질랜드가 남태평양 5개국(투발루, 피지, 사모아, 통가, 키리바시)에 해마다 일정 수의 이민을 허락하는 태평양이주규정 Pacific Access Code, PAC에서 시작된 것 같습니다. 하지만 태평양이주규정과 기후 변화는 아무런 연관이 없습니다.

수수께끼는 풀리기 시작했다. 뉴질랜드가 투발루 국민의 이주를 허용한 건 사실이다. 하지만 자국의 노동시장 유연화를 위한 이주노동자 정책일 뿐이지(이를테면 한국의 고용허가제 같은), 투발루 정부와 협상해 기후 변화에 고통 받는 섬나라 민중을 대피시키기 위한 것은 아니다.[6]

뉴질랜드는 불법체류자가 급증하자 남태평양 국가에 대한 무비자 제도를 폐지하고, 엄격한 조건에 따라 발급하는 방문비자 제도를 도입했다. 이와 함께 시행한 제도가 태평양이주규정이다.

태평양이주규정은 노동정책의 본연에 충실하다. 해마다 75명의 이주가 투발루 국민에게 허용된다. 18세부터 45세에 해당하는 법적인 요건을 갖춘 사람이 신청할 수 있으며, 뉴질랜드 기업의 취업 초청이 있어야 한다. 투발루 사람이 태평양이주규정을 통과하는 데 있어 가장 힘든 난관은 연소득액이다.[7] 신청자는 뉴질랜드에서 일할 직장에서 연간 3만 달러 이상의 임금을 받을 것이라는 사실을 증빙해야 한다. 3만 달러는 뉴질랜드 국민의 연평균 임금보다도 많은 금액이다. 일반인이 꿈꾸기에는 너무 어려운 조건이다. 투발루 정부는 태평양이주규정의 조건이 까다롭다며 뉴질랜드에 불만을 표시하기도 했다.[8]

오클랜드 북서쪽에는 포도원과 딸기 농장이 모여 있다. 여기서 가까운 오클랜드 시내가 웨스트 오클랜드다. 웨스트 오클랜드는 미국 도시의 변두리처럼 무표정한 할인매장과 상자형 주택이 산재한 곳이다. 미국 도시와 다른 점은 포도원과 딸기 농장이 케이에프시, 맥도널드와 공존한다는 점이다. 포도원과 딸기 농장은 싼값에 부릴 수 있는 이주노동자들을 반긴다. 바로 이곳에 투발루인들이 모여 산다.

주오클랜드 투발루인협회가 소개해준 바이릴로 티마이오 Vaililo Timaio 가족의 집도 웨스트 오클랜드에 있었다. 단조로운 상자형 주택가를 헤맨 뒤에야 바이릴로의 집을 찾았다. 서양 주택으로는 좁아 보이는 열댓 평의 집. 문을 열자마자 어른들의 왁자지껄한 소리가 갓난아기의 울음소리와 섞여 쏟아져 나왔다.

"우리 집이 좀 시끄러워요. 손녀 아이 때문에……."

바이릴로의 나이는 쉰이다. 그는 2005년 12월 10일에 아내와 다섯 자식을 이끌고 조국 투발루를 떠났다. 조국에서 살 적에 바이릴로는 통신회사 투발루 텔레콤의 전무였고, 아내는 재정부 소속 공무원이었다. 큰아들은 정부 통계국에서 일했다.

"10여 년 전부터 섬에 이상한 변화가 찾아왔죠. 테니스장에서 테니스를 치는 게 취미였는데, 언젠가부터 테니스장도 침수되기 시작하더군요. 그러던 중에 기상청에서 일하는 친구 힐리아 바바에Hilia Vavae 9를 만났어요. 그녀가 그러더군요. 생각보다 섬이 빨리 사라질지 모른다고……."

바이릴로와 아내 그리고 세 아들과 두 딸, 이렇게 일곱 식구는 뉴질랜드에서 새 삶을 살기로 결심했다. 태평양이주규정에 따라 영주권을 얻으리라는 꿈은 애초에 꾸지도 않았다. 다른 사람들처럼 일단 방문비자를 받아서 불법체류자로 눌러앉기로 한 것이다. 투발루에서 피지까지는 1,200달러짜리 비행기 대신 30달러짜리 배를 탔다. 세 시간 거리를 사흘 걸려서 간 것이다. 그럼에도 투발루에서 오클랜드까지 교통비로만 1만9,000달러가 들었다. 피지에서 뉴질랜드까지 왕복 항공권을 살 수밖에 없었기 때문이다. 조국에 돌아갈 계획은 없었지만, 공항 입국심사대에서 왕복 항공권을 보여주고 비자 기간 내에 귀국할 것이라고 말해야 했기

때문이다.

"고국에서 모은 쌈짓돈이 구멍 난 독에 물 붓듯 없어지고 있어요. 그나마 싼 집으로 옮겨서 다행이죠. 그리고 지난해 말에 두 아들이 일자리를 구했어요. 큰아들 리토는 코카콜라 공장 경비원 자리를 얻었고, 작은아들은 핸더슨 쇼핑몰 식당가에서 서빙을 보고 있죠."

"그럼 두 아들이 번 돈으로 일곱 가족이 사는 건가요?"

"네. 큰아들이 주급 500~600달러, 작은 아들이 300~400달러를 버니까 대충 한 달 3,500달러로 아홉 명이 근근이 버티는 셈이죠. 허허. 나는 아직 실업자예요. 글쎄, 일자리를 구할 수 있을지……."

▶투발루가 안전한가, 오클랜드가 안전한가

갑자기 현관 벨이 울렸다. 야근을 마치고 돌아온 큰아들 리토였다.

"나흘 일하고 나흘 논답니다. 하루에 열두 시간 일하죠. 좋은 직장이에요."

리토는 뉴질랜드에 들어와 영주권을 획득한 교포와 결혼했다. 귀청을 뚫을 듯한 울음소리의 주인공은 다름 아닌 태어난 지 2주일 된 리토의 딸이었다. 가구 총소득 3,500달러면 한국 돈으로 250만 원 정도다. 손녀를 포함해 아홉 명이 살기에는 버거운 액수다. 그러고 보니 열대나무 껍질로 엮어 만든 돗자리 말고는 집안에 가구라고 부를 만한 게 없었다. 콘크리트 벽만 허물면, 이곳은 섬의 전통가옥과 다를 바 없을 것이다. 작은 집은 아홉 식구로 넘쳐났다. 친척들이 모두 모여 소란스럽게 북적대다가 밤이 되면 남자는 남자대로 여자는 여자대로 자는 한국의 명절 풍경과 흡사했다. 바이릴로가 다시 입을 열었다.

"다음 달까지 뉴질랜드를 떠나야 해요. 원래 들어올 때 체류 기간을 석 달 받았는데, 벌써 세 번을 연장했죠. 중간에 잠깐 불법체류자로 지내기도 했어요."

"그러다가 결국 쫓겨나면 어떡하려고요?"

"숨어 지내야죠. 2, 3년 전에는 이민국의 단속이 심했다고 하더군요. 다시 그런 상황이 발생하더라도 상관없어요. 불법체류자가 되려고 여기 온 거니까. 어렵게 입국한 이 나라를 떠나지 않을 겁니다."

뉴질랜드로 '불법 이주' 한 투발루인들이 주로 일하는 와이너리. 여권과 비자를 보여주지 않고 일할 수 있어서 이민자들이 선호한다. ⓒ류우종

"뉴질랜드와 투발루 중 어디가 더 안전하다고 생각하세요?"

"이민국 단속반원에 쫓겨 다닐지언정, 뉴질랜드가 물에 잠기는 투발루보다 안전하다고 생각해요. 아이들의 미래를 위해서 여기에 왔습니다. 투발루엔 미래가 없으니까."

손녀는 아직까지 울음을 그치지 않고 있었다. 할머니는 약간 짜증이 난 듯 아까보다 큰 소리로 아이를 어르기 시작했다. 바이릴로는 한숨을 쉬었다.

"사실 나는 벌써부터 투발루가 그리워요. 세상에서 가장 평화로운 섬이죠. 아이들이 잘 정착해준다면……, 그때는 돌아가고 싶어요."

바이릴로 가족이 불법체류자가 되는 것은 예정된 수순이다. 이민국 사무실에 가서 방문비자 기한을 연장해달라고 통사정하고, 실패하면 불법체류자로 숨어 지내다가, 다시 노동비자 신청을 해보다가, 또다시 기한을 넘겨 숨어 지내는 투발루 교포들의 삶을 따를 터였다. 집안에서는 신경질적인 소란과 짜증이, 밖에서는 막연한 긴장과 불안이 그들을 따라다닐 게 분명했다.

언젠가부터 고향을 떠나 오클랜드에 이주한 투발루인들에게 기후난민이라는 수식어가 붙기 시작했다. 기후난민은 아직 학제적으로 정리된 개념은 아니다. 20세기 후반 들어 폭주기관차처럼 달려드는 기후 변화로 피해를 입은 사람들을, 언론과 엔지오들이 먼저 기후난민이라고 부르기 시작했다.

지금까지 나온 보고서 가운데 가장 광범위하게 인용되는 기후변화정부간위원회의 제4차 보고서는 이번 세기 안에 수많은 기후난민이 발생할 것이라고 예견한다. 기후 변화의 피해를 가장 많이 받는 곳은 저개발 국가다. 저개발 국가는 선진국에 비해 기후 변화에 적응하는 능력이 떨어진다. 이를테면 해수면 상승이 거주지에 위협을 가했을 경우, 선진국은 재빨리 제방과 둑을 쌓고 건축 표준을 다시 제정하는 등 준비된 시스템에 따라 움직인다. 사이클론과 허리케인이 잦아지고 파괴력이 세졌다는 결론을 얻으면, 선진국은 국민들에게 효율적이고 안전한 대피 시스템을 제공하고 교육하려 들 것이다. 투발루에서 만난 한 관료는 자국의 기후 변화에 대처하는 능력이 제로에 가깝다면서 이런 말을 한 적이 있다.

"미국 뉴올리언스에 허리케인 카트리나가 덮쳤을 때 미국의 대응이 그 정도였는데, 투발루는 어떻겠어요?"

저개발국가는 자연재난에 대처하는 능력이 현저히 떨어진다. 그렇기 때문에 저개발국가의 국민들이 선진국으로 이주하게 된다. 그들이 기후난민이다.

기후변화정부간위원회의 제4차 보고서를 봐도, 기후 변화가 일으킬 수 있는 재난은 주로 아프리카와 남태평양 섬나라들에 집중돼 있다. 아프리카는 2020년까지 최소 7,500만 명에서 최대 2억5,000만 명이 기후 변화로 인한 물 부족에 노출될 전망이다. 물을 가둬 농작물을 기르는 천수답 농사의 수확량이 최대 50퍼센트까지 감소하여 식량 부족 사태가 일어날 가능성도 있다. 그리고 2080년대쯤에는 해수면 상승으로 인해 현재보다 수백만 명 더 많은 사람들이 홍수를 겪을 것이라고 기후변화정부간위원회는 예상한다.

해수면 상승은 갑작스런 폭우와 범람 그리고 토양 침식 등 해안 유해요

▶기후변화정부간위원회 제4차 평가보고서의 지역별 영향 예측[10]

아프리카

- 2020년까지 7,500만 명~2억 5,000만 명이 기후 변화로 인한 물 부족으로 힘들어질 것으로 예측된다.
- 2020년까지 일부 국가에서 천수답 농사의 수확고가 최대 50퍼센트까지 감소될 수 있다. 아프리카 여러 나라에서 농산물 생산량이 심각하게 감소될 것으로 예측된다. 식량 확보에 대한 부정적 영향이 확대되고, 식품 공급 부족으로 인해 영양 불량이 한층 악화될 것이다.
- 해수면 상승 예측치대로라면, 21세기 말까지 인구가 많은 해안가 저지대가 영향을 받을 것이다. 적응·비용은 적어도 국내 총생산(GDP)의 5~10퍼센트에 달할 듯하다.
- 2080년까지 아프리카의 건조 및 반건조 지대가 5~8퍼센트 증가할 것으로 예측된다.(중간 정도의 신뢰도)*

* 제4차 평가보고서에 규정한 신뢰도 수준을 가리킴. 중간 정도의 신뢰도는 최소 50퍼센트의 가능성이 있음을 뜻한다.

아시아

- 2050년까지 중앙아시아, 남아시아, 동아시아, 동남아시아에서, 특히 큰 강 부근을 중심으로 사용 가능한 담수가 줄어들 것이다.
- 남아시아, 동아시아, 동남아시아의 해안 지역, 특히 인구가 과밀한 메가델타(megadelta)에서 바닷물 범람이 증가하고, 일부에서는 강물 범람도 늘어나 최대 위험에 직면할 것이다.
- 기후 변화로 인한 급속한 도시화 및 산업화, 그리고 경제 성장에 따른 자연자원 및 환경에 대한 압박이 복합될 것으로 예측된다.
- 물 순환의 변화가 있을 것이라는 예측으로 미루어 동아시아, 남아시아, 서남아시아에서 홍수 및 가뭄과 관련된 설사병으로 인해 풍토병 사망률과 사망자 수가 증가할 것이다.

오스트레일리아 / 뉴질랜드

- 2020년까지 그레이트 배리어 리프(Great Barrier Reef)와 퀸즐랜드의 습지(Queensland Wet Tropics)를 비롯한 생태계가 활동이 풍부한 지역에서 생물다양성이 상당히 소실될 것으로 예측된다.
- 2030년까지 물 확보 문제가 오스트레일리아 남부 및 동부, 뉴질랜드, 노스랜드(Northland), 그리고 그 밖의 일부 동부 지역에서 악화될 것이다.
- 2030년까지 농산물 생산량이 가뭄과 화재 증가로 인해 오스트레일리아 남부 및 동부, 뉴질랜드 동부 일부 지역에서 감소될 것으로 예측된다. 그러나 뉴질랜드 일부 지역에서는 초기에 혜택이 있을

것으로 예측된다.
- 2050년까지 오스트레일리아와 뉴질랜드 일부 지역의 지속적인 해안 발달과 인구 증가가 해수면 상승 및 염분 증가, 폭우와 해안 범람 빈도의 증가로 인한 위험을 악화시킬 것으로 예측된다.

유럽

- 기후 변화는 유럽의 자연자원 및 자산의 지역적 차이를 확대시킬 것이다. 내륙의 돌발홍수 위험 증가, 해안홍수 빈도 증가, 침식 증가(폭풍우와 해수면 상승으로 인한)가 있을 것이다.
- 산악지역은 빙하 후퇴, 적설량 및 겨울 관광객 감소, 광범위한 생물종 소실(높은 배출량 시나리오에 따르면 2080년까지 일부 지역에서 최대 60퍼센트)에 직면할 것이다.
- 남부 유럽에서는 기후 변화로 인해 이미 기후다양성에 취약한 지역의 상태(고온과 가뭄)가 악화되고, 가용 가능한 물의 양, 수력발전 가능성, 여름 관광객, 그리고 전반적인 작물 생산량이 감소할 것으로 예측된다.
- 기후 변화는 열파로 인한 건강 위험과 산불 빈도도 증가시킬 것으로 예측된다.

남아메리카

- 금세기 중반까지 온도 상승 및 그와 관련된 토양 수분의 감소로 인해 아마존 동부 지역에서 열대 우림이 점차 초원화될 것으로 예측된다. 반건조 식생은 건조 식생으로 대체되는 경향을 보인다.
- 열대 지역에서 생물종이 멸종되거나 생물다양성이 소실될 위험이 크다.
- 일부 중요 작물의 생산량과 가축 생산성이 감소하면서 식량 확보에 부정적 결과를 불러올 것으로 예측된다. 온대지역에서는 콩류 생산량이 증가할 것이며, 전반적으로 기아 위험에 처한 사람의 수가 증가할 것이다.(중간 정도의 신뢰도)*
- 강수 패턴의 변화와 빙하 후퇴는 인간이 사용할 물, 농업용수, 에너지 생산에 필요한 물의 양에 상당한 영향을 줄 것으로 예측된다.

북아메리카

- 서부 산악지역의 온난화는 빙하 및 빙원(snowpack) 감소, 겨울철 홍수 증가, 여름철 홍수 감소를 유발하여 과다 배분된 수자원 경쟁을 악화시킬 것으로 예측된다.
- 금세기 초반 몇십 년 동안에는 적당한 기후 변화가 천수답 농사의 총생산량을 5~20퍼센트 증가시킬 것으로 예측되나, 지역에 따라 차이가 클 것이다. 적정 범위의 온난 한계에 가까운 작물이나 수도시설에 많이 의존하는 작물이 주로 영향 받을 것으로 예측된다.
- 금세기 중에, 현재 열파를 겪고 있는 도시들에서는 열파의 발생 횟수, 강도 및 지속 기간이 더욱 증가될 것이고 그로 인해 건강에 부정적 영향을 줄 가능성도 있는 것으로 예측된다.

- 해안 도시 및 거주지는 발전 및 오염과 상호작용하는 기후 변화 영향에 의해 스트레스가 점점 심해질 것이다.

극지방

- 예측되는 주요 생물리학적(biophysical) 결과는 철새, 포유류, 고등 포식자를 비롯해 많은 생물체에 대한 결정적 영향을 동반하면서, 빙하, 빙상과 해빙의 두께 및 범위가 감소되고 자연 생태계에 변화가 일어나는 것이다.
- 북극지방 공동체의 경우, 눈 및 얼음 상태의 변화로 인한 영향들이 복합적으로 작용할 것으로 예측된다.
- 기반시설 및 자생적 생활방식에 대한 영향이 결정적일 것이다.
- 북극 및 남극지역에서는 생물종 침입을 막을 기후 장벽이 저위도로 하강함에 따라 해당 생태계와 서식지가 취약해질 것으로 예상된다.

작은 섬들

- 해수면 상승은 범람, 폭우 급습, 침식, 그 외 해안 유해요소를 악화시켜 중요한 기반시설, 거주지, 섬 주민들의 거주환경 편의시설들을 위협할 것으로 예측된다.
- 해변 침식과 산호 백화를 통한 해안 상태의 악화가 지역 자원에 영향을 줄 것으로 예상된다.
- 금세기 중반까지는 기후 변화로 인해 카리브 해와 태평양 등의 작은 섬들이 수자원 부족을 겪을 것으로 예상되며, 갈수기 동안의 물 수요를 충족하기에 부족한 수준으로 예상된다.
- 중위도 및 저위도 내륙에서는 기온이 높아질수록 비토착 생물종의 침입이 증가될 것으로 예상된다.

소를 악화시켜 거주지와 거주환경을 위협한다. 이번 세기 중반이면 태평양과 카리브 해의 작은 섬들은 수자원이 부족해져 갈수기에 충분한 물을 공급받기가 힘들어질 것이다. 또한 해변 침식과 산호 백화가 일어나 바다 자원에 영향을 줄 것이라고 기후변화정부간위원회는 내다본다. 북극권의 에스키모도 마찬가지다. '21세기 후반기에 북극의 늦여름 해빙이 거의 사라질 것이라는 전망도 있다'고 소개하면서 기후변화정부간위원회는 '북극의 인간사회는 눈과 얼음의 상태 변화로 인한 영향을 복합적으로 받을 것'이라고 전망한다. 고래잡이와 카리부 사냥 등을 고집스럽게 지켜온 북극 문명은 기나긴 역사 끝에 패퇴할지 모른다.[11]

이런 예측이 현실화되면, 아프리카와 남태평양 주민들은 당연히 선진국으로 이주하려고 들 것이다. 대부분의 아프리카 거주민들은 유럽으로, 남태평양 거주민들은 오스트레일리아와 뉴질랜드로 옮겨갈 가능성이 크다. 경제적 관계와 문화적 유사성 때문이다. 기존의 경제적 이민 대열에 기후 공포를 느끼는 사람들이 대량 합류할 것이다. 물론 이 둘은 명확히 구분되지 않는다. 왜 투발루를 떠나려 하느냐고 묻는 나에게 투발루 사람들은 '이 섬엔 미래가 없다'는 한마디로 답하곤 했다.

경제적 이민자나 기후난민이나 '좀 더 나은 삶'을 위해 조국을 떠나는 것은 마찬가지다. 이주 동기에는 경제적 개선과 기후 공포 등이 복합적으로 얽혀 있다. 그런 점에서 기존의 이민 대열에 대량의 기후난민이 합류하여, 폭증하는 이주자로 인한 사회적 문제를 제1세계가 해결해야 하는 사태에 직면할지 모른다.

하지만 선진국들은 기후난민 사태를 준비하지 않고 있다. 이들은 기존의 경제적 논리로만 난민 문제를 바라본다. 그러나 기후난민은 잘못을 저지른 자가 죄책감을 느끼고 책임져야 하는 도덕적 문제다. 1인당 온실가스 배출량이 높은 나라가, 대량의 온실가스를 배출하고 산업화의 과실을 맛본 나라가 책임져야 할 문제인 것이다. 집에서 에어컨을 틀고 컴퓨터 게임을 하다가 자동차를 타고 대형마트에 가는 생활양식을 한 번도 영위하지 않은 투발루나 아프리카 주민들에게 기후 변화의 고통을 감내하라는

투발루 푸나푸티 앞바다에서 사라진 태우카 사빌리빌리 섬. 코코넛 하나가 싹을 틔웠다. ⓒ류우종

것은 정치적으로 올바르지 못하다.

▶침묵하는 공해국가들

이튿날 나는 오클랜드대학 환경법센터의 클라우스 보셀만Klaus Bosselman 교수를 찾아갔다. 보셀만 교수는 쉰다섯의 정력적인 독일인이다. 그는 독일 녹색당에서 일하다가 1988년에 뉴질랜드로 건너와 환경법을 연구하고 있다.

"나도 일종의 환경난민이죠. 공해국가인 독일에서 살다가 긴 안목으로 인생을 설계하려고 이곳 뉴질랜드로 이민 왔으니까요."

그가 웃으며 말했다. 보셀만 교수는 뉴질랜드 녹색당 창당에도 간여했다. 그러니까 세계시민이라는 정체성을 부단히 키워온 셈이다. 민족적, 국가적 이해(利害)라는 패러다임에서는 기후난민 문제를 풀지 못한다.

"맞아요. 남태평양 섬나라에서 기후난민이 발생하면 뉴질랜드와 오스트레일리아가 책임져야겠죠. 뉴질랜드의 1인당 온실가스 배출량은 오스트레일리아에 못지않아요. 뉴질랜드는 교토 협정의 이산화탄소 의무감축 대상이기도 하죠. 하지만 뉴질랜드의 대응은 감축 목표에 한참 못 미치고 있어요. 정부 차원에서 노력하지 않고 민간운동에만 기대고 있어요. 기업을 강제하는 경제적 수단을 사용하지 않는 미국과 같은 모양새죠. 그런데 최근 들어서 남태평양 이주민이 엄청나게 늘어났죠. 투발루도 아마 폭증세를 보이고 있을 걸요?"

"10년 만에 세 배가 늘었죠."

"뉴질랜드는 오스트레일리아와 함께 남태평양 맹주를 자처하면서 전통적으로 섬나라 이주민을 받아들이지만, 이를 잠재적인 기후난민 수용이라는 도덕적 문제로 바꿔서 생각하지는 않아요."

사실 국제법상 난민은 정치적, 사회적 난민에 국한된다. 기후난민의 상위 개념이자 요즘음 자주 논의되며 해결의 필요성이 제기되는 환경난민조차 법적인 개념이 아닌 사회적 개념일 뿐이다. 난민권을 규정하고 있는 제네바 협정은 난민을 '인종, 종교, 국적, 특정 사회집단에 속하거나 정치적 의견 때문에 박해를 받을 만한 상당한 이유가 있어서 자기 나라를 떠났거나, 아예 국적을 포기한 사람'으로 규정한다. 이런 사람들만 국제난민협정에 따라 제3국에서 난민 신청을 하면 난민 지위를 부여받을 수 있다. 따라서 환경난민이나 기후난민은 현행 국제법 체계에서 난민 지위를 부여받지 못한다.

하지만 기후 변화 등 환경적 원인에 의해 난민이 발생하는 추세는 무시할 수 없다. 현행 국제법 체계 아래 환경난민을 인정할 수 없다는 입장만 거듭 밝히는 유엔난민고등판무관실 The UN Refugee Agency, UNHCR도 환경난민이 점차 증가할 것이라는 주장에 대해서는 부정하지 않는다. 안토니오 구테레스 Antonio Guterres 고등판무관은 2008년 6월 20일 유엔난민의 날을 맞아 "우리는 전통적인 유혈분쟁 외에도 난민을 생성시키는 복잡한 원인들에 직면해 있다"며 "기후 변화 등 환경의 악화로 희소한 자원을 두고 경쟁이 심해질 것이며 치솟는 물가로 전 세계의 가난한 자들이 난민으로 전락할 수 있다"라고 경고했다.[12] 환경난민은 1995년 추정치로 약 2,500만 명

에 이르는 것으로 알려졌다.[13]

환경난민을 국제법상 난민의 범주에 포함시키자는 주장이 민간에서 꾸준히 제기되고 있다. 기후난민도 당연히 포함돼야 할 것이다. 클라우스 보셀만 교수도 각국이 도덕적 책임에 입각해 기후난민을 수용해야 한다고 말했다.

"두 가지 방법이 있겠죠. 첫 번째는 현재 정치적 경제적 망명자들에게 주어지는 난민 자격을 각국이 적극적으로 해석해 환경난민도 이에 포함시키는 방법이죠. 어쨌거나 환경난민도 결국 경제적 문제와 환경적 문제가 중첩돼 이주를 원하는 거거든요. 도덕적인 국가라면 국내법을 손질해 난민 지위에 환경난민을 포함시킬 수 있겠죠."

하지만 그런 나라가 있을까. 공상적 사회주의자 윌리엄 모리스가 꿈꾼 22세기 에코토피아 영국이라면 세계시민을 위한 결단을 내릴 수도 있겠다. 하지만 1990년 수준보다 평균 5.2퍼센트를 줄이는 초보적인 온실가스 감축 협정인 교토 협정조차 이행하지 않는 나라가 태반인 시대에, 국내법을 손질해 지구온난화의 난민을 수용하는 국가가 있으리라는 건 순진한 기대다. 보셀만 교수는 좀 더 현실적인 두 번째 방법에 대해서 설명했다.

"또 하나는 1992년에 제정된 기후변화협약을 발전시켜 지속가능한 개발이라는 이상을 담은 국제협약을 맺는 방법입니다. 새 협약에 환경난민 또는 기후난민의 존재를 인정하고 해결방안을 담는 거죠. 국제법적으로 통용되는 난민도 결국은 약자에 대한 도덕적 책무에서 비롯됐거든요. 나치 시절에 세계 각국에서 유대인들을 받아들이지 않았나요? 국제정치에서 영향력 있는 공해국가들이 나서서 제2의 기후변화협약을 맺고 기후난민의 은신처를 마련해줘야 해요. 이게 현실적인 방법이죠."

2012년까지는 교토 체제다. 2012년 이후, 그러니까 1990년 대비 평균 5.2퍼센트의 온실가스를 감축하기로 한 마감시한인 2012년 이후에는 '포스트 교토'의 감축 계획을 담은 새 협약이 체결돼 이행돼야 한다. 세계 각국이 새 협약 도출의 마감시한으로 잡은 건 2009년이다. 2009년 말에 열리는 코펜하겐 회의에서 새로운 계획이 나온다. 하지만 기후난민 문제는 여기서도 주요한 의제로 다뤄지지 않고 있다.

이날 오후 나는 파시피카 축제에 갔다. 라디오 투발루의 진행자 팔라가 오클랜드 최대의 축제라며 흥분한 게 허튼 과장은 아니었다. 행사장 주변 도로는 자동차가 움직이지 않을 정도로 밀렸다. 남태평양 출신 이주자들이 총출동한 듯했다. 피지, 사모아, 통가, 나우루, 키리바시, 쿡 제도, 타히티, 니우에, 토켈라우, 투발루 등 생경한 국가들의 이민자들이 각각의 부스에서 야자수 같은 음료수를 팔고 전통민요 시디를 틀어댔다.

투발루 사람들도 투발루 마을 부스를 세웠다. 큰 텐트를 치고 안에는 돗자리를 깔았다. 노인들은 '투발루식'에 따라 게으른 곰처럼 그곳에 앉거나 누워서 북적이는 바깥을 구경했다. 젊은이들은 조개와 산호로 만든 목걸이를 팔았고, 전통의상을 입은 아이들은 카메라를 든 기자들 앞에서 포즈를 취하고 묻는 질문에 답변하느라 바빴다. 미디어에 가장 인기가 있는 나라는 단연 투발루였다.

파시피카 축제에 올 거라던 바이릴로는 찾아볼 수 없었다. 나무 그늘 밑에 돗자리를 깔고 두런거리는 투발루 사람들에게 다가가 말을 걸었지만, '한국에서 온 기자'라는 소개를 들은 그들은 곤란한 표정을 지으며 입을 닫았다. 불법체류자는 항상 외나무다리를 건너듯 조심스럽게 행동해야 했다.

바이릴로가 가장 아름다운 나라라고 추억한 투발루는 현재 속도대로라면 이번 세기 안에 살기가 불가능한 산호더미가 되고 만다. 세간에 알려진 것과 달리 투발루 정부는 국토를 포기한다고 선언하지는 않았지만, 비운의 날이 해제할 수 없는 시한폭탄처럼 코앞으로 다가오고 있다. 비운의 그 날이 지나면 투발루 국민들은 국적 없는 디아스포라로 세계를 떠돌고 말 것인가.

바이릴로가 가장 아름다운 나라라고 추억한 투발루는 현재 속도대로라면 이번 세기 안에 살기 불가능한 산호더미가 되고 만다. 투발루에 미래는 있을까.

Chapter 7

아르헨티나

푼타아레나스

킹조지 섬

남극

펭귄은 묻고 있다
King George Island, Antarctic
−남극 킹조지 섬

"호수가 사라졌다!"

2007년 6월 20일, 세계 주요 언론들이 화들짝 놀란 어투로 칠레 남부 파타고니아의 한 호수가 갑자기 사라졌다고 앞다퉈 보도했다. 문제의 호수는 베르나르도 오히긴스 국립공원의 템파노 빙하호Tempano Glacial Lake였다. 템파노 빙하가 녹아 흘러내려서 생긴 호수로, 가장 가까운 마을인 푸에르토 에덴Puerto Eden에서도 수백 킬로미터 떨어진, 인간의 발길이 닿지 않는 오지에 있다.

호수를 발견한 이는 칠레 삼림청의 관리인이었다. 그는 지난 3월에 순찰할 때는 버젓이 잘 있던 호수가 5월에 가보니 없어졌다고 했다. 칠레 국립과학연구센터Center for Scientific Studies, CECS가 지질학자를 파견해 현장을 둘러봤다. 비행기로 주변을 둘러본 결과, 넓이 2만 제곱미터의 호수가 정말로 말끔히 사라졌다. 호수 밑바닥은 40미터 정도 깊게 파여 검은 진흙을 드러냈고, 호수 위에 떠 있던 빙하는 좌초된 선박처럼 잘게 부서져 파묻혔다.

▶사라진 호수의 미스터리

사라진 호수의 미스터리를 인터넷으로 파헤치며, 나는 남아메리카 대륙의 최남단, 칠레 푼타아레나스Punta Arenas에 있었다. 푼타아레나스는 막대 과자처럼 긴 칠레의 최남단에 자리 잡은 소도시다. 남아메리카 대륙의 남단을 이르는 파타고니아Patagonia(사전적으로는 남위 39도 이남을 가리킨다)의 중심도시이기도 하다. 수도 산티아고Santiago에서 푼타아레나스까지 이어지는 길은 없다. 험한 안데스가 칠레의 홀쭉한 땅을 삼켜버렸기 때문이다.

이층집 호스테리아(칠레에서는 저렴한 호스텔을 이렇게 부른다)와 인터넷 카페를 오가며, 나는 어떻게 템파노 호수에 접근할 수 있을지를 연구했다. 남극을 향해 떠나는 배가 들어오기까지 나에겐 아직 일주일이 남아 있었다.

템파노 호수에서 가장 가까운 마을은 푸에르토 에덴이었다. 인디언들이 사는 이 마을 또한 험한 안데스와 깎아지른 피오르로 고립돼 있어서, 도로는 물론이고 정기 항공편도 없었다. 오직 칠레 중부 푸에르토 몽트Puerto Montt와 남부 푸에르토 나탈레스Puerto Natales를 잇는 화물선 나비막Navimag1이 한 달에 두어 차례 쉬어갈 뿐이었다. 그렇게 푸에르토 에덴에 도착하고서도 템파노 빙하호까지 카약을 타고 며칠을 더 가야 했다. 템파노 호수의

남극 킹조지 섬의 마리안 소만 빙하. 지구온난화는
빙하 활동의 평형을 깨뜨려 자연재해를 종종 일으킨다.

실종 사실이 두 달 만에 발견된 이유를 알 수 있었다.
 파타고니아의 무원지대를 카약으로 누비던 한 모험가가 템파노 빙하호
에서 찍은 사진을 한 블로그[2]에서 봤다. 갈수기의 저수지처럼 바닥을 드러
낸 호수에는 아직 빙산 조각이 꽂혀 있었다. 남아메리카 사슴인 휴물Heu-
mul이 호숫가에서 머리를 돌리고 퀭한 눈으로 카메라를 쳐다봤다. 기괴한
풍경이었다.
 템파노 호수 취재는 포기할 수밖에 없었다. 전용기를 타고 다니는 할리
우드 스타도 아니고, 그 먼 거리를 일주일 안에 다녀오긴 불가능했다. 그

대신 발디비아^{Valdivia}의 칠레 국립과학연구센터의 수석 빙하학자이자 기후변화정부간위원회 제4차 평가보고서의 저자³인 기노 카사사^{Gino Casassa} 박사의 설명을 듣고 사라진 호수의 미스터리를 이해할 수 있었다. 그는 친절하게 전자우편을 보내왔다.

"템파노 빙하호 소식이 알려지자마자, 동료 과학자인 안드레스 리베라^{Andres Rivera}와 젠스 웬드트^{Gens Wendt}가 서둘러 날아갔습니다. 빈 호수에는 이미 물이 조금씩 차기 시작했다고 하더군요. 호수 실종 사건의 가장 강력한 가설은 해빙에 따른 빙하 운동입니다. 빙하가 녹은 물이 호수로 흘러내렸고, 어느 순간 호수 바깥쪽(빙하 맞은편)의 댐이 붕괴된 겁니다. 그 결과 호수가 가둔 물이 한꺼번에 사라진 거죠."

따뜻한 기온에서 빙하 표면은 녹는다. 얼마 안 돼 빙하 표면에는 녹은

빙하홍수는 장기적이고 규칙적인 운동이다. 하지만 최근에는 빙하의 붕괴가 잦아져 빙하홍수의 빈도도 잦다.

물이 흐르는 계곡이 생기고, 이윽고 빙하 아래 깊은 곳에서 터널로 바뀌어 호수와 연결된다. 그런데 따뜻한 날씨가 이어지면 빙하가 많이 녹아 호수에 물이 차기 시작한다. 호수 수위가 특정 임계점에 이를 때, 빙하 터널은 수압을 이기지 못한다. 그 순간 빙하 터널이 붕괴되고, 갑자기 많아진 호수 물이 호수 바깥쪽 댐도 연이어 붕괴시킨다. 물이 쏟아져 나가고, 호수가 사라지는 것이다. 물론 이것은 빙하의 장기적이고 역사적인 운동이다. 하지만 기온이 높아질수록 붕괴가 잦아지고 파괴력이 커진다. 그것이 문제다.

"사실 이 호수는 30년 전에는 존재조차 하지 않았어요. 빙하가 녹아 생긴 거죠. 기후가 온화해짐에 따라 템파노 빙하는 점점 많이 녹았고, 이에 따라 새로 생긴 템파노 호수의 수위는 점점 높아졌습니다. 반면 호수를 댐처럼 막고 있는 빙하는 점점 얇아지고 후퇴하고 있었죠. 그 두 가지 요인 때문에 호수의 물이 갑자기 빠져나가지 않았나 싶습니다."

이런 현상을 '빙하홍수' Glacial Lake Outburst Flood, GLOF 혹은 '요쿨라웁' Jokullaup [4]이라고 부른다. 히말라야에서는 이미 대표적인 자연재난으로 일반화됐다. 빙하호 붕괴로 빙하 아래 위치한 마을 사람들이 물난리를 겪기 때문이다. 히말라야 인접국에서 활동하는 국제통합산악개발센터 International Center for Integrated Mountain Development, ICIMOD[5]는 '히말라야 산맥의 50여 개 빙하호 둑이 조만간 무너질 위험에 처했다'라는 분석 자료를 내기도 했다. 중국, 인도, 부탄, 네팔, 파키스탄 5개국에 걸친 히말라야 산맥에는 1만 5,000개의 빙하와 9,000개의 빙하호가 있다.

▶거대한 대륙의 뗏목을 타고 온 펭귄

푼타아레나스의 일상은 느리게 흘러갔다. 빨간 교복을 입고 카메라 앞에서 손가락으로 브이를 만들어 보이는 아이들과 플라스틱 쇼핑백을 들고 바람을 헤치며 지나가는 중년 부인들로, 도시는 내 일상과는 다르게 언제나 분주했다. 푼타아레나스에서 바람은 세차게 불었고, 따라서 거리에서는 힘을 주어 걸어야 했다. 바람에 익숙한 푼타아레나스 사람들은 아르마스 광장The Plaza de Armas에 나와 좌판을 펴놓고 옷을 팔았다. 팔리기도 전에 옷은 바람에 날렸다. 도시는 거리를 휩쓰는 바람으로 흔들렸고, 머리카락은 사방으로 흩날렸다.

값싼 킹크랩과 칠레 와인 그리고 바람이 지겨워질 즈음 대륙의 남단에서 북쪽의 파타고니아를 향해 올라가보기로 했다. '남극 예행연습차 펭귄과 빙하를 미리 만나보는 거야!' 하는 생각으로 숙소를 떠났다.

펭귄은 남극에만 있는 게 아니다. 전 세계 펭귄은 17종이다. 황제펭귄이나 킹펭귄, 아델리펭귄, 턱끈펭귄, 젠투펭귄, 마카로니펭귄처럼 남극에 사는 종도 있지만, 파타고니아와 오스트레일리아, 뉴질랜드, 아프리카 남부 등 남반구 고위도 지역을 비롯해 갈라파고스 등 열대 지방에도 펭귄이 산다. 남반구 전체 대륙에 흩어져 사는 셈이다. 펭귄은 으레 남극에 살 거라는 우리의 일반적 선입견과 다르다.

펭귄은 오래된 새다. 펭귄은 맨 처음 곤드와나 대륙에 살았다. 곤드와나 대륙은 남극 대륙을 중심으로 남아메리카, 오스트레일리아, 아프리카가 남반구 아래에 붙어 있던 땅이다. 마치 지금의 유라시아처럼 말이다.

지금으로부터 6,500만 년 전, 신생대 팔레오세의 곤드와나 대륙으로 가 보자. 공룡은 알 수 없는 이유로 멸종했다. 이제 막 포유류와 조류 등이 다양한 종으로 진화하기 시작했다. 맨틀과 지각의 운동으로, 이들이 살던 터전인 곤드와나 대륙이 천천히 분리되고 있다. 아프리카와 인도는 이미 떨어져 나갔고, 남아메리카와 오스트레일리아는 아직 남극 대륙과 붙어서 곤드와나 대륙을 이루고 있었다.

곤드와나의 기후는 온화했다. 위도가 낮은 지역에선 아열대 숲이 번성했고 타조가 뛰어다녔다. 지금의 남극보다 조금 따뜻한 위도에 있었지만, 그것이 지금보다 따뜻했던 이유의 전부가 아니다. 당시에는 열대지방에서 남반구 고위도로 난류가 흘러서 남극 해안가를 데웠다.[6] 펭귄은 이런 따뜻한 기후에서 살았다. 곤드와나의 펭귄은 키가 1.5미터에서 2미터에 이르기도 했다. 몸집이 컸으며 걸을 땐 마치 사람 같았다. 또한 최고의 수영선수였지만 날지 못하는 새였다. 펭귄이 살던 시대의 기후는 지금의 남극처럼 춥지 않았다.

과학자들에게 펭귄이 추운 남극 대륙에서도 살고 열대의 갈라파고스에서도 산다는 사실은 오랫동안 미스터리였다. 따뜻한 지방에서 살던 펭귄이 상위 포식자의 위협을 피해 남극으로 이동해 정착했다는 가설도 있지만, 통설은 그 반대 방향으로 움직였다고 본다. 펭귄은 원래 한 덩어리로 붙어 있던 곤드와나에 살았다. 하지만 곤드와나는 아프리카와 남아메리카, 오스트레일리아로 순서대로 분리됐다. 펭귄은 이런 대륙의 이동에 따라 북쪽으로 흩어진 것으로 보인다. 펭귄의 화석이 발견된 지역을 살펴봐도, 펭귄은 곤드와나의 중심인 남극뿐만 아니라 곤드와나의 변방인 남아

곤드와나 대륙의 펭귄들은 대륙의 판들을 따라 남아메리카와 아프리카, 오스트레일리아로 흩어졌다. 가장 고립된 지대에 남은 남극의 펭귄들은 이 지역의 우세종으로 자리 잡을 수 있었다.

메리카 중남부와 적도 근처의 북부에도 분포했다는 사실을 알 수 있다.[7]

천만 년이 흘렀다. 지금으로부터 5,500만 년 전, 신생대 팔레오세에 곤드와나 대륙에서 마지막으로 오스트레일리아가 떨어져 나갔다. 내해로 연결됐던 남아메리카도 이미 떨어져 나간 뒤였다. 이제 남은 건 남극 대륙뿐이었다.

그리고 세계로부터 고립된 남극 대륙에 혹독한 기후 변화가 찾아왔다. 남아메리카와 남극 반도 사이에 드레이크 해협 Drake Passage이 열리고 오스트레일리아의 태즈메이니아 섬 Tasmania Island과 남극 대륙 동쪽 사이에 항로가 만들어지면서, 남극 대륙을 중심으로 도는 남극순환해류가 흐르기 시작했다. 이 해류는 북쪽에서 내려오는 따뜻한 바닷물에 장벽을 치고 남극 대륙을 차갑게 포위했다. 그리고 1,500만 년이 흘렀다. 지금으로부터 4,000만 년 전, 남극해에서 얼음이 발달하고 대륙에 만년설이 쌓이기 시작했다. 400만~700만 년 전까지 남극 대륙에서는 대규모의 빙결작용이 이어졌다.[8]

남극 대륙은 웬만한 동물이 살지 못할 정도로 추워졌다. 포유류는 진화하지 못하고 사라졌다. 남극 대륙에 왜소하게 남은 곤드와나의 펭귄들은 추위에 적응하는 방향으로 진화하기 시작했다. 반면 곤드와나가 여러 대륙으로 찢겨나갈 때, 거대한 대륙의 배를 탄 펭귄들은 차갑거나 온화하거나 가끔은 더운 각 기후대에 적응하기 시작했다. 남극 대륙에 남은 황제펭귄, 아델리펭귄, 턱끈펭귄, 젠투펭귄, 킹펭귄, 마카로니펭귄 6종은 지금도 추위와 싸우고 있다. 킹펭귄, 록호퍼펭귄, 훔볼트펭귄, 마젤란펭귄 등은 파타고니아 연안에서 살고, 노란눈펭귄, 피오르드랜드펭귄, 리틀블루펭귄

(키가 40센티미터밖에 안 돼서 '꼬마펭귄'으로도 불린다) 등은 뉴질랜드나 오스트레일리아 등에서, 아프리카 펭귄('자카스펭귄'이라고도 불린다)은 서남부 아프리카에서 산다. 갈라파고스펭귄은 열대에서 뜨거운 날씨를 즐긴다. 적도는 정확히 갈라파고스 제도를 지나간다. 갈라파고스펭귄은 가장 더운 곳에 사는 펭귄이다.

푼타아레나스에서 한 시간 정도 떨어진 오트웨이 해협Otway Sound에 사는 마젤란펭귄도 곤드와나 출신이다. 마젤란은 운 좋게 대륙의 뗏목을 얻어 탐으로써, 영하 30~40도에 이르는 극한의 추위와 싸우지 않고 살 수 있게 되었다. 마젤란은 서늘한 기후의 파타고니아에서 산다. 하지만 일부 무리는 칠레 중부의 칠레오 섬까지 올라가 서식하기도 하고, 사실상 남극권인 드레이크 해협과 사우스셰틀랜드 제도에서 발견되는 무리도 있다.

바다 사냥을 마친 마젤란펭귄들이 오트웨이 해협의 해안가에 모인다. 해안가는 사냥을 마친 펭귄들의 집결지이자 짝짓기 장소다. 물에서 첨벙첨벙 기어들어온 마젤란 한 마리가 목을 하늘로 곧게 펴고 하늘을 바라보며 날갯짓을 한다. 짝짓기 기간에 펭귄은 이렇게 울음소리를 낸다(이것을 '브래잉braying한다'고 말한다).

펭귄은 바닷가에서 브래잉을 하다가 집으로 돌아가기 시작한다. 펭귄의 둥지는 내륙 안쪽에 있다. 집으로 가는 길은 항상 일정했다. 사람이 다니면 길이 나는 것처럼, 마젤란이 다니는 길의 잔디는 살짝 벗겨져 있었다. 펭귄은 강(사실 너비가 2미터도 되지 않는 개울이다.)을 건너고 언덕을 오르고 갈대밭을 지나 펭귄 아파트 단지에 이른다. 마젤란들이 여기저기에 굴을 파둔 것이다. 그곳에 알을 낳는다.

▶드레이크 해협을 건너 킹조지 섬으로

　일주일이 흘렀다. 그 사이 영어를 못 알아듣는 택시 기사에게 '에어포트'를 부르짖지 않고, 스페인어로 '에어로푸르토'라고 말할 수 있게 됐다. 그 즈음 유주모게올로기야(유주모) 호의 입항 소식이 들렸다.

　유주모 호는 6,000톤급 러시아 국적 연구선Research Vessel, R/V이었다. 세종기지를 운영하는 극지연구소 연구원들은 해마다 유주모 호를 빌려 남극 연안에서 연구를 수행해왔다. 유주모 호는 이번에도 2008년 겨울을 날 세종기지 신입대원들을 찾아왔다. 이튿날 오후 유주모 호는 나와 세종기지 신입대원들을 싣고 지구에서 가장 험난하기로 이름 난 드레이크 해협을 통과했다.

　파도가 선실 창문을 때리는 소리에 잠을 깼다. 거대한 파도에 휩쓸려 배가 통째로 요동치고 있었다. 네 다리를 딛고 선 탁자가 넘어졌다. 욕실 선반에 세워둔 샴푸니 비누니 하는 것들도 우당탕 소리를 내면서 흩어졌다. 이미 날이 밝아 있었다. 거인 같은 파도가 배를 삼킬 듯 성큼성큼 다가왔고, 유주모 호는 거인의 어깨를 타고 가까스로 파도를 넘어갔다. 배는 추락하는 전투기처럼 바다에 꽂혔다가 비상하는 전투기처럼 하늘로 날아오르는 동작을 반복했다. 선원들은 벌써 파김치가 되어 있었다. 몇 년째 배를 탄 연구원들은 롤러코스터 상황을 예지하고 '동면' 상태에 들어갔다. 배 안이 고요해졌다.

　유주모 호가 지금 지나고 있는 곳은 드레이크 해협이다. 지리적으로는 남극수렴대의 한복판을 가로지르고 있다. 남극수렴대는 남위 50~60도 부근에서 남극을 원형으로 둘러싸고 있다. 남극순환해류가 이 원을 따라 남극을 돈다. 대서양과 태평양에서 출발한 따뜻한 바닷물이 남진하다가 차가운 남극순환해류를 만난 뒤에 진로를 잃는다. 5,500만 년 전 신생대 팔레오세부터, 남극수렴대는 온화한 곤드와나를 동물과 식물의 불모지 남극으로 만들었다. 당시에 마지막으로 오스트레일리아와 분리되고 둘러쳐진 차가운 해류 장벽이 바로 남극순환해류이고, 이로 인해 형성된 해양전선을 남극수렴대라고 부른다.

남극수렴대 남쪽이 남극이다. 남극수렴대를 지나면서 기후가 극적으로 바뀐다. 공기가 확연하게 차가워진다. 어제까지 갑판에 나가 담배를 피우던 사람들이 1, 2분 만에 곱아버리는 손가락 때문에 담배를 포기했다. 안개가 자욱하게 바다를 덮었다. 이물 쪽으로 빙산이 하나둘 흘러내려왔다. 남극수렴대 남쪽에는 지구 전체 바다 면적의 10분의 1에 해당하는 3,626제곱킬로미터의 바다가 있다.[9] 이 세상에서 가장 폭풍우가 심하고 험난한 바다들이 존재하는 곳이다. 모진 비바람과 추위 때문에 사람들은 하얗게 빛나는 빙산을 거들떠보지도 않았다. 유주모 호는 롤러코스터 같은 항해를 계속했다.

남극은 때에 따라 정의가 다르다. 남극을 지리적으로 엄밀하게 정의하려면, 남위 66도 33분 아래, 곧 남극선 이남 지역을 남극이라고 불러야 한다. 지구의 지축이 수직면에서 약 23.5도 기울어졌기 때문에, 남극권은 한여름에 해가 지지 않고 한겨울에 해가 뜨지 않는 백야의 한계선이 된다. 남극권은 남극 대륙을 도넛처럼 둘러싸고 있다.

하지만 목적지인 킹조지 섬King George Island 세종기지는 대한민국 국민의

세종기지에 꽂혀 있는 이정표. 남극을 둘러싼 바다로 고립돼 있기 때문에 가장 가까운 남아메리카 푼타아레나스도 비행기를 타고 세 시간 거리다.

    기대와 달리 남극권 밖이다. 실제로 남극에 관한 정보를 효율적으로 요약한 《론니플래닛―남극》도 세종기지가 있는 킹조지 섬을 '아남극권' 챕터에 분류해놓고 있다. 그렇다. 세종기지는 아남극이다. 남위 62도 13분. 남극으로 분류되는 위도 커트라인에서 4도나 모자란 것이다. 한국으로 치면 한반도 남쪽에 떨어진 제주도와 같다.

    하지만 세종기지가 있는 킹조지 섬은 남극의 전형적인 기후와 생태적 특성을 보인다. 무엇보다 겨울에 바다가 언다. 바다얼음의 결빙과 해빙이 생태계 활동의 주요한 변인으로 작용한다. 눈앞이 안 보일 정도로 휘몰아치는 남극 눈보라인 블리저드Blizzard도 시시때때로 인다. 바로 남극수렴대 안에 있기 때문이다. 그래서 지리적인 정의보다 더 일반적으로 남극수렴대 안을 남극이라고 부른다.

하루 동안의 사투 뒤, 배는 남극수렴대를 탈출했다. 모진 비바람은 그쳤지만 공기는 한층 냉랭해졌다. 남극에 들어선 것이다.

유주모 호는 사흘 만에 킹조지 섬에 도착했다. 땅이나 바위, 암벽 같은 황톳빛 육지는 없었다. 밀가루 반죽을 펴놓은 것 같은 만년설이 킹조지 섬을 위에서 아래로 평평하게 덮어버렸다. 색은 파랑과 하양이 전부였다. 바다가 아닌 모든 것은 하얀색이었다. 해안가 절벽이나 파도가 들어오는 자갈밭이 그나마 자기 존재의 색을 밝혔다. 일 년에 두어 달 잠깐 눈이 사라지는 구역이다. 세종기지 연구원들은 '(눈이) 벗겨진 지역'이라는 표현을 썼다.

세종기지는 만년설이 삼킨 하얀 육지의 끝에 빨간색으로 자기 존재를 드러내고 있었다. 배는 세종기지 앞 마리안 소만 Marian Cove의 한가운데에서 닻을 내렸다. 세종기지 앞 부두에서 검은 조디악(고무보트) 한 대가 출발했다. 러시아 선원이 이물 아래로 사다리를 던졌다. 빨간 방수복을 입은 한국인이 사다리를 기어 올라왔다. 백발의 꽁지머리를 늘어뜨린 그는, 세종기지의 제20차 월동대장인 이상훈 박사였다.

"남극에 잘 오셨어요."

유주모 호는 세종기지가 한 해를 날 보급품을 싣고 있었다. 사실 이 배의 임무에는 이 보급품을 세종기지에 안전하게 전달하는 것도 있었다. 하역작업은 세종기지의 한 해 일거리 가운데 가장 난이도가 높았다. 세종기지에는 대형선박이 정박할 만한 부두가 없다. 그래서 마리안 소만 한가운

킹조지 섬의 위도는 남위 62도에 지나지 않지만, 남극의 전형적인 기후와 식생을 보인다. 하지만 해안가를 중심으로 섬의 일부에는 여름이 찾아오기도 한다.

데 멈춰 선 유주모 호에서 화물을 내려 소형 바지선인 '거북호'로 옮겨야 했다.

유주모 호가 도착한 즉시 하역작업을 개시했지만, 다섯 시간도 채 되지 않아 기지 대원들은 일손을 놓아야 했다. 안개가 끼고 바람이 세졌기 때문이다. 네 개의 컨테이너를 세종기지에 내려놓아야 하는데, 바람이 작업이 불가능한 초속 10미터를 수시로 넘나들었다. 파도가 바지선을 치자, 바지선은 끼익끼익 소리치며 갈피를 잡지 못했다. '작업을 중단한다', '작업을 재개한다'는 무전기 소리에 대원들이 한숨을 이틀 동안 쉰 뒤에야, 세종기지는 한 해를 날 생활필수품들을 챙길 수 있었다.

세종기지는 1987년에 세워졌다. 1986년 4월에 남극답사단이 처음 킹조지 섬에 상륙했고, 그해 12월에 일꾼들이 첫 삽을 떴으며, 이듬해 2월 17일에 세종기지 완공식이 열렸다. 답사에서 부지 확정, 시공과 완공까지 일 년이 채 걸리지 않을 정도로 공사는 속전속결로 치러졌다. 198명의 건설 기술자들은 남극 특유의 '백야'를 이용해 아침 7시부터 밤 10시까지 하루 13시간씩이나 일했다.

그 배경에는 군사정권의 수장인 전두환 전 대통령의 '엄명'과 '의지'가 있었다. 남극으로 떠나기 전, 1986년에 남극답사단으로 처음 킹조지 섬을 방문한 극지연구소의 장순근 박사를 만난 적이 있었다. 장 박사는 그때의 상황을 이렇게 설명했다.

"남북한이 거의 동시에 남극조약에 가입했어요. 한국은 1986년 11월에, 북한은 이듬해 1월에 가입했죠. 그러자 전두환 전 대통령이 가능한 한 빨리 기지 건설을 추진하라고 지시한 거예요. 북한에 져서는 안 되는 시대였거든요."

정부 관계자들은 당시 북한이 먼저 남극기지를 세울 것이라고 봤다. 훗날 정부 관계자들의 생각은 기우에 지나지 않았음이 밝혀졌지만, 어쨌든 한국은 남극에 상주기지를 설치한 열여덟 번째 나라가 됐다. 결과적으로 냉전 시대 두 나라의 체제 경쟁이 한국 과학계의 씨앗 하나를 뿌린 셈이 되었다.

세종기지 대원들은 기지를 일 년 동안 지키는 상주인력인 월동대와 해마다 11월부터 3월까지 한시적으로 머무르는 하계대로 나뉜다. 월동대는 중장비 기술자, 전기 기술자, 기상예보관, 조리사, 연구원 등 15명 안팎의 기지 관리 인력을 중심으로 꾸려진다. 이들 목적의 80퍼센트 이상은 세종기지를 유지하고 관리하는 것이다. 그러기 위해 영하 30도를 밑도는 겨울을 난다. 반면 하계대는 한 달여의 단기 연구원들로 구성된다. 하계대는 세종기지에 단기간 머물면서 각종 연구활동을 벌인다.

세종기지의 역사는 20년이 넘었지만, 여기서 나온 과학계의 성과는 미미한 편이다. 세종기지가 과학적 성과를 내기보다 국가적 우월성을 상징하는 차원에서 운영돼왔기 때문이다. 어쩌면 체제 경쟁의 와중에서 급하게 설치된 세종기지의 역사적 굴레 때문이었을 수도 있다. 그래서 전두환 정부는 극지 기지를 최대한 빨리 설치하기 위해 본격적으로 극지를 연구할 수 있는 남극 대륙 대신 이미 많은 나라들의 기지가 상주한 아남극의 킹조지 섬에 세운 것이다.

그리고 그 뒤에도 세종기지에 대한 재정적 지원은 미미했다. 다른 나라와 달리 쇄빙선이 없어 남극 대륙을 오가는 데 불편했고, 기지 내 연구시설도 부족했다. 하지만 정부는 세종기지의 실속은 채워주지 않은 채 반복적으로 선전효과만 즐겼다. 세종기지는 해마다 1월 1일 특집 방송의 단골 메뉴였다. 각 방송사가 새해를 맞아 세종기지를 연결해 새해 인사를 듣는 풍경이 우리 기억 속에 각인돼 있다.

  세종기지로 떠나는 대원을 환송하는 한국인의 집단 무의식은 전쟁터에 군인을 환송하는 그것과 별반 다르지 않았다. 세종기지 대원들은 필요 이상으로 국가적 영웅으로 대접받았다. 그들은 그저 과학 연구를 위해 좀 모진 환경에서 일하는 사람들일 뿐이었다.

러시아 벨링스하우젠 기지. 종일 눈보라가 쳤다.

▶사라지는 크리스털 사막

최근에는 세종기지가 과학기지로서의 정체성을 다시 찾는 것 같다. 어려운 여건 속에서도 과학자들이 하나둘 의미 있는 논문을 내기 시작했다. 민간 연구자들도 극지연구소와 협력해 킹조지 섬에서 자료를 모은다. 2003년에 마리안 소만에서 조디악을 타고 가다가 실종되어 시신으로 발견된 전재규 대원의 죽음으로, 세종기지의 낙후된 환경이 언론에 의해 조명되면서 세종기지를 지원하자는 분위기가 모아졌다. 정부는 제2남극기지를 설치하고 쇄빙선을 도입하는 등 발전 계획을 발표했다. 물론 이조차 국가주의적 여론에 떠밀린 형세라 안타깝긴 하지만 말이다.

유주모 호에 같이 탄 이주한 극지연구소 연구원의 연구작업은 매우 흥미로웠다. 그는 세종기지 옆 마리안 소만 빙하를 지피아르(Geometric Penetrating Radar) 기법을 이용해 연구하고 있었다. 그는 지질학에 무지한 나에게 그림을 그려가며 빙하의 역사를 캐내는 방법을 설명했는데, 내가 이해한 내용은 다음과 같다.

"마리안 소만 빙하를 향해 전자기파를 쏘면 빙하의 두께, 성분, 지각 구조 등이 대충 나와요. 그래서 여러 지점에서 빙하를 향해 전자기파를 쏘고 그 측정값을 총합 분석하면 빙하의 성질을 파악할 수 있는 거죠. 2006년에는 헬기를 타고 마리안 소만 빙하를 수십 번 돌면서 전자기파를 쐈어요. 이번에는 직접 설상차를 타고 빙하에 올라가 전자기파를 쏠 거예요. 오류 값 정도를 잡아내면 정확한 데이터들이 될 겁니다."

이주한 연구원은 인공위성 사진 자료와 자신의 측정치를 살펴보면, 마리안 소만 빙하의 지속 기간이 얼마 남지 않은 듯한 계산이 나온다고 했다. 그는 나에게 인공위성 사진을 보여줬다. 1980년대 인공위성 사진만 해도 마리안 소만은 하얗게 덮여 있었다. 하지만 최근에 찍힌 위성사진으로 갈수록 하얀 빙하의 면적이 눈에 띄게 감소하고 있었다.

"내 연구의 중심 주제는 빙하 후퇴에 결정적으로 작용하는 요인이 무엇이냐는 거죠. 빙하학계에서는 빙하의 전진과 후퇴가 크게 빙하 두께, 대기 온도, 수온의 세 가지 요소에 따라 결정된다고 보죠. 빙하 두께가 70퍼센트, 대기 온도가 10퍼센트, 수온이 10퍼센트 정도로 작용한다고 볼 수 있어요. 하지만 빙하 두께는 그렇게 빨리 변하지 않으므로 영향이 적지만,

▶사라지는 마리안 소만 빙하

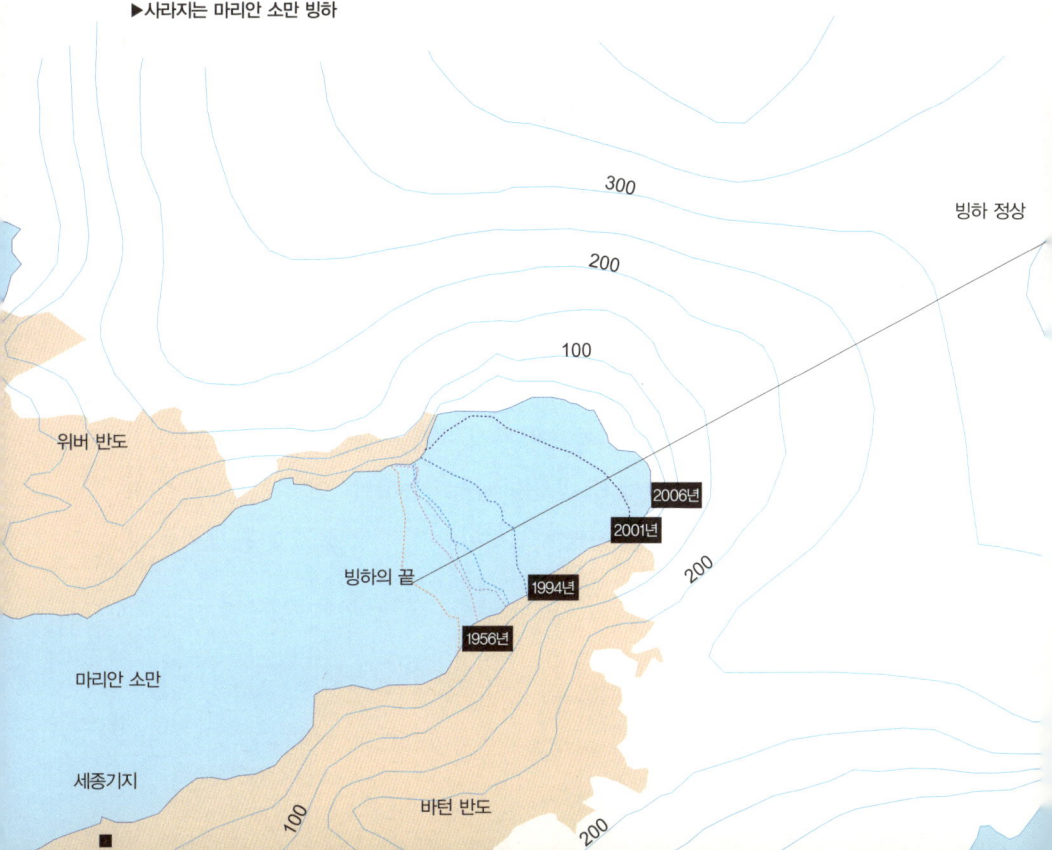

대기 온도는 급격히 상승하고 있어 결정적인 영향을 미치는 게 아닌가 싶어요."

킹조지 섬 세종기지의 온도는 1969년부터 2001년까지 해마다 약 0.037도씩 상승했다. 27년에 약 1도씩 오른 것이다.[10] 마리안 소만 빙하도 온도의 급격한 상승에 따라 빠르게 녹고 있다. 특히 1990년대 들어 빙하의 후퇴 경향은 두드러진다. 1956년 12월부터 1984년 1월까지 27년 동안 마리안 소만 빙하는 단 169미터만 뒷걸음질했다. 반면 1989년부터 1994년까지 겨우 5년 동안에, 빙하 270미터가 녹아 사라졌다. 1990년대에 들어 무엇인가가 '액셀'을 밟은 것이다. 이주한 연구원은 나에게 이렇게 말해주었다.

"이 정도 속도라면 2060년에는 저 빙하가 완전히 사라질 겁니다."

일요일 휴일이었다. 세종기지 대원들은 방 안에서 음악을 듣거나, 주중에 컴퓨터에서 내려받은 영화를 보고 있었다. 세종기지 로비에는 아침부터 와이티엔[YTN] 뉴스가 흐르고 있었다. 와이티엔은 세종기지에 나오는 유일한 한국어 방송이었다. 그러다 보니 대원들이 와이티엔 아나운서에게 팬레터를 보낼 정도로 좋아한다.

"등산 갈 건데 같이 가실래요? 마리안 소만 빙하 쪽으로 갈 건데……."

세종기지에 의사로 파견된 심지훈 대원이었다. 모처럼 하늘이 파랬다. 나는 얼른 따라붙었다. 마리안 소만의 해안가를 따라 빙하를 향해 걸었다. 해안의 자갈밭은 갈수록 좁아졌다. 십여 분을 채 못 가서 내륙에서 흘러내린 만년설에 길이 막혔다. 우리는 무작정 빙하 쪽을 향해 치고 올라갔다. 한참을 올라가니 마리안 소만 빙하가 관망되는 천연 전망대에 올라섰다. 빙하가 웅장하게 펼쳐졌다. 순백의 능선이 파란 하늘을 갈랐다. 대원들 중

한 명이 말했다.

"작년에 아르헨티나 주바니 기지 대원들이 모터스키를 타고 마리안 소만 빙하를 건너다가 크레바스에 빠져 죽었어요."

우리는 크레바스를 피해 마리안 소만 안쪽의 바턴 반도Barton Peninsula를 가로질렀다. 적어도 수만 년 동안 한 번도 녹지 않은 눈이 눈부시게 빛났다.

세종기지로 돌아오는 길목에서 코끼리해표를 봤다. 코끼리해표들은 세종기지 남서쪽 해안가에 벌렁 드러누워 있었다. 그날 아침에도 해표는 누워 있었다. 대원들과 함께 해표를 둘러쌌지만, 놈은 고개를 들고 눈을 맞추며 '쿵' 하더니 다시 엎어져 눈을 감았다.

"원래 이놈들이 이래요. 바다에서 며칠씩 사냥하다가 이렇게 해안가에 와서 하루고 이틀이고 낮잠을 자죠."

다음 날 가보니, 코끼리해표는 사라졌다. 며칠째 펭귄 서식지로 산책을 나가는 길이었다. 세종기지에서 남동쪽으로 2킬로미터가량 떨어진 펭귄 서식지를, 대원들은 '펭귄마을'이라고 불렀다. 펭귄마을은 해안 자갈밭을 따라 걸으면 나왔다. 가끔씩 해안 절벽의 눈밭이 해안까지 펼쳐진 구간에선 허리를 눈밭에 넣고 껑충껑충 뛰어야 했지만, 어렵지는 않았다. 바다 맞은편은 넬슨 섬이었다. 과학기지조차 하나도 없는 남극의 무인도.

펭귄마을로 가는 길에 펭귄들이 아장거렸다. 가장 흔히 보이는 펭귄이 젠투펭귄Gentoo Penguin이었다. 7, 80센티미터쯤 되는 키를 가진 난쟁이였고, 부리는 빨간색이었다. 눈에 띄는 빨간 부리 때문에 젠투펭귄은 똘똘한 인상이었다. 턱끈펭귄Chinstrap Penguin은 턱에서 머리까지 줄 하나가 그어져 있다. 몸집은 젠투와 비슷했다.

젠투펭귄과 턱끈펭귄은 적게는 예닐곱, 많게는 열댓 마리씩 바턴 반도 해안가를 무리 지어 놀러 다녔다. 바다에서 사냥을 한 뒤에 곧바로 육지에 올라 해맞이를 하고 있는 것이다. 젠투는 젠투끼리, 턱끈은 턱끈끼리, 사냥을 마친 펭귄들은 이렇게 어영부영 시간을 보내다가 둥지로 되돌아갔다. 다른 종은 서로 섞이지 않았다.

하지만 젠투와 턱끈 무리 속에 꼭 한 마리씩 다른 무리를 따라다니는 놈이 있었다. 아델리펭귄Adelie Penguin이었다. 눈 주위나 얼굴이 하얀 털로 덮인 젠투나 턱끈과 달리 아델리는 얼굴 전체가 검은 털이었다. 《닐스의 신기한 여행》에 따라나선 거위 몰텐처럼 아델리는 다른 펭귄 무리를 따라다녔다. 아델리는 약간 미련하면서도 장난스러워 보였는데, 날렵하지 않은 그런 모습이 남극과 어울렸다. 그런데 왜 아델리는 다른 펭귄 무리에 끼어 있을까. 세종기지에서 '새 박사'로 불리는 김정훈 연구원의 설명은 이랬다.

"길 잃은 아델리예요. 아마도 사냥을 나갔다가 무리에서 떨어진 뒤, 젠투펭귄이나 턱끈펭귄 무리에 붙은 거죠."

젠투펭귄과 턱끈펭귄은 자신과 '인종적으로' 다른 아델리를 받아들인다. 그렇다고 해서 아델리를 크게 챙겨주지는 않는 것 같다. 젠투와 턱끈은 아델리를 새로 전학 온 아이 대하듯 했다. 다른 펭귄들이 걸어가면 아델리는 뒤늦게 알고 허겁지겁 쫓아가고, 다른 펭귄들이 바다로 쏜살같이 다이빙하면 아델리는 첨벙첨벙 들어갔다.

이렇게 펭귄들과 마주치고 헤어지기를 반복하면서 30여 분 걸으니, 해안 길을 가로막는 하얀 언덕이 나왔다. 사냥을 마치고 바다에서 나온 펭귄들은 여기서 1차 집결을 한 뒤, 무리를 지어 일렬로 언덕을 올랐다. 인간이 오르기에도 숨찬 경사였다. 펭귄들은 헐떡헐떡 오르다가 데굴데굴 굴러 떨어졌다.

나도 펭귄을 따라 올라갔다. 언덕 정상에 가까워질수록 비린 냄새가 퍼졌다. 여기저기 토해놓은 크릴 배설물들, 콱콱콱 울리는 펭귄의 울음소리……. 그야말로 펭귄마을이었다. 젠투펭귄 1,719쌍, 턱끈펭귄 2,961쌍의 둥지가 절벽을 타고 이어진 곳이다. 갈색도둑갈매기, 남극도둑갈매기, 윌슨바다제비도 이곳에 둥지를 틀고 날아다닌다.[11]

펭귄마을은 남극에서 흔치 않은 생태계의 보고다. 남극 어느 곳에서나 펭귄을 볼 수 있는 게 아니다. 남극은 생명체가 존재하는 게 기적일 정도로 척박한 공간이다.

지구온난화 시대에 가장 취약할 것으로 예상되는 아델리펭귄. 모리셔스 섬의 도도새처럼 아델리도 사람이 두려운 존재라는 사실을 학습하지 못했다.

먼저 남극의 크기를 보자. 남극 대륙은 지구상에서 다섯 번째로 큰 대륙이다. 서유럽보다도 크고 미국과 멕시코를 합한 것보다 크다. 남극은 오스트레일리아의 1.5배에 이르는 거대한 대륙이다.

남극 대륙을 둘러싸고 있는 건 바다얼음이다. 북극의 바다얼음처럼 남극의 바다얼음도 여름과 겨울에 해빙과 결빙을 반복한다. 남극의 바다얼음은 여름에는 약 150만 제곱마일로 줄어들지만, 한겨울에는 750만 제곱마일로 확장된다.

남극은 지구의 나머지 대륙과 극도로 분리돼 있다. 남극 대륙을 빙글빙글 도는 남극순환해류는 따뜻한 다른 대륙들과 남극을 완벽하게 분리시켰다. 이곳을 통과할 수 있는 생물은 고래와 같은 해양생물과 몇 종의 펭귄 그리고 멀미로 고생하겠지만 배를 타고 갈 수 있는 인간뿐이다. 남극순환해류는 남극을 지구에서 가장 추운 대륙으로 고립시켰다.

1983년 7월 21일에 러시아 보츠토크 기지는 영하 89도를 기록했다. 지구에 사는 인간이 온도를 측정하기 시작한 이래 가장 살벌한 추위였다. 그러면서도 남극은 지구상 가장 건조한 지대 중 하나다. 남극의 고원 지대에는 연간 10센티미터 정도의 눈이 내리며, 해안 지역에는 50센티미터 정도가 평균 적설량이다. 이렇게 적은 강설량에도 불구하고 남극이 빙하로 뒤덮일 수 있었던 건 기록적인 추위 때문이다. 한번 눈이 내리면 남극에서는 녹지 않는다. 그래서 남극을 '크리스털 사막'이라고도 부른다.

물론 남극에 닿는 태양에너지가 적은 건 아니다. 문제는 남극의 하얀 빙하다. 하얀색은 반사율이 높다. 남극의 하얀 빙하는 햇빛 대부분을 반사하여 결국 열에너지를 지구 밖으로 방출시킨다. 높은 알베도율 Albedo rate 12 때문에 남극은 다른 대륙들처럼 햇빛으로 스스로를 데우지 못한다. 따뜻한 바닷물이 차단되고 따뜻한 햇빛을 반사하는 남극은 수직, 수평으로 고립된 지구 최후의 대륙인 것이다.

이 거대하고 고립된 대륙에서 생태계가 형성된 공간은 극히 일부분일 뿐이다. 나머지 드넓은 지역은 누구의 접근도 허용하지 않는 비어 있는 공간이며, 생물들의 분포는 몇몇 오아시스 지역에 한정돼 있다. 킹조지 섬의 펭귄마을도 그런 생태학적 오아시스 가운데 하나다.

▶크릴을 먹지 않는 동물은 없다

생태학적 오아시스는 대부분 한여름에 눈이 잠깐 녹는 지역이다. 황제펭귄과 킹펭귄을 제외한 남극의 펭귄들이 이때 맨땅에 둥지를 만든다. 펭귄마을 역시 한여름 3, 4개월 동안 절벽을 중심으로 살짝 눈이 걷힌다. 펭귄마을은 따뜻한 남향이다. 눈이 녹기 시작하기 직전인 9월쯤이면 젠투펭귄이 한두 마리씩 찾아든다. 둥지를 만들고 번식을 하기 위해서다. 이어 턱끈펭귄이 찾아와서 둥지를 만들 자리를 찾는다.

펭귄마을에 도착한 젠투와 턱끈 들은 부지런히 둥지를 짓는다. 펭귄은 일부일처제가 지켜지는 동물 가운데 하나인데, 보통 암컷이 둥지에 앉아 있으면 수컷은 주위의 잔돌을 모아 둥지를 돋워준다. 수컷은 끊임없이 둥지를 개보수하는 작업을 하는데, 귀엽게도 주위의 잔돌이 바닥나면 옆집 둥지에서 몰래 빼오는 경우도 많다.

암컷이 알을 낳으면 알을 품어야 한다. 한 달 동안 암컷과 수컷은 번갈아 알을 품는다. 한 마리가 알을 품는 동안 다른 한 마리는 사냥을 나간다. 사냥은 단체 행동이 원칙이다. 수컷들은(혹은 암컷들은) 미끄럼을 타고 펭귄마을을 내려가 쏜살같이 남극해로 잠수한다. 바다에서 사냥을 마치고 돌아온 펭귄은 알을 지키는 둥지의 펭귄에게 크릴을 토해낸다. 크릴은 펭귄의 주식이다. 펭귄마을 여기저기에는 빨간 크릴 토사물이 널려 있다.

'크릴보다 작은 생물 중 크릴이 먹지 않는 것이 없고, 크릴보다 큰 것 중에는 크릴을 먹지 않는 것이 없다.' [13]

이 말은 남극 생태계에서 크릴새우가 얼마나 중요한지를 한마디로 표현한다. 크릴은 몸길이 4~6센티미터, 무게 2그램의 작은 갑각류다. 크릴은 떼로 몰려다니는데, 그럴 때면 검푸른 바다 색깔이 빨갛게 변할 정도다. 한국의 원양어선들은 남극해와 태평양 남부에서 크릴을 대량으로 포획하여 돌아와서 판매한다. 낚시할 때 미끼로 쓰이는 작은 새우가 바로 크릴이다.

크릴은 남극해 먹이그물의 중심에 위치한다. 크릴은 크릴보다 작은 식물성 플랑크톤과 원충류를 먹고 산다. 반면 남극의 거의 모든 생물, 그러니까 어류에서부터 펭귄과 같은 조류, 해양포유류 등은 크릴을 먹고 산다. 특히 펭귄이 먹는 양식의 대부분은 크릴이다. 심지어 몸집이 수 미터에 이르는 흰긴수염고래도 4~6센티미터에 불과한 크릴을 먹는다. 남극해가 남극 동물의 목장이라면, 크릴은 목장을 푸르게 뒤덮은 목초라고 할 수 있다. 남극해의 먹이그물을 보라. 크릴이 무너지면 남극 생태계는 한번에 붕괴되고 말 것이다.

영국남극조사단British Antarctic Survey, BAS의 앵거스 앳킨슨Angus Atkinson 박

펭귄마을에서 가장 개체 수가 많은 젠투펭귄. 아델리펭귄과 달리 눈이 충분히 녹은 뒤에 둥지를 짓는 습성을 지니고 있다.

코끼리해표는 바다에서 며칠 사냥한 뒤 해안가에 올라 하루 이틀 낮잠을 자고 간다.

사는 지구온난화와 남극 크릴의 상관관계를 연구한 학자다. 앳킨슨 박사는 1926년부터 2003년까지 크릴 개체 수를 추정할 수 있는 모든 통계자료를 모았다. 그리하여 그는 1970년대 이래 크릴이 줄어들고 있다는 내용의 논문을 과학잡지 《네이처》에 발표했다.[14]

앳킨슨 박사는 특히 대서양 남서해역(남극 반도와 남아메리카로 이어지는 수

▶남극 생태계 먹이그물

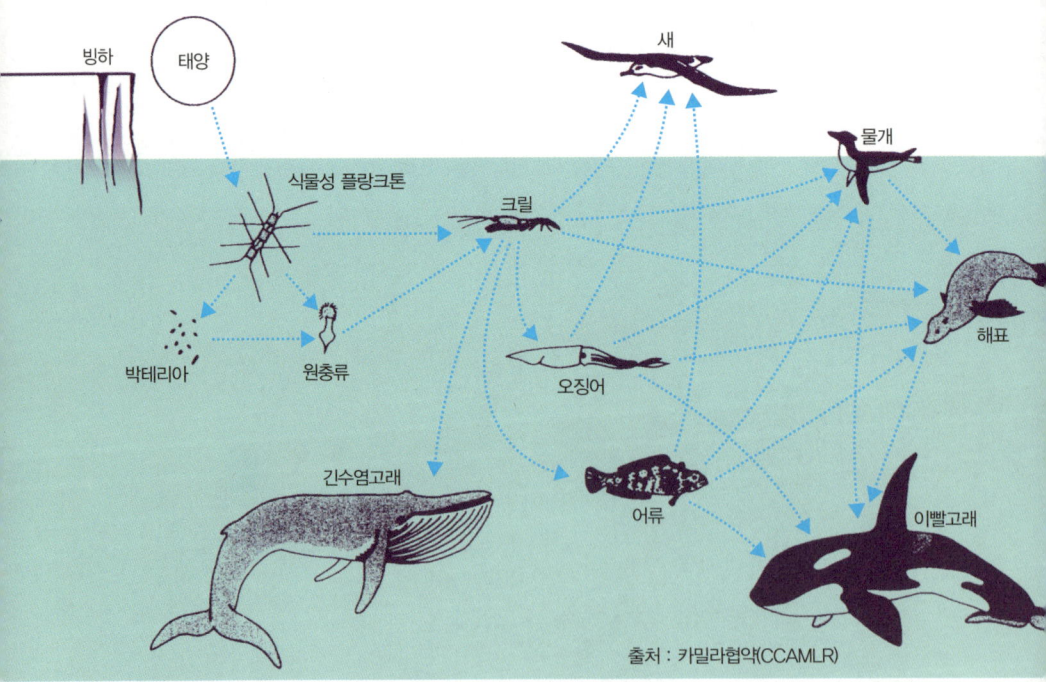

출처 : 카밀라협약(CCAMLR)

로의 왼쪽 지대)에서 이전 겨울의 바다얼음 넓이와 단위면적당 크릴의 밀도가 큰 상관관계를 보인다고 주장했다. 바다얼음이 크게 형성되면 크릴 밀도가 증가하고, 작게 형성되면 크릴 밀도가 감소한다.

크릴의 밀도와 바다얼음이 밀접한 상관관계를 보이는 이유는 크릴의 먹이와 관련이 있다. 바다얼음이 어는 북극과 남극의 바다에서는 조류의 일종인 빙조류Ice Algae가 번식한다. 빙조류는 바다얼음 아랫면의 얼음 결정에 붙거나 바다얼음 안의 작은 틈 사이에 끼어들어 산다. 바다얼음 근처에 사는 크릴은 바로 이 빙조류를 먹고 산다. 봄철 바다얼음 아래의 균열 지점에 들어가 보면, 1제곱미터당 3,000마리의 밀도로 크릴이 발견된다고 한다. 빙조류라는 좋은 먹이가 있기 때문이다. 빙조류는 성체 크릴이 봄에 알을 낳거나 유년기의 크릴이 겨울에 생존하는 데 결정적인 도움을 준다. 바닷물 층에 먹이가 없어지는 겨울에 살아남을 수 있도록 돕는 것도 빙조류다. 성체 크릴이 빙조류만 먹고 사는 것은 아니지만, 바다얼음이 덮인 바다에서는 빙조류가 크릴의 생존을 좌우하는 결정적인 먹이임에 틀림없다.[15] 그러다 보니 바다얼음이 크릴의 보육장이라는 말이 있을 정도다.

앳킨슨 박사가 관찰한 남극 반도 주변 해역은 지구에서 가장 빨리 따뜻해지는 지역 중 하나다. 남극 반도는 지난 50년 동안 온도가 평균 2.5도 상승했다. 바다얼음의 면적 또한 현저하게 줄었다. 1950년대 이래 바다얼음의 양이 약 20퍼센트가 줄었다는 연구 결과도 있다.[16] 여름에 얼지 않는 면적도 늘었다. 바다얼음 면적이 감소하니 빙조류가 줄고, 빙조류가 주니 크릴이 줄었다. 바다얼음에서 시작된 연쇄작용이다. 앳킨슨 박사의 측정치에 따르면, 1976년 이후 남극 반도 서남쪽 바다에서 크릴이 약 80퍼

▶ 남극해 주변의 크릴 밀도

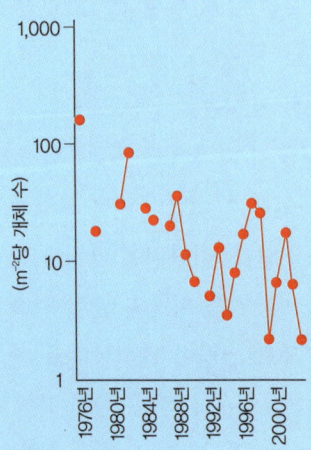

▶ 밀도 변화(10년)

크릴의 밀도는 1976년 이래 장기적으로 줄어드는 추세를 보인다. 특히 남극 반도(남극 대륙에서 꼬리처럼 튀어나온 부분) 주변 해역에서 감소세가 두드러지는 게 보인다. 반면 튜브 모양의 부유 척생동물 살파(salpa; salps)는 증가한다. 살파는 해빙과 관계없이 따뜻한 바닷물에서도 잘 견딘다.

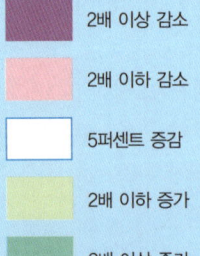

2배 이상 감소
2배 이하 감소
5퍼센트 증감
2배 이하 증가
2배 이상 증가

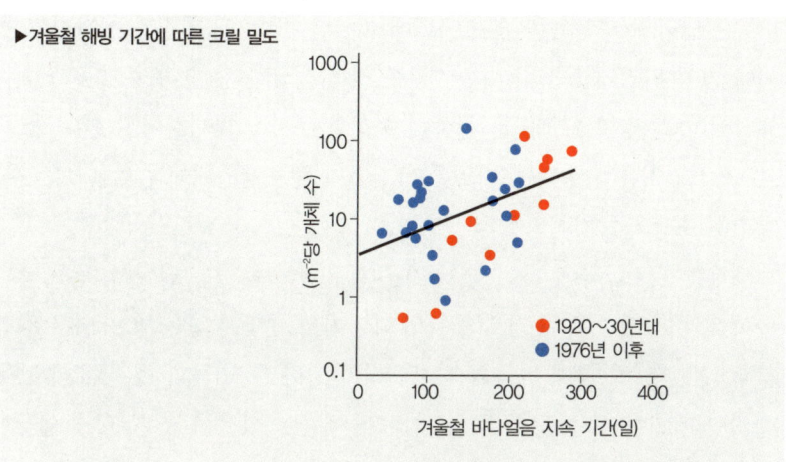

▶겨울철 해빙 기간에 따른 크릴 밀도

– 겨울철 바다얼음의 지속 기간이 길수록 크릴의 밀도는 커진다. 해빙 아래서 크릴의 생장환경이 긍정적임을 보여준다.

센트가 줄었다. 크릴의 감소는 남극 먹이그물에 막대한 영향을 끼칠 우려가 높다. 특히 크릴을 먹고 사는 펭귄에게 어떤 식으로든 악영향을 미칠 것이다.

실제로 펭귄이 줄어든다는 연구 결과도 일부나마 나와 있다. 영국남극조사단의 데이비드 아인리 David Ainley 박사는 남극 반도 최북단 앤버스 섬의 아델리펭귄 개체 수를 조사했다. 펭귄은 드라마틱하게 줄어들었다. 1974년에 1만5,000여 마리이던 아델리는 최근엔 5,000여 마리만 남게 됐다. 3분의 2가 사라진 것이다. 이 지역 또한 더는 한여름에 바다얼음이 생기지 않는 곳이다. 크릴 개체 수의 감소가 펭귄에게 영향을 미친 것임을 알 수 있다.[17]

물론 남극의 펭귄은 수백만 마리에 이른다. 몇몇 연구 결과만 가지고 펭귄이 멸종 위기에 처했다고 단언하는 것은 성급하다. 오히려 기후가 따뜻해짐에 따라 몇몇 개체군은 생존에 유리한 조건을 맞이하기도 한다. 실제로 남극의 기온 상승과 바다얼음의 감소가 황제펭귄에게는 좀 더 유리한 환경을 조성해줄 것이라는 예상도 있다.
　황제펭귄은 남극에 사는 펭귄 가운데 유일하게 얼음 위에서 알을 낳는 종이다. 비교적 따뜻한 남극 대륙의 해안가의 맨땅에 알을 낳는 다른 펭귄들과 다르다. 뤽 자케 감독의 다큐멘터리 영화 〈펭귄들의 행진〉에서 보듯이 황제펭귄이 사는 곳은 극한 지대다. 이들이 싸우는 것은 정녕 남극의

펭귄은 각 종마다 같은 무리를 형성하지만, 가끔씩 다른 종이 한두 마리 섞여 있는 경우도 있다. 아델리펭귄(뒤) 한 마리가 턱끈펭귄(앞) 무리를 계속 쫓아다녔다.

혹한인데, 온도가 조금 올라갈 경우 그런 곤란과 역경이 덜해진다.

반면 마른 땅에 둥지를 짓고 알을 낳는 아델리펭귄, 젠투펭귄, 턱끈펭귄 등은 지구온난화가 번식과 생육에 악조건을 형성한다. 감소하는 바다얼음의 영향으로 크릴이 줄어듦에 따라 먹이 조건이 불리해진다. 따뜻한 기온은 수증기 증발량을 증가시켜 구름을 많이 형성시킴으로써 좀 더 많은 강설량을 유도한다. 봄철에 내리는 많은 눈은 맨땅에 둥지를 찾는 이들의 습성을 교란시킬 것이 분명하다.

펭귄 개체 사이의 생존 경쟁이 치열해질 것이라는 전망도 있다. 일반적으로 아델리펭귄과 젠투펭귄, 턱끈펭귄은 마른 땅에서 번식하는 경쟁자다. 극소수 공간인 오아시스를 두고 자리다툼을 벌이는 사이다. 젠투, 턱끈과 아델리는 산란 습성이 다르다. 젠투와 턱끈은 일단 한겨울의 눈이 완전히 녹고 난 뒤 알을 낳지만, 아델리는 눈이 완전히 녹기 전부터 자리를 잡고 산란한다. 최근 잦아지는 뒤늦게 내리는 폭설은 아델리를 더 괴롭힐 것이다. 아델리가 품은 알들이 눈에 파묻혀 부화에 실패할 가능성이 더욱 커지기 때문이다. 아델리가 젠투와 턱끈에게 밀려날 가능성이 크다.

펭귄마을의 펭귄들은 죄다 한두 개의 알을 품고 있었다. 어미가 알을 품고 아비가 둥지를 지켰다. 제 짝이 사냥을 나간 동안 혼자 남은 펭귄은 사람의 접근에 대해 매우 민감해했다. 꽉꽉 소리를 지르고, 다리를 오므려 알을 세게 감쌌다. 하지만 그때까지 알을 깨고 나온 새끼는 없었다. 올해는 이상기온 현상으로 뒤늦게 추위가 닥치고 눈이 많이 왔기 때문이었다. 그렇잖아도 김정훈 연구원은 "눈밭에 파묻히고 얼어서 못 쓰게 된 알이 한둘이 아니었다"라고 말했다.

▶남극의 도도새가 될 것인가

 이틀 뒤 김정훈 연구원이 펭귄이 알을 낳았다는 소식을 전했다. 올해 첫 부화 소식이었다. 무전기를 들고 다시 펭귄마을을 향해 떠났다. 알을 깨고 나온 새끼 펭귄은 이미 네 마리였다. 새끼를 얻은 엄마와 아빠는 신경이 곤두섰다. 사람이 다가서자 어미 펭귄은 꽥꽥 소리를 지르며 부리로 쪼았다. 모난 돌로 쌓은 둥지 안에는 솜털이 빠지지 않은 새끼 한 마리가 숨어 있었다. 새끼는 이방인을 향해 눈을 게슴츠레 뜨고 머리를 갸우뚱했다.
 "펭귄마을의 펭귄 3,600쌍을 관리하는 건 단 서너 마리의 남극도둑갈매기예요. 남극도둑갈매기는 펭귄이 잠시 틈만 보이면 둥지로 돌진해 새끼를 낚아채 가죠."
 그렇잖아도 남극도둑갈매기가 한 시간이 멀다 하고 펭귄마을 상공을 순회했다. 우리와 마찬가지로 남극도둑갈매기도 펭귄 새끼가 알을 깨고 세상에 나오기를 기다린 것이다. 펭귄도 이들의 존재를 잘 인식하고 있기 때문에 엄청나게 주의를 기울이지만, 하루에 새끼 한두 마리는 도둑에게 납치되기 일쑤다.
 하지만 남극도둑갈매기는 역설적으로 펭귄들의 보호자 역할을 하기도 한다. 그건 마치 조직폭력배들이 술집의 매상 중 일부를 착취해가는 대신 다른 조직폭력배의 침입을 방지해주는 상황과 같다. 이를테면 킹조지 섬 펭귄마을에는 3,600쌍을 관리하는 남극도둑갈매기 서너 마리 외에는 다른 상위 포식자가 침입할 수 없다. 외지의 남극도둑갈매기나 알바트로스 등이 이곳에 들어와 펭귄 사냥을 시도하면 곧바로 날아가서 쫓아내기 때문이다. 그런 식으로 생태계의 균형이 유지되는 것이다.

"몇 년 전에 참새가 킹조지 섬에 들어온 적이 있었어요. 틀림없이 선박이나 항공기를 통해 인간과 함께 들어왔겠죠. 참새는 며칠을 버티지 못하고 시야에서 사라졌어요. 남극의 냉혹한 환경에 적응하지 못한 거죠."

무원고립지대인 남극과 다른 대륙을 오갈 수 있는 것은 오직 바닷새들뿐이다.

실제로 참새뿐만 아니라 쥐나 바퀴벌레 등이 남극에 들어온다. 하지만 번식하지 못하고 남극에서 '멸종'한다. 남극의 혹한 추위를 버틸 수 있는 건, 곤드와나 대륙이 분리된 뒤로 지구에서 가장 차가운 기후에 적응한 일부 새들밖에 없다. 99퍼센트 이상이 펭귄들이다.

남극에서 펭귄을 해칠 수 있는 동물은 없다. 육상 포유류가 없기 때문이다. 육상 포유류는 365일 내내 빙하로 뒤덮인 대륙에서 생존할 수 없었을 것이다. 펭귄처럼 철 따라 적당히 따뜻한 곳을 찾아다니는 철새만이 냉혹한 남극 기후에 적응할 수 있다. 그러기에 펭귄은 일단 육지에 올라오면 남극도둑갈매기 말고는 두려울 게 없다. 펭귄보다 몸집이 몇 배나 큰 해표 앞에서도, 펭귄은 아장아장 걸어 다닌다. 날지 못해도 남극에서는 불편하지 않다.

아프리카 모리셔스 섬 Mauritius Island에는 도도새가 살았다. 그 조상은 강풍

호기심 많은 펭귄들은 인간을 무서워하지 않는다. 하지만 지구온난화로 남극의 생태계가
다른 대륙과 교류하게 될 경우 펭귄들의 이런 습성은 치명적으로 작용할 것이다.

에 휩쓸려 바다를 넘어온 인도 대륙의 비둘기다. 적어도 화산 폭발로 모리
셔스 섬이 탄생한 700만 년 전부터 도도새의 진화는 시작됐을 것이다. 인
도에서 온 날개 달린 비둘기가 모리셔스 섬에서 더 이상 날개가 필요 없다
는 사실을 알아차린 건 시간이 얼마 지나지 않아서였다. 인도양의 외딴 섬
에는 상위 포식자가 없으니 날지 않아도 됐다. 날개와 날개를 움직이는 데
필요한 커다란 가슴 근육은 퇴화됐다. 도도새는 더 이상 날지 않았다.

 포르투갈 선원들이 모리셔스 섬에 도착한 것은 700만 년이 흐른 1507년
이었다. 선원들에게 도도새는 이상한 새였다. 이들은 대륙의 새와 달리 아
주 온순했고, 호기심 어린 표정으로 선원들에게 다가왔다. 도도새가 선원
들을 무서워할 이유가 뭐가 있을까? 수천 년 동안 그들의 조상들은 단 한

Chapter 7_ 펭귄은 묻고 있다

번도 포식자와 마주친 적이 없었다. 슬프게도 그 신뢰가 문제였다. 불운한 도도새들은 포르투갈의 선원부터 시작해 차례로 인도양의 외딴 섬에 상륙한 사람들에게 곤봉으로 맞아 죽었다. 사람들은 도도새의 고기가 맛이 없다고 하면서도 도도새를 때려 죽였다고 한다. 개와 돼지, 쥐도 사람들을 따라 진화의 실험실에 상륙했다. 대륙에서 온 매정한 동물들은 도도새의 알을 닥치는 대로 먹어치웠다. 상위 포식자에 대한 회피 본능이 미토콘드리아에 각인되기도 전에 도도새는 멸종했다. 단 200년 만이었다.[18]

펭귄마을에서 돌아오는 길에도 젠투펭귄과 턱끈펭귄 무리들이 끼리끼리 모여 해안가에서 아장거렸다. 역시나 길 잃은 아델리펭귄 한 마리가 젠투펭귄들을 쫓아다녔다. 남극의 햇빛이 짧은 사선으로 갓 열린 땅바닥에 스며들 즈음, 나는 펭귄 무리 옆에 가만히 앉았다. 흠칫하고 멀찍이 떨어져 헤죽거리던 펭귄들이 천천히 내 주변으로 모이기 시작했다. 햇빛은 더 고와졌고, 예전처럼 평온함이 회복됐다. 길 잃은 아델리펭귄이 나를 보고 한 걸음 한 걸음 다가왔다. 양반다리를 하고 주저앉은 나의 눈과 아델리의 검은 눈이 마주칠 즈음, 아델리는 머리를 갸우뚱거리고 몸을 비틀하더니 나를 그냥 스쳐갔다.

상위 포식자가 없는 남극에서 펭귄은 도도새처럼 유순하다. 지구를 가둔 온실이 깨지지 않고 지구는 더워지고 남아메리카와 오스트레일리아의 콘도르가 남극에 들어온다면? 인간을 따라 들어온 들고양이가 남극에 정착하는 데 성공한다면? 펭귄은 도도새처럼 비극적인 결말을 맞을 것이다.

세종기지에서 별 할 일은 없었다. 펭귄마을을 왔다 갔다 하면서 날지 못하는 새들과 놀다 보니 열흘 가까이 흘렀다. 세종기지의 이상훈 대장이 나를 불렀다.

"파도가 밉상이니 하루 일찍 떠나세요."

처음 세종기지에 들어온 날처럼 자욱한 안개가 휘감고 있었다. 파도가 높아지고, 습설이 몸을 때렸다. 칠레 푼타아레나스를 향하는 우루과이 공군기는 내일 오후에 출발할 예정이었지만, 파도가 더 높아질지 모르니 미리 공항에 가 있으라는 얘기였다. 공항은 킹조지 섬 필데스 반도Fildes Peninsula의 기지촌에 있었다. 기지촌까지는 조디악을 타고 30분을 가야만 했다.

칠레, 우루과이, 러시아, 중국의 4개 기지가 설치된 필데스 반도는 '남극의 비공식 수도'라 불릴 정도로 유동인구가 많은 곳이다. 각 기지를 연결하는 도로도 20킬로미터나 나 있다. 러시아 벨링스하우젠Bellingshausen 기지에서 하루 머물고 비행기를 타려 했는데, 서류 착오가 생겨 하루 더 늦춰졌다. 러시아 정교회 성당과 우체국, 기숙사, 기념품 가게 등을 돌아다녔다. 제설차와 중장비 기계, 모터스키가 분주하게 거리를 오갔다. 동양인과 서양인이 교차하는, 그 누구의 영토도 아닌 거리에는 묘한 무국적성의 매력이 흘렀다.

환경단체는 역사상 가장 성공한 환경협약으로, 염화불화탄소CFC 생산을 규제해 오존층 파괴를 막은 몬트리올 의정서와 함께 남극조약을 꼽는다. 1959년에 미국, 영국, 소련, 일본 등 12개국은 남극을 그 어느 나라의 영토도 아닌 지구 공동의 땅으로 선언했다. 덕분에 남극에서는 그 어떤 개발도 유예됐다. 그래서 남극은 아직 파괴되지 않았다. 남극 반도의 몇몇 오아시스를 제외하면, 남극 대륙의 대부분에서 지구온난화의 영향도 두드러지지 않는다. 펭귄이 줄어드는 매커니즘이 일부 연구에서 밝혀졌지만, 그 수는 아직 소수다. 따라서 남극에 필요한 건 예방적 조처다. 북극은 늦었지만, 남극은 아직 늦지 않았다.

"러시아로 돌아가서 캠코더를 살 건데, 삼성이 좋으냐? 소니가 좋으냐?"라는 주제를 두고 벨링스하우젠 기지 대원들과 토론을 벌이는 동안 남극의 마지막 밤이 깊어갔다. 기후변화협약도 남극조약만 같아라. 지구가 전 인류 공동의 땅이라는 진심에 서로 공감할 때, 우리는 펭귄을 구할 수 있을지 모른다.

Chapter **8**

블라디보스톡

고성 거진

한국　동해

명태는 돌아오지 않는다
Goseong, Korea
– 강원 고성

약 2만 년 전의 지구로 돌아가보자. 지금 우리가 살고 있는 시점에서 가장 최근의 빙하기가 절정에 이르렀을 즈음이다. 지구의 기온은 지금보다 낮았다. 양쪽 극지방에서 시작한 빙하의 대열이 남쪽 멀리까지 펼쳐져 있었다. 영국 북부 지방의 상당 부분은 얼음으로 덮여 있었고, 아메리카 대륙의 중북부 지방까지 얼음이 내려왔다. 캐나다의 중부 평원은 물론 미국의 위스콘신 주까지 대륙빙하가 낮고 평탄한 땅을 채우고 있었다. 지구의 평균 해수면도 현재보다 120미터가량 낮았다. 육지의 빙하가 물을 가두고 있었기 때문이다.

▶물고기들의 오아시스, 동해

마지막 빙하기 때 한반도의 모습은 어땠을까? 해수면이 낮았기 때문에 동해와 태평양의 해수 교환은 활발하지 않았다. 대양의 바닷물이 동해로 흘러들어오는 것도 어려웠고, 동해의 바닷물이 대양으로 흘러나가는 것도 쉽지 않았다. 즉 빙하기 동안 동해는 대양과의 연결이 거의 단절되어, 빗물이나 강물 등 유입된 담수의 영향을 더 우세하게 받았을 가능성이 높다. 당시 동해는 러시아의 흑해와 같은 육상의 거대한 호수였을지도 모른다.[1] 아니면 지중해와 같은 내해였을 수도 있다. 이탈리아, 그리스 건너편에 알제리와 이집트가 있듯이, 한반도가 내해로 일본과 연결되어 있었을 수도 있다.

마지막 빙하기는 약 1만 년 전에 끝났다. 지구의 온도도 천천히(물론 20세기 이후 인간의 개입에 의해 발생한 지구온난화의 속도보다 훨씬 느리게) 오르기 시작했다. 지구 온도가 완만하게 상승함에 따라 대륙의 빙하가 녹고 바다의 열팽창이 가속화됐다. 지금보다 120미터나 낮았던 바닷물도 천천히 상승하면서 육지를 잠식했다. 대양의 해류가 동해에 유입되기 시작했다. 해수면이 높아졌기 때문이다.

빙하기 동안 북태평양의 난류인 쿠로시오 해류는 그 세력이 무척 약했다. 현재보다 훨씬 남쪽으로 밀려나 있었다. 대신 동해는 북태평양의 차가운 쿠릴 해류(쿠릴 해류의 지류가 바로 동해로 내려오는 북한 한류다)의 영향을 더 많이 받고 있었다. 지구의 온도가 조금씩 올라가는 만큼 쿠로시오 해류는 북쪽으로 세력을 확장했다. 반대로 쿠릴 해류는 주춤주춤 뒤로 물러났다. 결국 쿠로시오 난류와 쿠릴 한류는 동해의 한가운데서 만났다. 빙하기가 완전히 끝나자, 동해는 난류와 한류가 섞이는 물고기들의 오아시스가 되었다.

  동해 바다에는 명태가 살았다. 명태는 빙하기가 끝난 뒤 1만 년 동안 비교적 평화로운 나날을 보냈을 것이다. 명태는 빙산이 떠다니는 베링 해, 오호츠크 해와 함께 동해를 주 무대로 삼았다. 여름에는 북극의 차가운 바다에서 피서를 즐기고 겨울에는 동해의 서늘한 바다로 내려오던 명태는,

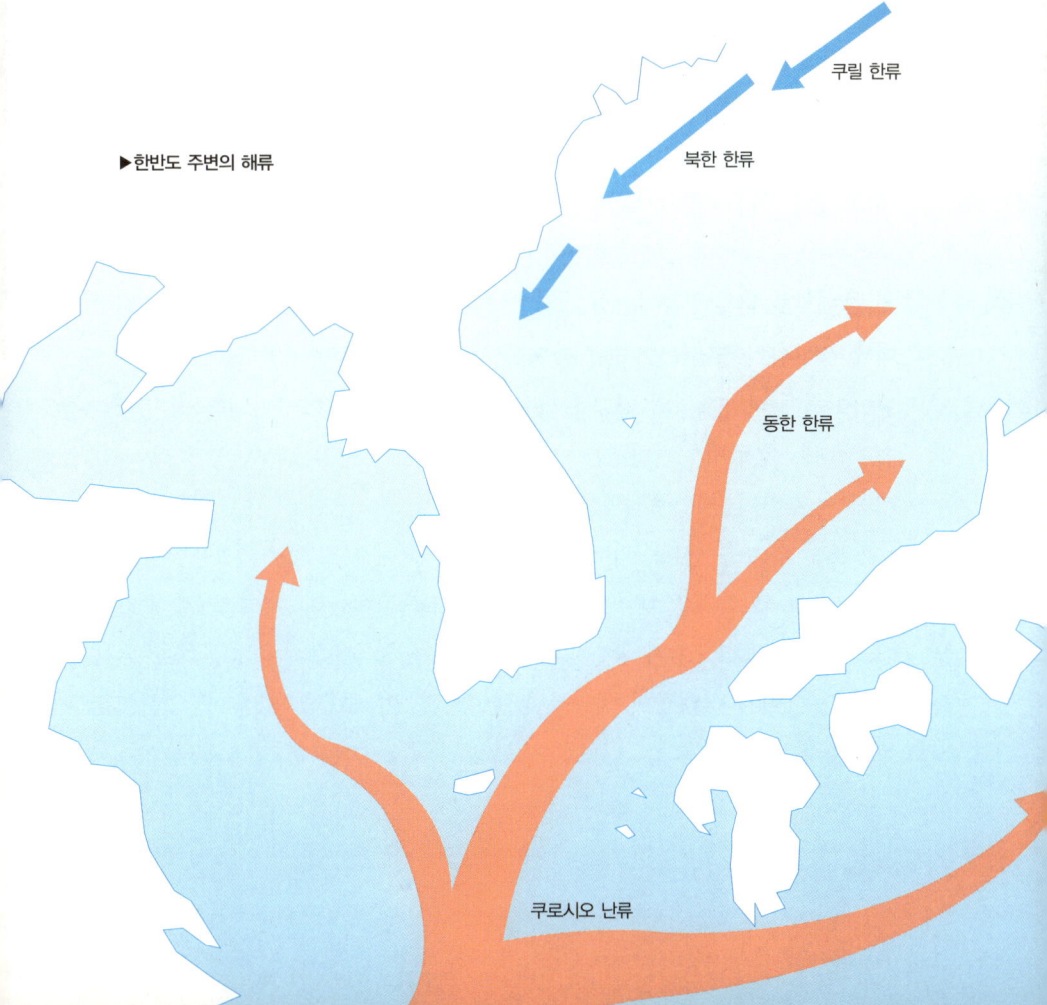

▶ 한반도 주변의 해류

아마도 쿠릴 한류가 쿠로시오 난류와 마주치는 지점까지 남하했을 것이다. 더 아래로 내려가면 명태는 뜨거워서 살지 못했다. 동해는 명태의 남방 한계선이었다.

명태는 경골어류의 원시종을 조상으로 두고 진화했다. 경골어류는 연골어류와 달리 딱딱한 뼈를 가지고 헤엄쳐 다녔다. 경골어류의 일부는 물에서 육지로 이동해 최초의 척추동물이 되었다. 인간의 역사를 진화의 역순으로 돌리면, 인간은 명태의 조상과 만날지 모른다. 명태는 물에서 육지로 이동한 최초 척추동물의 조상이다. 명태는 현생 경골어류를 일컫는 진골어류 가운데 측극기상목의 대구과 생물이다.

명태는 대구와 비슷하다. 대구와 명태를 구분하려면 명태의 얼굴을 보면 된다고 어렸을 적 할머니께서 말씀해주셨다. 명태의 입가에는 짧은 수염이 달려 있다. 수염 때문에 명태는 눈이 큰 할아버지처럼 보였다. 대구보다 명태의 몸매가 날씬하다는 것을 이미 알고 있었기에 나는 수염을 보지 않고서도 구분할 수 있었다. 할머니는 단지 시장을 따라다니는 어린아이에게 심심치 말라고 재밌는 놀이를 하나 알려준 것뿐이었다. 하지만 어린아이에게 각양각색의 명태 이름은 쉽지 않았다. 저 아주머니는 왜 명태를 생태로 부르지? 이번에는 동태로 부른다. 북어, 황태, 연안태, 원양태……, 노가리는 또 무얼까.

1975년에 가수 한대수가 〈고무신〉이라는 노래를 가지고 나온 적이 있다. 그는 마치 명태잡이의 아들처럼 이 노래를 불렀는데, 아쉽게도 2집 앨범 수록곡으로 나오자마자 판매가 금지됐다.

"우리 아버지 명태잡이 내일이면 돌아온다, 아이고 좋아, 좋아. 기분이 좋아, 좋아. 명태를 잡아오면 명태국도 많이 먹고, 명태국이 나는 좋아, 좋아. 기분이 좋아, 좋아. 명태국을 먹고 나서 명태가 몇 마리 남는다면, 나머지 명태를 팔아서 고무신을 사서 신고, 저 언덕 위에 있는 우리 촌색시 만나러 간다. 아이고 좋아, 기분이 좋아. 우리 촌색시하고 나하고 밝은 달밤에 손에 손 잡고, 아이구 좋아, 기분이 좋아. 우리 촌색시가 나는 좋아. 우리 엄마, 우리 아버지 만수무강하옵소서……."

명태는 한국인 일상에서 언제나 숨 쉬고 있었다. 가장 대중적인 생선 반찬이었고, 한때는 서민적인 술안주이기도 했다.

그 시절에는 명태국을 지겹도록 먹었다. 산 명태를 무와 함께 끓인 명태국은 밥상머리에서 지정석을 차지했다. 명태는 흔했다. 집안 살림이 넉넉지 않은 사람들도 명태 먹기는 어렵지 않았다. 명태는 그래서인지 일상과 가까웠던 것 같다. 누나와 결혼한 매형은 북어 대가리로 발바닥을 맞았다. 대학시절에 어두컴컴한 호프집에서 선배들은 노가리를 시켰다. 노가리를 고추장과 마요네즈에 찍어 먹으면서, 우리는 노가리가 명태의 새끼인지 아닌지에 대해 논쟁을 벌였다.

한대수의 노래 〈고무신〉은 미풍양속을 해친 것인지 어쨌는지 알 수 없는 이유로 판금됐지만, 이 노래는 당시 시대적 상황을 잘 반영하고 있다. 동해의 명태잡이는 1970년대에 몇 년째 풍어를 올렸다. 명태바리(동해 어민들이 명태잡이 배를 이르는 말)가 모이는 고성 거진에서는 '똥개도 명태를 물고 다닌다'는 말이 나올 정도였다. 그래도 어족 자원은 보호해야 했으므로 정부는 27센티미터 이하의 명태 치어 포획을 금지했는데, 어민들의 사정은 그게 아니었다. 어민들 사이에 '노가리는 명태가 아니다'라고 뜬소문이 돌았고, 어민들은 뜬소문을 핑계로 마구잡이로 노가리를 잡아들였다. 그래서인지 호프집 노가리 안주값은 무척 쌌다. 사람들은 노가리를 씹으며 〈포장마차〉라는 노래를 잘도 불렀다.

2006년이었다. 명태를 보러 고성에 갔다. 태어나서 처음으로 명태에 대해서 생각하고 명태를 보러 먼 길을 떠났다. 그 화려하던 명태의 천국 동해에서, 명태는 믿을 수 없을 정도로 사라지고 있었다. 여염집의 밥상에서, 호프집의 안주상에서, 명태가 사라진 게 그때 즈음이었다. 명태 어획량의 감소율은 당시 절정에 이르렀다. 누군가 명태의 역사를 쓴다면, 2000년대 중반은 가장 하이라이트에 위치할 게 분명하다.

자동차가 북한강변을 쏜살같이 거슬러 오를 즈음, 나는 고성군청으로 전화를 했다. 수화기 너머로 서류 뭉치를 더듬거리는 군청 해양수산과 직원의 모습이 떠올랐다.

"글쎄, 통계가 어디 갔나……. 명태가 갑자기 이렇게 줄어드니까, 우리도 곤혹스러워요. 1980년대에는 해마다 10만 톤 이상 잡혔는데……. 음, 여기 있군. 한번 적어보세요. 2003년 336톤, 2004년 72톤 그리고 작년에는 17톤……."

작년에는 단 17톤이었다. 17톤을 되뇌며, 1톤짜리 포터 17대를 그려봤다. 보통 명태 한 마리의 무게를 200~300그램으로 잡는다. 17톤이면 대충

6만 마리에서 8만 마리다. 한 가족이라면 평생 먹어도 남을 양이지만, 명태를 사랑하는 민족이 먹기에는 턱없이 부족한 양이었다. 그 정도라면 명태는 희귀어종이 아닐까 싶었다. 운 좋아야 먹을 수 있는 희귀어. 만약 설악산의 심마니가 동해의 어부가 되어 그물을 던졌다면, 그는 '명태 봤다'를 외쳤을 것이다.

　자동차는 태백산맥의 서사면을 쑥쑥 올랐다. 설악의 연봉들이 차츰 낮아지고 바람이 차갑게 느껴질 즈음, 자동차가 강원도 인제군 용대리를 지나갔다. 용대리는 예부터 고성에서 잡은 명태를 말리는 황태 덕장으로 유명하다. 아직 철을 맞지 않은 황태 덕장의 빈 구석엔 바람이 허허롭게 날렸다. 그렇다면 작년에 내가 여기까지 와서 먹은 황태찜은 무엇이었단 말인가? 수입산이었나?

강원도 인제 용대리의 황태 덕장. 부산의 냉동 창고에서 얼린 수입산 명태를 말린다.

▶ '동지밭'에 열린 명태들

자동차는 미시령을 넘어 동해 바다에 내려왔다. 태풍의 잔영이 가시지 않은지라 바람은 눅진거리며 살랑댔다. 대진항은 남한 최북단 항구다. 그러니까 남한에서 바닷물과 바람이 가장 찬 곳에서 물고기를 잡는 어선들의 고향이다. 어제까지 태풍이 불어 배들은 꼼짝없이 항구에 붙어 있었다. 항구 앞마당 횟집의 빨간 플라스틱 대야에는 광어들이 기진맥진해 드러누워 있다. 해가 넘어갔지만 바람은 여전히 휘몰아쳤다.

대진 어촌계 사무실은 항구 앞마당의 이층 건물에 있었다. 어두운 사무실에는 어촌계장이 혼자 앉아 있었다. 사무실 벽 한복판에는 빛바랜 액자가 걸려 있었다. 액자 안에는 명태가 산처럼 쌓여 있고, 수건을 두른 아주머니들이 고무장갑을 끼고 명태를 골랐다. 어촌계장은 박평원 선장이었

명태잡이가 한창이던 옛날 시절의 사진들. 명태 축제에는 화석화된 이미지들만 찾을 수 있을 뿐이다.

다. 쉰하나의 그는 열여덟 살 때부터 배를 탔다고 했다.

"이상하게 명태가 사라졌어. 몇 년 전만 해도 여기에서부터 저기 남쪽 주문진, 삼척까지 났거든."

나는 액자를 가리켜며 물었다.

"옛날에는 명태가 정말 많이 잡혔나 봐요."

"동지밭이라는 말이 있었지. 감자밭이나 고추밭처럼 바다에 명태가 열린다고 했어. 동지 때 명태가 가장 많이 잡혔거든."

명태는 한류성 어종이다. 찬 바닷물에서 산다. 차가운 오호츠크 해에서 지내다가 바닷물이 '참을 수 없이' 차가워지면 남쪽으로 내려온다. 이때 의탁하는 바닷물이 쿠릴 해류다. 9~10월쯤이면 명태가 하나둘 동해안에 도착한다. 그리고 체외수정으로 산란을 한다. 그러고 나면 동해는 명태와 어린 명태가 사는 명태밭이 된다.

가장 북쪽으로는 고성의 대진까지, 남쪽으로는 삼척까지 명태밭이 넓게 펼쳐졌다. 고성의 어민들은 특히 동지 즈음에 그물을 던지면 그물이 찢어질 듯 명태가 걸려 나온다고 해서 '동지밭'이라고 불렀다. 동지밭에서 살아남은 명태와 노가리[2]들은 3~4월에 다시 오호츠크 해로 돌아갔다. 물론 오호츠크 해를 고향으로 두지 않는 소수 명태들도 있었다. 이들은 여름에 동해 먼 바다 심해층에 머물다가 11~12월에 연안으로 접근해 산란했다.

어쨌든 명태잡이는 늦가을에서 이듬해 봄까지 이뤄졌다. 연승낚시줄이나 그물을 바닥 깊이 깔고 오징어나 꽁치 부스러기를 미끼로 쳐놓으면 됐다. 선장은 명태 잡는 그물을 연필로 슥슥 그려주었다.

"우리는 별로 할 일이 없었어. 좋은 목을 잡아서 그물을 쳐놓기만 했지."

그리고 사나흘 뒤에 되돌아가서 그물을 걷기만 하면 명태가 떼로 달렸어. 열 바리에서 스무 바리는 우습게 가져왔어."

선장은 다시 숫자 개념에 대해 설명했다. 명태 스무 마리로 한 두름을 엮고, 백 두름을 한 바리로 친다. 바리는 말이나 소의 등에 잔뜩 실은 짐을 세는 단위인데, 배에서도 마찬가지다. 바리라는 단어에는 배 한가득 명태를 싣고 귀환한다는 의미다. 그런데 한 번 나가면 스무 바리라니! 4만 마리를 우습게 가져온다는 것이다. 한 두름이 4킬로그램 정도 된다고 했으니, 한 바리면 400킬로그램, 열 바리면 4,000킬로그램, 그러니까 4톤의 명태를 싣고 배는 위태위태한 만선이 되어 금의환향했던 것이다. 작년 한 해 동안 잡은 명태가 17톤, 대충 4,000마리였으니, 박평원 선장은 작년 한국 명태 총 어획량을 단 한 번의 출항으로 해치웠다.

나는 대학 때 노가리 안주를 올려놓고 하던 '노가리 농담'이 생각나서 그때처럼 우스개 질문을 선장에게 던졌다.

"그런데 노가리가 명태가 맞나요?"

"솔직히 어민들이 노가리를 너무 많이 잡아댔어. 원래 명태 치어 잡이는 금지돼 있었지. 명태의 산란지가 북한 장전항에서 속초의 항구들까지의 바다인데, 명태 산란지를 거의 싹쓸이하다시피 했지. 큰 거 작은 거 할 것 없이 그물로 쓸어버렸을 정도니까. 그런데도 정부가 이상하게 노가리잡이를 허가했어."

'노가리는 명태가 아니다'라는 뜬소문에 정부가 속았는지, 정부는 1974년에 이례적으로 어린 명태를 잡을 수 있게 허가했다. 미국과 일본, 러시아, 중국이 벌이는 명태 어장 싸움에서 지지 않기 위해서 선제적 대응을 한 측면도 있었던 것 같다. 명태는 동해에서 오호츠크 해 그리고 베링 해 해역까지 태평양 서부의 반달 지역을 중심으로 넓게 서식한다. 명태 서식지 가운데 동해가 최남단인 셈인데, 이 지역을 오르내리는 명태의 습성상 어느 한쪽이 많이 잡으면 다른 한쪽이 잡을 게 줄어드는 상황이 벌어진다. 명태의 파이는 한정돼 있고, 각국이 어획 경쟁에 뛰어든 상황이었다. 어장 보존을 해봐야 국가적으로 손해를 보는 조건이었던 셈이다.

하지만 적어도 치어 보존은 했어야 했는데, 그렇지 못했다. 명태의 수명은 8년이다. 한 번에 10만 개에서 100만 개의 알을 낳는다. 알이 열흘 뒤에 부화되어 노가리라는 이름을 얻는다. 하지만 얼마 살아보지도 못한 노가리는, 동해에서 오호츠크 해에서 베링 해에서 몽땅 잡혀 호프집으로 이송됐다.

노가리뿐만 아니라 큰 명태도 마구잡이로 잡았다. 오호츠크 해에서는 러시아 어선과 한국의 원양어선이 진출해 명태를 쌍끌이로 잡아갔다. 특히 이곳에서의 쌍끌이 저인망 어업방식이 문제였다. 동해 연근해에서는 미리 그물이나 낚시를 바닥에 설치하여 미끼를 문 '스스로 위험을 자초한' 명태를 잡았지만, 오호츠크 해에서는 어선에 그물을 묶고 다니면서 그 지역에서 사는 모든 명태를 휩쓸어갔다.

오호츠크 해에서 이미 명태의 씨가 말랐기 때문에 명태가 동해로 내려오지 못하는 건지도 모른다. 여하튼 1970년대와 1980년대에 정점을 이룬 명태 잔치

는 1990년대 초반까지 뒤풀이가 이어졌다. 대진항의 아이들이 명태를 주고 엿 바꿔 먹을 정도였다고 했다.

"그럼, 남획 때문에 명태가 줄어든 걸까요?"

"지구온난화 때문에 그런다고 하는데……. 물론 그 원인도 있겠지. 우리는 바다에 사는 사람이라서 겨울에 바닷물을 만져보면 바닷물이 얼마나 따뜻해졌는지 느낄 수 있어. 오징어 낚시를 할 때 추를 달아 아래로 내려보내는데, 이때도 예전과 느낌이 다르지. 예전에 바다에서 올라온 추는 얼음장같이 차가웠는데, 지금은 그런 감이 덜하거든."

물고기는 변온동물이다. 외부 온도에 자기 신체의 온도를 탄력적으로 조절하는 탁월한 능력을 지녔다. 하지만 그게 약점도 된다. 변온 능력에는 한계가 있다. 물고기는 30도의 무더위 속에서 휴양을 즐기다 영하 10도의 스키장에서 스키를 탈 수 있는 항온동물과 같은 온도 대처능력을 가지지는 못했다. 만약 열대의 변온동물이 북극해로 헤엄쳐가서 밖의 온도에 체온을 맞췄다가는 스스로 얼어 죽어버리고 말 것이다. 그래서 변온동물인 개구리, 뱀, 도마뱀 등은 추울 때 땅속에 들어가 겨울잠을 잔다. 열대지방에는 덥고 건조한 여름에 여름잠을 자는 변온동물도 있다.

변온동물은 미세한 온도 차이를 거대하게 느낀다. 이들의 피부는 온도 증폭기라 할 수 있다. 특히 물고기에게 수온 1도 상승은 내륙에서 온도가 10도 오른 것이나 마찬가지다. 수온이 바뀌면 물고기 몸속의 신진대사 속도가 변한다. 점차 몸의 움직임이 느려져 천적에 잡아먹힐 확률이 점점 높아진다. 그렇기 때문에 물고기는 온도 변화에 더욱 민감한 방향으로 살아가도록 진화했다. 굳이 불편한 환경의 수온에서 오래 버티지 않는다. 수온이 조금이라도 변하면 바로 삶터를 포기하고 다른 곳으로 이주한다.

동해의 온도는 명태가 느끼기에 극단적으로 뜨거워졌다. 1968년에서 2006년까지 동해 바다의 표층수는 약 0.8도 올랐다.[3] '혹서지역'으로 탈바꿈한 동해에 명태가 찾아올 리 없다.

"올해 1월에 눈 올 때 몇 마리 왔다 갔어. 며칠 있다가 다시 북한으로 올라간 것 같아."

어촌계장은 걱정스런 눈빛으로 창밖을 쳐다봤다. 태풍은 이미 동해를 통과했지만, 바람은 가시질 않는 것 같았다. 날카로운 바람에 어촌계 사무실 창문이 흔들렸다.

▶따뜻한 겨울에 명태는 쫓겨간다

명태바리의 본거지는 거진항이다. 거진의 인구는 작지만, 거진의 항구는 크다. 하지만 거진항에는 항구 특유의 흥성거림이 보이지 않았다. 통통배 한 척도 바다를 가르지 않았다. 배들은 항구에 움츠리고 기대어 있었다. 움직임이 일시 정지된 겨울 항구 같았다.

나흘 전에 명태가 잡혔다는 소식을 들었다. 그건 마치 '설악산에서 반달곰이 다시 발견됐다'는 뉘앙스를 띠며 내게 전달됐다. 나는 거진항에 있는 고성군 수협 사무실을 찾아갔다. 이층의 너른 사무실에 올라가니까 열댓 명의 사람이 토닥거리며 사무를 보고 있었다.

"동해항에서 출항한, 다른 어종을 잡는 선박의 그물에 몇백 마리 걸려들었다고 하더군요. 이제 명태가 내려올 때가 된 거죠. 하지만 아직 고성엔 소식이 없어요."

직원들이 '명태 박사'라고 추천하여 만난 조한기 지도총무과장은 별일 아니라는 듯 어깨를 으쓱했다. 해마다 10월 1일부터 3월 31일까지가 명태 조업기다. 지금쯤이면 연승낚싯줄을 손보고 본격적으로 명태잡이를 준비하는 사람들로 항구가 붐벼야 했다. 거진 앞바다 6~7킬로미터 해상에 지방태(수입 명태가 아닌 국산 명태를 말한다) 어장이 형성되기 때문이다. 하지만 명태 조업기라는 말은 이미 사어가 되어버렸다.

"나는 명태가 사라진 주원인이 남획 때문이라고 생각해요. 1970년대, 1980년대에 허가받지 않은 저인망 어선들이 명태를 싹쓸이했어요. 원양어선들이 더 문제였죠. 오호츠크 해로 올라가서 명태를 긁어왔어요. 물론 수온의 영향도 있겠죠. 하지만 북한과 러시아 앞바다에서도 명태가 부쩍 줄었다고 하던데……"

명태는 보통 8년을 산다. 산란할 수 있는 성체가 되는 데 3~4년이 필요하다. 물고기 치고는 재생산주기가 긴 편이다. 그래서 남획된 자원의 회복이 느리다. 1970, 1980년대에 노가리까지 해치운 남획의 전장에서 명태가 얼마 살아남지 않았다면, 소수의 명태가 다시 동해의 다수로 군림하기까지는 시간이 더 필요할 것이다.

"그런데 요 몇 년 전부터는 오징어가 풍년이에요. 오징어는 난류성 어종이거든요. 보통 오징어는 여름에 동해에서 잡히고, 겨울엔 서해에서 잡히죠. 여름의 동해 바닷물, 겨울의 서해 바닷물이 오징어가 살기에 딱 좋은 수온인데, 몇 년 전부터 늦가을까지 동해에서도 잡히기 시작했어요. 물론 올해는 수온이 이도저도 안 맞아서 오징어도 없긴 하지만……."

동해는 세계적으로 꼽히는 천혜의 어장이다. 한류와 난류가 만나기 때문에 어종도 다양하다. 동해에서는 수온이 급격히 변하는 '수온전선'이 형성된다. 따뜻한 물과 차가운 물이 부딪히는 수온 장벽이다. 이 벽을 경계로 꽁치, 멸치, 오징어 등 난류성 어종이 남쪽에 진을 치고, 북쪽엔 명태, 대구, 청어, 도루묵 등 한류성 어종이 바다를 지킨다. 그런데 이 수온전선이 조금씩 북상하고 있는 것이다.

농협 사무실에 앉아 있는데, 예순여덟 살의 할아버지가 다가왔다. 명태 선장 이태홍 씨였다. 그는 수협 직원과 내가 나누는 명태 이야기에 관심을 보였다. 그는 나에게 명태 잡던 그물을 보여주겠다고 했고, 나는 그를 따라나섰다. 그가 나를 인도한 곳은 후미진 골목 안으로 쏙 들어가 있는 창고였다. 문을 열자 뽀얗게 먼지가 일었다.

고성 거진항에 만선이 되어 돌아오던 명태바리는 이미 사라졌다. 수입산 명태가 일 년에 한 번 있는 명태 축제의 주인공일 뿐이다.

"그때는 명태가 해마다 풍년이었어요. 1982년이었나? 나도 18톤짜리 배를 사서 바다에 나갔죠. 나는 명태가 다니는 길에 환했어요. 동지바리(동지 때 잡는 명태)에는 서른 바리도 족히 실어왔습니다. 이 주낙, 그물 들이 그때 쓰던 것들이에요……. 이제 감척을 할 거지만……."

주낙과 그물이 어지러이 얽혀 있었다. 다시 바다에 나가려면, 얽힌 그물을 푸는 데만 며칠이 걸릴 것 같았다. 하지만 할아버지는 그물을 손질할 일도, 주낙을 정리할 일도 없을 것이다. 할아버지가 말을 이었다.

"군청에 감척 신고를 하면 보상금 조로 그물 한 장에 2만5,000원 정도 받을 수 있어요. 다음 주에 감척 신고를 하려고요."

감척 신고를 하는 것은 명태를 잡지 않겠다는 선언과도 같다. 할아버지는 이제 명태가 돌아오지 않을 것이라고 믿고 만 것이다.

거진항의 어민들은 절멸하다시피 한 명태로 경제적 곤란을 겪고 있었다. 명태가 사라진 어장에서 어민들이 의지하는 건 오징어뿐이다. 한여름에 오징어 어장이 끝나버리면, 어민들은 항구에서 낮잠을 잤다. 바다에 나가봤자 기름값도 건지지 못한다. 일부 어민들은 오징어를 찾아 서해까지 원정어업에 나서기도 했다. 동해 연안을 따라 쭉 내려간 뒤 남해안을 따라 서해안까지 올라가서 오징어를 잡는 것이다. 실제로 고성 배 서른두 척이 충남 보령, 대천 앞바다로 긴 여행을 다녀온 적도 있다. 하지만 기름값만 간신히 건졌다는 헛헛한 이야기만 돌 뿐이었다.

무차별적인 남획 때문일까, 아니면 지구온난화가 부른 수온 상승 때문일까. 명태는 인간의 식욕 때문에 멸절한 것일까, 아니면 열파를 피해 새로운 삶터를 찾아 떠난 것일까.

동해 명태와 관련한 논문을 검색해봤지만, 이처럼 극적인 감소의 이유를 과학적으로 추적한 논문은 찾아볼 수 없었다. 대신 국립수산과학원의 한인성 박사와 이야기할 기회가 있었다.

"특정 원인 때문에 명태가 사라졌다고 딱 부러지게 논문을 쓰긴 쉽지 않겠죠. 여러 사람이 고개를 끄덕일 정도의 가설을 내놓을 수는 있겠지만……. 그래서 일반적으로 인간의 남획과 동해 수온의 변동 모두가 영향을 미쳤을 거라고 생각해요."

그는 동해 수온의 장기적 추이를 연구하고 있었다. 1968년부터 2006년까지 국립수산과학원의 수온 데이터를 분석[4]하고 있었는데, 그가 밝혀낸 동해 수온의 상승세는 생각 외로 가파르다.

39년 동안 동해의 표층수는 약 0.8도 올랐다. 최근 100년 동안 지구 평균 수온이 0.5도, 북태평양이 0.46도 오른 데 비해 정말 빠른 속도다. 측정 기간의 차이는 있지만, 동해가 다른 바다에 비해 빨리 데워지고 있음은 명징한 사실이다. 게다가 명태가 머무르는 겨울에 동해 바다의 수온 상승은 여름철보다 두드러진다. 1968년부터 2004년까지 37년 동안의 데이터를 합산하면, 2월의 동해는 자그마치 1.47도나 올랐다. 반면 여름 상승치는 세계 평균에 근접하는 0.47도에 지나지 않았다.

동해의 수온 상승은 세계적인 기후 변화와 일맥상통한다. 한인성 박사는 겨울철 한반도 주변의 기온, 바람 및 수온에 직접적인 영향을 주는 시베리아 고기압의 세력 변화를 살펴본 적이 있다고 했다.

"1900년부터 2001년까지의 해수면 기압 자료와 1985년부터 2001년까지의 해수면 기압 자료를 비교해봤죠. 시베리아 고기압이 형성되는 중심부

부근에서 1985년부터 2001년 사이의 기압 평균이 지난 100년의 평균에 비해 3헥토파스칼이나 줄어들었더군요. 쉽게 말해서 시베리아 고기압이 예전보다 약해진 거예요."

시베리아 고기압의 약화는 겨울철 냉랭한 한파의 고삐를 풀어주고 풍속의 약화, 쿠릴 한류의 약화를 초래한다. 한 박사는 최근 39년 동안(1968년부터 2006년까지) 한반도 6개 정점(속초, 울릉도, 제주, 부산, 목포, 인천)의 기온이 1.4도에서 3.2도 따뜻해지고, 풍속은 초당 0.7미터에서 2.0미터 감소한 사실을 제시했다.[5] 시베리아 고기압의 약화가 겨울 동해의 수온 상승 그리고 종국에는 변온동물 명태의 이주를 불러일으킨 것이다.

▶한반도 자연이 변하고 있다

한반도의 기후 변화는 세계 평균의 기후 변화보다 더 극적으로 나타난다. 먼저 지구온난화의 가장 역동적인 풍경인 해수면 상승을 보자. 기후변화정부간위원회 제4차 보고서에 따르면 전 세계 해수면 상승률은 연평균 1.8밀리미터(1961년부터 2003년 사이)다. 반면 한반도의 남해는 해마다 3.4밀리미터 상승한다. 특히 제주도와 추자도, 거문도 등 제주 부근 남해의 해수면 상승률은 더욱 심해서 해마다 5.1밀리미터에 이른다. 반면 동해와 서해는 세계 평균에 못 미친다. 동해와 서해는 각각 1.4밀리미터, 1.0밀리미터가 상승했다.[6] 제주에서 남해 연안으로 이어지는 남해 벨트는 앞으로 해수면 상승의 여파를 가장 많이 받을 지역으로 추정된다. 갑자기 일어나는 너울성 파도가 해안 마을에 침수 피해를 일으키는 등 해수 범람의 빈도가 잦아질 것이고, 장기적으로 습지의 이동과 해안의 침식을 가져올 가능성이 크다.

바다의 온도 상승도 마찬가지다. 특히 동해의 수온은 세계 평균은 물론 서해와 남해보다 훨씬 큰 폭으로 오르고 있다. 최근 20년 동안 세계 해양의 평균 수온이 연평균 0.04도 오를 때, 동해는 그보다 1.5배 높은 0.06도 (1985년 이후) 올랐다.[7] 바다의 온도 변화는 이미 동해, 서해, 남해의 전통적인 어족 분포를 바꿔놓았다. 동해안에서 나는 대표적인 한류 어종은 명태를 비롯해 대구, 도루묵, 붉은대게 등이었다. 하지만 한류 어종의 어획량이 부쩍 줄었고, 대신 멸치, 오징어 등 중소형 어종의 어획량이 늘면서 보라문어, 노랑가오리 등 아열대성 어종도 발견되기 시작했다. 서해에서는 참조기와 갈치 대신 멸치와 오징어가 대표 어종으로 떠올랐다. 남해안의 대표 선수는 멸치였다. 최근에는 아열대 어종인 바다의 귀족 참다랑어가 몰려오기 시작했다. 아열대 어종이 남해 바다에서 대세를 이루는 날이 그리 멀지 않은 것 같다.

한반도 지표면의 온도 상승률은 지구 평균의 약 두 배다. 지난 100년 동안 지구의 평균 온도는 약 0.7도 오른 데 비해 한반도는 1.5도 상승했다. 온도 상승은 농업작물의 재배 한계선을 북상시켰다. 이를 가장 극적으로 보여주는 것이 전통적인 지리적 상식을 해체시킨 특산물 지도다. 한반도 남부 지리산 기슭에서 자라던 녹차가 강원도 춘천 등지로 북상 중이다. 사과는 대구와 문경이 주산지였다. 그러나 대구 사과, 경북 능금의 이름값을 강원도의 영월, 양구에 넘겨줄 태세다. 제주도를 대표하는 감귤과 한라봉은 이미 남해안의 고흥, 완도 등에 상륙해 천천히 위도를 거슬러 오른다. 열대과일인 구아바는 경기도의 남양주에서 재배된다.[8]

 기후 변화를 연구하는 표본지역에서도 생태계의 변화가 관찰된다. 2005년부터 2007년까지 3년 동안 월악산 국립공원이 위치한 충주 지역의 연평균 기온은 약 1도 상승했다. 같은 기간에 월악산에 서식하는 양서류의 종 다양성 지수는 감소했다. 이끼도롱뇽, 무당개구리, 북방산개구리 등 양서류 10종의 종다양성 지수는 2005년에 1.84이었지만, 2007년에는 1.46이다. 양서류는 어류와 같은 변온동물이기 때문에 온도 변화에 민감하다.

 한국의 대표 나무인 소나무는 일반적으로 봄에 자란다. 그런데 가을에도 가지가 자라는 이상생장 현상이 전국적으로 나타나고, 생장 강도도 세져간다. 서울 도심의 벚나무에선 꽃이 빨리 핀다. 꽤 남쪽인 전북 전주와 거의 같은 개화기다. 도시에 일어나는 열섬 현상과 더불어 증폭된 듯하다. 서울 도심의 개화 시기는 도시 외곽 지역보다 일주일가량 이르다.

 도시 생태계에 서식하는 까치, 비둘기 등 봄철 번식 조류의 번식 성공률도 증가한다. 매서운 꽃샘추위가 사라져서 번식 환경이 좋아졌기 때문이다. 까치, 비둘기는 앞으로 개체 수가 더욱 늘어날 가능성이 크다. 낙동강 유역에서 월동하는 여름철새의 개체 수도 늘어난다.

 원래 여름철새는 겨울에 따뜻한 곳으로 이동해야 하는데, 일부 '게으르거나' '튼튼한' 여름철새들이 차가운 겨울에도 그 자리에서 버티기도 한다. 겨울이 예전처럼 춥지 않으므로 게으르고 튼튼한 여름철새들이 불필요한 이동을 포기하는 것이다. 예전부터 있어온 현상이지만, 최근에 더 많아졌다. 낙동강 유역의 여름철새인 백로류는 2005년의 182마리에서 2007

▶한반도 아열대 기후 전망

A1B 시나리오(2071~2100년)에 따른 아열대 기후 경계선

30년(1971~2000년) 관측 평년값에 따른 아열대 기후 경계선

출처 : 국립기상연구소

년의 435마리로 늘었다. 같은 기간 왜가리도 103마리에서 523마리로 늘었다.[9]

  이런 변화는 한반도가 점점 아열대 기후에 포위되고 있음을 보여준다. 열대, 아열대, 온대, 냉대, 한대 등 기후대는 여러 학자들의 이론에 따라 달리 구분된다. 쾨펜의 기준에 따르면, 한반도는 인천을 포함한 서해안과 남해안 및 남부 내륙 지방이 아열대에 속한다. 스트랄러나 크루츠버그 기

준에 따르면, 제주도나 제주 일부 지역이 아열대에 해당한다.

한국에서 가장 널리 쓰이는 기준은 미국 기후학자 트레와다$^{Glenn\ T.\ Trewartha}$의 구분법이다. 트레와다에 따르면, 아열대는 가장 추운 달의 평균기온이 18도 이하이면서 월 평균기온이 10도 이상인 달이 8개월 이상인 지역이다. 한반도에서는 제주도와 남해안의 일부 지역이 아열대 기후에 속한다.

국립기상연구소는 기후변화정부간위원회의 시나리오에 따라 한반도 미래의 기후를 시뮬레이션했다. 제4차 보고서에 등재된 여섯 개 시나리오 가운데 A1B 시나리오[10]를 선택했다. 이 시나리오에 한반도의 과거 기후값을 넣고 온실가스 배출 조건에 따라 기후모델을 돌리면, 한반도의 아열대 기후 지역은 이번 세기말에 극적으로 확장된다.

트레와다의 기후대에 따라 아열대는 제주도와 남해안을 시발점으로 동해안을 따라 진격한다. 속초와 울릉도가 먼저 아열대 기후에 포함된다. 그리고 따뜻한 기후는 서해안과 내륙 지역으로 확장하는 경향을 보인다. 이는 동해안의 수온 상승 경향이 서해안이나 남해안보다 두드러지기 때문이다.

2100년에 이르러선 지리산의 좌우를 중심으로 소백산맥과 태백산맥 산간 지방을 아열대 기후가 포위하는 형세를 보인다. 아열대 기후는 지리산 동쪽으로 진주, 대구, 포항을 거쳐 울진, 동해, 강릉, 속초까지 북진하고, 서쪽으로는 광주, 정읍 등 호남평야를 지나 부여, 천안, 인천에 이른다.[11] 기온은 4도 오르고, 강수량은 20퍼센트 증가한다.[12]

▶명태 없는 명태 축제

2009년 2월이었다. 고성군 거진에서 명태 축제가 열린다는 소식을 인터넷에서 우연히 발견했다. 명태를 보러 거진에 간 지 3년이 지났다.

이제 명태 어획량은 통계적 의미가 없을 정도로 미미해졌다. 고성에 다녀온 2006년에는 급기야 10톤 미만으로 떨어져 6톤의 초라한 어획고를 보였다. 이듬해에는 급기야 1톤 미만으로 떨어졌다. 2007년에는 667킬로그램이었고, 2008년에는 300킬로그램이었다. 200그램을 한 마리로 쳤을 경우, 300킬로그램이면 1,500마리에 불과했다. 사실상 의미 없는 양이었다. 다른 어종을 잡는 데 쓰이는 그물에 우연히 걸린 명태들이 간신히 통계의 빈자리를 채웠을 뿐이다.

어민들도 명태잡이를 미련 없이 포기했다. 동해 바다에서 쿠릴 해류를 기다리는 어부는 아무도 없었다. 명태는 이미 수입산 명태가 99퍼센트 이상을 차지했다. 2008년에만 22만 톤이 수입됐다. 러시아, 일본, 미국 어선들이 잡은 명태였다. 동해에서는 대신 비싼 값에 거래되는, 난류성 어종인 복어가 잡히기 시작했다는 소식만 가득했다.

명태가 보고 싶었다. 천연기념물격인 명태를 축제에 가면 볼 수 있을까. 동해에서 잡힌 1,500마리 가운데 한 마리 정도는 유리관에 넣어서 전시되지 않을까. 명태 축제 홈페이지에 들어가니까 명태 관련 행사 일정이 나왔다. 명태잡이 재현, 명태 할복 체험, 명태 무게 달기 체험, 명태 요리 시식회……. 나는 명태 축제 주최측인 고성군청으로 전화를 걸었다.

"명태 축제에 가면 진짜 명태를 볼 수 있나요?"

"수입산도 명태니까, 진짜 명태 맞죠."

"아니요. 국내에서 잡힌 지방태 말이에요. 연안태라고도 하고."

고성군청의 공무원은 갑자기 복어 이야기를 했다.

"지금은 복어가 많이 잡혀요. 명태가 어쩌다 그물에 걸려 들어온다는 얘기도 있지만, 그것들은 식당들이 입도선매해버리죠. 일반인은 거의 구경하기 힘들다고 볼 수 있죠. 우리 군청도 마찬가지고요."

"그럼 명태 축제에서도 지방태를 볼 수 없는 건가요?"

"안 나는 걸 어떡해요. 명태도 안 나는데, 왜 명태 축제를 하느냐고 힐난하는 소리도 있었어요. 그래서 명태 축제를 몇 년 전부터 '고성 명태와 겨울바다 축제'로 바꿨어요."

세 시간을 달려 거진항에 닿았다. 거진항 입구에는 언제 세워졌는지 모르는 '고성 랜드마크 공원'이 있었다. 자동차를 잠깐 멈추고 공원으로 걸어 들어갔다. 고성의 랜드마크는 명태였다. 파도를 박차고 오르는 명태를 어부가 껴안고 있다.

고성 명태와 겨울바다 축제는 이번이 11회째였다. 첫 회는 명태가 아직 동해 바다에서 헤엄치던 1999년이었다. 그때의 이름은 고성 명태 축제였다. 초기만 해도 축제는 명태로 활기찼던 것 같다. '전국 명태 어획량의 70퍼센트를 차지하는 국내 최고의 명태 어장을 가진 고성군에서 명태의 맛과 군어(郡魚)로서의 자부심을 알리고자, 고성군 명태축제추진위원회가 주최하고 고성군이 후원하여 열린다'라는 인터넷 네이버 백과사전 '고성 명태 축제'의 설명에도 자부심이 묻어났다. 정월대보름 즈음에 고성군내 10여 개 항구를 돌면서 열리던 고성 명태 축제의 하이라이트는 '명태 낚시

고성의 랜드마크는 명태다. 거진항 앞에 설치된 명태 표지석.

찍기 대회'였다고 한다. 누가 빨리 낚시에 미끼를 끼는지 손놀림을 겨루는 행사였는데, 이제 그런 행사는 찾아볼 수 없다. 명태 낚시를 할 수 없으니, 낚시에 미끼를 낄 필요도 없어진 것이다.

고성 명태와 겨울바다 축제 행사장 중앙 무대에서 전자악기 소리가 쩌렁쩌렁 울렸다. 명태 풍선이 아치를 이루고 중앙 무대를 호위했다. 명태 풍선은 랜드마크 공원에서 본 명태보다 훨씬 컸다.

하늘에서 명태가 쏟아졌다. 만국기 대신 걸린 명태가 축제장의 천장이 되었다. 하늘에 걸린 명태의 그림자가 음각화처럼 땅바닥에 새겨졌다.

"명태 한 마리에 천 원이에요. 소주 한 잔도 드려요."

명태 한 마리를 사서 장사치 뒤편 화톳불에서 구웠다. 장사치가 소주를 따라주었다. 이 명태는 부산의 냉동창고를 나와 운반된 뒤, 축제를 위해 급히 해동된 명태다. 그리고 얼마간 말려 반건조 상태의 코다리가 되었다. 코다리는 부산의 냉동창고에서 동태가 되기 전에 오호츠크 해를 헤엄쳤을 것이다. 지금 명태는 이런 원양태이거나 러시아산, 일본산이다.

명태는 사라졌다. 남획이든 온실가스 때문이든 인간에 의해서 사라진 것만은 분명하다. 앞을 바라보지 않고 달려가는 인간의 탐욕 때문이다. 동해의 수온은 0.8도 올랐다. 인간은 느끼지 못할 정도의 미미한 온도 차이지만, 변온동물인 명태에게는 동해가 뜨거운 사막처럼 느껴졌을 것이다.

동해의 어민들은 기후 변화 시대에 비교적 적응을 잘 해냈다. 인간이 명태보다 강자다. 항구에서 명태 축제가 열리고 있었지만, 바다에서는 복어들이 개최한 축제가 한창이었다. 쿠로시오 난류가 그 어느 때보다 세져서 동해의 수온이 평년보다 1~2도 올라갔고, 그러자 남해에서 놀던 난류성 어종 복어가 동해까지 올라와서 따뜻한 겨울바다를 즐겼다. 명태 축제가 끝나면, 1킬로그램당 만 원에 팔리는 비싼 복어를 잡으러 어민들은 바다로 향할 것이다.

::Appendix 둠 투어 가이드

여행을 뜻하는 단어 'travel'은 원래 'trouble'(곤란)이나 'toil'(수고)의 어원을 가진다. 여행은 원래 고생 그 자체였다. 호메로스의 서사시 《오디세이》나 현장법사, 마르코 폴로, 이븐 바투타의 여행기 모두 생과 사를 넘나드는 역경의 수고기다.

유럽에서 자본주의가 태동하기 시작할 무렵에도 여행은 즐거운 것만은 아니었다. 귀족들의 자제는 짧게는 서너 달, 길게는 이삼 년 동안 그리스와 이탈리아 등으로 여행을 다녔는데, 그랜드투어라고 부르던 이 여행 또한 교육의 의미가 강했다.

노동계급을 포함한 모든 계층이 즐기고 노동과 대별되는 놀이로 여행이 자리 잡은 것은 불과 100년도 채 되지 않았다. 여름휴가 일주일을 위해 돈을 모으고, 한 달 쓸 돈으로 일주일을 여행하고, 그렇게 해서 얻은 여행의 기억과 경험이 인생의 가치를 일깨워준다고 사람들은 믿는다. 각종 여행상품이 만들어지고, 배낭여행 문화가 형성되고, 각종 여행도구가 진화하면서, 지구의 오지는 차츰 여행지로 변했다. 오지는 그래서 '오지 여행지'의 준말이 되었다.

지금까지 다녀온 곳들은 대부분 '오지'로 불릴 만한 곳이다. 지구의 변두리이며, 인구 희박 지역이자, 아직까지도 여행자들이 쉽게 접근할 수 없는 지역이다. 그렇기에 여행의 본래 의미인 곤란과 수고가 필요하고, 덧붙여 많은 것을 배울 수 있는 곳이기도 하다.

지구온난화로 사라지거나 원래 모습을 잃어버릴 곳을 찾아다니는 여행 방식을 '둠 투어 Doom tour'라고 《뉴욕타임스》가 이름 붙인 적이 있다. 덕분에 둠 투어는 자주 쓰이는 명사가 됐는데, 환경론자들 사이에서 둠 투어를 해야 할 것이냐 말 것이냐는 논쟁거리다. 이를테면 남극 같은 경우다. 한 해에 남극을 방문하는 관광객이 3만 명이다. 남극을 목적지로 하는 세계남극여행사협회 International Association of Antarctica Tour Operators, IAATO에 가입한 업체 수는 40여 개다. 칠레의 푼타아레나스와 아르헨티나의 우수아이아 Ushuaia에서는 해마다 여름이면 하루가 멀다 하고 남극을 향하는 크루즈가 출항한다. 하지만 이들이 남극 대륙에 떼거지로 상륙해 펭귄 앞에서 플래시를 터뜨리고 쓰레기를 버리고 온다면 미지의 땅은 순식간에 오염되고 말 것이다. 둠 투어 비판론자들은 이런 점을 걱정한다.

그럼에도 둠 투어는 교육적 효과가 있다. 허드슨 만 처칠의 생태투어에서 폴라베어인터내셔널의 자원활동가가 툰드라 버기에 타서 북극곰 생태와 기후 변화 그리고 생태투어가 북극곰 생태에 미치는 영향 등을 균형감 있게 설명하는 것을 봤다. 이 지역에서 생태 투어를 운영하는 여행사의 지원으로, 과학자들은 북극곰 서식 지역 일대를 돌아다니는 툰드라 버기의 소음이 북극곰에게 미치는 영향을 조사하고 있었다.

나는 뜨거워서 아픈 지구의 가장 아픈 지역을 돌아다녔다. 대부분 쉽게 접근할 수 있는 곳이 아니기 때문에 경로를 아는 데도 많은 연구와 조사 시간이 필요했다. 이러한 노력을 들이지 않고, 손쉽게 여행 일정을 획득해서 소비적인 방식으로 하루하루를 보낸다면, 아파하는 지구의 소리를 잘 듣지 못했을 것이다. 지구의 고통 지역에 가는 것이 힘들었던 것만큼 나는 그 지역이 소중하다는 걸 깨달았다. 그래서 나는 생각한다. 정부가 과잉 여행을 통제하고, 여행자가 일종의 실천적 행위로 여긴다면, 둠 투어는 훌륭한 교육 여행이 될 수 있다고 생각한다. 지구의 소리를 듣고 싶어 하는 사람들에게 간단한 팁을 전한다. 아래의 정보는 2009년 5월 기준이다.

Chapter 1 북극곰은 얼음 위를 걷고 싶다—캐나다 허드슨 만

Location 북위 58도. 아마도 북극 생태계가 가장 아래쪽까지 뻗어 나온 곳일 것이다. 북극해는 캐나다 북극권의 여러 섬을 파고들어 허드슨 만에 이른다. 서부 허드슨 만에 있는 매니토바 주 처칠이 중심 도시다. 이 책에 나오는 둠 투어 코스 중 가장 대중적인 여행지이다. 인구는 1,000명이 채 되지 않지만, 북극곰 시즌에는 관광객이 1만 5,000여 명이나 몰린다.

History 허드슨 만 일대는 북극 문명과 인디언 문명이 교차하는 지역이다. 북극권에서 광범위하게 문명을 발전시킨 툴레족Thule People이 서기 1000년경 캐나다 북극권 서부를 거쳐 허드슨 만으로 이동했고, 그보다 500년 앞선 즈음에는 애서바스칸 언어를 쓰는 딘족Dene이 이 일대에서 자리를 잡았다. 또한 치페위안 부족Chipewyan과 크리족

Cree도 1619년에 최초의 유럽인이 도착할 때까지 툰드라와 타이가 혼합지대를 지배하고 있었다.

18세기 초에 허드슨베이 컴퍼니가 처칠 강을 중심으로 모피 무역을 하면서 처칠은 일약 주요 도시로 떠올랐다. 하지만 모피 무역이 쇠퇴함에 따라 처칠도 쇠퇴했고, 20세기 초에 허드슨베이 레일 개통으로 무역도시로 부활하는 꿈을 꾸는 듯하다가 다시 잊혀졌다. 지금은 지구온난화에 따른 북서항로의 실용 가능성에 무게가 쏠리면서, 처칠 주민들은 산업도시의 꿈을 품고 있다.

Transportation 캐나다 중부 도시 위니펙에서 처칠까지 허드슨베이 레일이 뚫려 있다. 지평선이 한없이 펼쳐지는 프레리를 출발해 타이가, 툰드라에 이르는 기찻길이다. 창밖으로 다채로운 식생이 펼쳐진다. 영구동토층 위를 달리기 때문에 기차는 느림보처럼 달린다. 대여섯 시간 이상 지체될 정도로 연착도 잦다. 일주일에 세 번 출발한다. 2박 3일이 걸리는 먼 길이다. 하지만 북극곰 시즌의 좌석은 5, 6월부터 동이 난다. 특히 침대차는 미리 구매해야 한다.

기차보다 비행기가 대중적인 교통수단이다. 하루에 두세 차례 위니펙에서 중소형 여객기가 출발한다. 캄에어Calm air가 주말을 제외한 평일에 하루 세 차례 운항 스케줄을 갖고 있다. 2시간 30분 정도 걸린다. 처칠은 허드슨 만 북극권의 허브 도시이기도 한데, 처칠 공항에서는 외딴 이누이트 마을인 렝킨인렛Rankin Inlet, 베이커레이크Baker Lake, 아르비아트Arviat 등으로 항공편이 연결된다.

비아레일 http://www.viarail.ca

캄에어 http://www.calmair.com

Accommodation & Dinning 처칠은 관광도시이기 때문에 숙박은 걱정이 없다. 단 북극곰 시즌에는 한꺼번에 많은 손님이 몰리므로 방 잡기가 어렵다는 사실을 기억해 둬야 한다. 두세 달 전에 예약하는 게 필수다. 레이지 베어 롯지Lazy Bear Lodge 등 고급 숙박시설(하지만 모두 규모는 작다)부터 북극곰 시즌에만 숙박객을 받는 개인들이 운영하는 비앤비Bed & Breakfast까지 많다.
처칠 인터넷 가이드 http://www.sphutchens.com/churchill

Advice for Eco-Traveller 북극곰은 10월 중순에서 11월 중순에 찾아온다. 대부분의 여행자들은 이 시기에 처칠을 만나지만, 여름의 처칠이야말로 한적하게 북극 생태계를 만날 수 있는 기간이다. 6월 중순에서 8월까지는 북극에 사는 하얀 돌고래 벨루가 Beluga를 볼 수 있다. 약 3,000마리의 벨루가가 허드슨 만을 거쳐 처칠 강 하구로 모인다. 5월에서 6월 중순까지는 200여 종에 이르는 새들을 관찰하기 좋은 시기다. 목에 검은 띠를 두른 쇠목테갈매기Ross's Gull, 북극제비갈매기Arctic tern 등을 볼 수 있다.
북극곰 시즌에 처칠노던스터디센터가 진행하는 러닝 버케이션Learning Vacation 프로그램의 문을 두드려보길 권한다. 처칠에서 23킬로미터 떨어진 툰드라 한복판에 위치한 노던스터디센터의 도미토리에서 닷새 동안 먹고 자면서 과학자들에게 북극 생태계를 배우는 프로그램이다. 북극곰, 여우 등 야생동물을 관찰하고 밤에는 오로라도 본다. 세계적인 교육·생태 투어 중 하나로 꼽힌다.

Internet Information

▶폴라베어인터내셔널(PBI) http://www.polarbearsinternational.org
북극곰에 관한 연구와 교육을 주 업무로 하는 시민단체. 무엇보다 인터넷 홈페이지에 들어가면 북극곰에 대한 모든 것을 찾아볼 수 있다. 북극곰에 관한 정보가 가장 많고 체계적으로 분류되어 있다. 물론 기후 변화와 관련한 연구 자료도 충실히 요약돼 있다.

▶처칠노던스터디센터(CNSC) http://www.churchillscience.ca
1976년에 설립된 캐나다의 비영리 북극 연구소. 북극곰 최대 서식지인 허드슨 만의 자연환경을 연구하는 기지다. 특히 북극곰 연구의 베이스캠프쯤 되는 곳이다.

▶프런티어스노스(Frontiers North) http://www.frontiersnorth.com
캐나다의 북극 전문 여행사. 처칠 일대의 툰드라 버기 북극곰 투어, 벨루가 관찰 투어 등을 운영한다.

Chapter 2 카리부는 언제 오는가—알래스카 아크틱빌리지

Location 북위 68도, 북극권 이북에 있다. 아크틱빌리지는 알래스카 브룩스 산맥 이남, 툰드라 한복판에 있는 고립무원 지대다. 찬달라 강 Chandalar River 이 흐르며 그위친족이 사는 비교적 큰 마을인 포트유콘 Fort Yukon 에서 140킬로미터 떨어져 있다.

History 애서바스칸 인디언 지파인 그위친족이 이 일대에서 수천 년 동안 유목하며 살았다. 찬달라 강가의 아크틱빌리지가 정주지로 된 것은 겨우 100년 전이다. 그위친족은 유목 생활을 청산하고 이곳에 집을 짓고 살기 시작했다.

Transportation 비행기가 유일한 교통수단이다. 라이트에어 Wright air service 가 알래스카 페어뱅크스 공항에서 출발하는 9인승 경비행기를 하루 한 차례 정도 투입한다. 라이트에어 http://www.wrightair.net

Accommodation & Dinning 아크틱빌리지는 관광지가 아니다. 호텔은 물론 식당도 없다. 그곳에서 당신은 여행자이기보다는 외부인이다. 부족 사무소에서 방문 허가를 받았다면, 그들이 잠자리를 섭외해줄 것이다. 물론 어느 정도의 비용을 지급해야 한다. 먹을거리는 알아서 가져가야 한다. 과일과 야채가 부족한 곳이므로, 풍족히 가져가서 선물로 나누어주어도 좋다.

Advice for Eco-Traveller 그위친족 소유의 사유지이기 때문에 원칙적으로 허가를 받고 들어가야 한다. 공항은 마을에서 약 1킬로미터 떨어져 있는데, 알래스카 오지를 찾아다니는 사냥꾼들은 공항 근처에서 캠핑을 하다가, 오지를 운항하는 부시 파일럿 Bush Pilot 을 불러 툰드라 깊숙이 들어간다. 마을을 둘러보려면 사전에 부족 사무소의 허락을 받아야 한다. 그위친족 지도위원회를 통해 연락하면 된다.

그위친족 지도위원회로부터 하이킹 프로그램을 소개받을 수 있다. 일부 사람들이 외지에서 찾아오는 여행자들에게 짧게는 하루 길게는 며칠까지 일대를 걷는 하이킹을 안내한다. 물론 캠핑 장비와 안전을 위해 필요한(곰이 습격할 수 있다) 사냥총까지 들고 다녀야 하는 고된 여행이지만, 고립무원의 툰드라를 걷는 경험은 잊을 수 없는 추억이 될 것이다.

아크틱빌리지 마을 안에서는 금주법이 시행된다. 마을 안에서는 술을 마셔도 안 되고, 술을 가지고 들어가서도 안 된다. 이런 곳을 '드라이 카운티' Dry County 라고 한다. 알래스카 원주민 마을들은 고립 지역의 특성상 알코올 중독과 동사의 위험성이 커서 이렇게 음주를 엄격히 규제하는 곳이 많다. 노스슬로프 보로의 수도인 배로의 경우, 술을 팔지 않되 우편주문으로 술을 받아 마실 수는 있다. 하지만 주문량이 일정하게 규제된다. 반면 술을 마실 수 있는 곳을 '웨트 카운티' Wet County 라고 부른다.

Internet Information

▶그위친족 지도위원회 http://www.gwichinsteeringcommittee.org

그위친족 지도위원회는 북극야생보호구역 내 1002구역의 유전 개발이 추진되자 원주민들을 중심으로 조직된 모임이다. 북아메리카 대륙에서 가장 북쪽에 사는 그위친 인디언의 역사와 문화, 철학을 엿볼 수 있다.

▶북극야생보호구역 http://www.anwr.org

알래스카 유전 개발 로비 단체인 아크틱 파워 Arctic Power 가 운영하는 북극야생보호구역 홈페이지다. 부제는 '미국의 일자리와 에너지를 위해서' Jobs and Energy for America 다. 북극야생보호구역 내 석유의 경제성, 지속가능한 개발 등 유전 개발을 지지하는 논거로 가득 차 있다.

▶USFWS의 북극야생보호구역 http://arctic.fws.gov

미국 어류 및 야생동물관리청 United States Fish and Wildlife Service 의 북극야생보호구역 설명 홈페이지. 북극야생보호구역의 역사와 야생동물 리스트, 방문 방법 등이 소개돼 있다.

▶알래스카 윌더니스 리그(Alaska Wilderness Leage) http://www.alaskawild.org
1993년에 유전 개발로부터 알래스카의 자연을 보호하기 위해 세운 비정부 단체다. 에이더블유엘AWL은 공화당 부시 정부와 석유자본의 시추 움직임에 효과적으로 대응해 북극야생보호구역을 지켜내고 있다는 평을 듣는다. 2001년에는 대규모 모금을 벌여 사진가 서브행커 배너지Subhankar Banerjee의 작업을 도와 북극야생보호구역의 경이로운 풍경을 담은 사진집《Seasons of Life and Land》를 출판하기도 했다.

Chapter 3 에스키모는 온난화의 협조자인가—알래스카 배로

Location 북극선에서 530킬로미터 북쪽에 있고, 북극점에서는 약 2,100킬로미터 남쪽에 있다. 북위 71도 16분. 배로는 북극해에 면한 해안도시다. 배로 곶을 중심으로 서쪽은 추크치 해, 동쪽은 보퍼트 해다. 한여름에도 해안가에 밀려온 빙산 조각을 볼 수 있다.

History 이누피아트 언어로 배로는 우크펙비크Ukpeagvik다. 흰올빼미Snowy owl를 잡는 곳이라는 뜻이다. 배로는 옆 마을 포인트호프와 함께 500년경 유물이 발견됐을 정도로 오래된 역사를 지닌 정주지다. 800년경에 에스키모가 살던 16개의 집터도 발견됐다. 특히 마운드44라는 유적지는 북아메리카에서 손꼽히는 곳이다. 1981년에 발견된 이 마을 유적에서는 이누피아트 성인 여자 두 명과 아기 두 명 그리고 어린이 한 명이 각종 장신구와 사냥도구와 함께 나왔다. 최소 500년 이상 지난 것으로 추정됐다. 북극 사막이라고 불리는 건조한 환경에서 미라가 된 것이다. 시체들은 이마익사운 묘지Imaiqsaun Cemetery에 다시 묻혔고, 유물들은 이누피아트 헤리티지 센터Inupiat Heritage Center에서 볼 수 있다.

배로는 1850년에 매사추세츠 주 뉴베드포드New Bedford에서 온 고래잡이들이 자리를 잡으며 지금과 같은 도시의 꼴을 갖추기 시작했다. 1886년에는 찰스 브라우어Charles Brower가 와서 고래 교역소를 차렸다. 이렇게 정착한 고래잡이 백인들 중 일부는 원주민과 결혼해서 동화되었다. 그래서 배로에는 백인과 이누피아트의 피가 섞인 이들이 대부분이다. 배로는 지금 알래스카에서 가장 큰 이누피아트 커뮤니티이자 노스슬로프 보로의 수도다.

Transportation 페어뱅크스와 앵커리지에서 비행기가 하루에 서너 차례 운항한다. 군소 항공사뿐만 아니라 알래스카항공의 제트기도 뜨고 내린다.
알래스카항공 http://www.alaskaair.com

Accommodation & Dinning 숙박료가 비싸다. 알래스카 북극권은 다른 지역과 달리 일인당 요금을 받는 경우가 많다. 객실 하나를 대여해도 두 명일 경우 두 명 요금을 받는다. 톱오브더월드 호텔Top of the World Hotel과 킹아이더인King Eider Inn이 관광객들이 자주 찾는 호텔이다. 배낭여행 스타일의 여행자라면 유아이시 날Ukpeagvik Inupiat Corporation-Naval Arctic Research Lab, UIC-NARL 호스텔을 권한다. 기숙사 일부를 객실로 전용해 운영하는데, 방값이 시내 호텔에 비해 저렴하다. 기숙사 옆에는 미국 전국에서 모여든 지구온난화 연구자들의 연구동이다. 시간이 날 때, 한번 둘러봐도 좋다.
톱오브더월드 호텔 http://www.tundratoursinc.com
킹아이더인 http://kingeider.net/eider

Advice for Eco-Traveller 한여름 배로를 찾은 관광객은 8,000명 정도다. 대부분 앵커리지나 페어뱅크스에서 당일치나 1박 2일로 '북극해에 손 담그고 오기' 투어로 오는 손님들이다. 이누피아트 문화 체험보다는 북아메리카 가장 북쪽의 도시 앞바다에 떠내려온 빙산 앞에서 기념사진을 찍는 것이 목적인 사람들이다.
하지만 배로는 이누피아트 최대 도시인만큼 볼거리가 많다. 6월 말에 열리는 축제 날루카탁Nalukataq Festival은 상당히 유명한 편이다. 봄철 고래 사냥의 성공을 축하하는 행사인데, 잡아온 고래고기를 나눠먹고, 바다표범 가죽 위에서 어린이들이 방방 뛰는 블랭킷 토스Blanket toss를 하며 논다.
이누피아트 헤리티지 센터는 이누피아트 문화에 관한 열린 학습장이다. 박물관과 도

서관 등으로 구성되어 있으며, 이누피아트들이 수공예품을 들고 나와 팔고 전통 민속춤 공연도 연다.
이누피아트 헤리티지 센터 http://www.nps.gov/inup

Internet Information
▶노스슬로프 보로 http://www.north-slope.org
알래스카의 노스슬로프 보로는 명실상부한 에스키모 지자체다. 최대 도시 배로를 비롯해 카크토비크, 포인트호프, 누익서트 등 8개 도시와 마을을 거느리고 있다. 이들 마을에 대한 설명이 잘 나와 있다.
▶아칸소 대학의 북극해 고래 사냥
http://www.uark.edu/misc/jcdixon/Historic_Whaling/
서부 북극해에서 이뤄지는 에스키모들의 전통적인 고래 사냥을 설명한 홈페이지. 고래잡이를 정기적으로 하는 웨일링 빌리지 whaling village 리스트와 관련 연구 자료 등이 제공된다.

Chapter 4 검은 바다를 헤엄치는 고래들—알래스카 카크토비크

Location 북위 70도. 알래스카 브룩스 산맥을 등지고 보퍼트 해를 바라보는 에스키모 섬마을이다. 바터 섬 Barter Island 에 있다. 동쪽으로는 캐나다 국경이 가깝고, 북쪽으로는 북극야생보호구역과 맞닿아 있다.

History 19세기 후반까지 바터 섬은 알래스카 이누피아트와 캐나다 이누이트의 교역 지점이었다. 원주민과 외지인의 접촉과 교역이 시작된 것은 1890년대다. 북극해의 고래들을 남획하던 포경선들은 가끔씩 바터 섬에 정박했고, 원주민들이 이들에게 수공예품을 주고 공산품을 얻는 등 교역이 이뤄졌다. 바터 섬이 정주지가 된 것은 1923년이다. 보퍼트 해 연안에서 살던 이누피아트 에스키모가 마을을 이루고 산다.

Transportation 페어뱅크스에서 카크토비크로 가는 프런티어 플라잉 서비스Frontier Flying Service의 소형 항공기가 일주일에 여섯 차례 출발한다. 1시간 40분 정도 걸린다.
프런티어 플라잉 서비스 http://www.frontierflying.com

Accommodation & Dinning 카크토비크는 인구 200명이 채 안 되는 이누피아트 커뮤니티지만, 마을 입경을 위해 따로 허락을 받을 필요는 없다. 하지만 작은 마을이어서 여행자가 쉽게 눈에 띄기 때문에 사전에 가이드나 호텔에 연락을 해두고 가는 게 낫다. 카크토비크에는 숙박시설이 두 개 있다. 북극야생보호구역을 다니는 오지 트레커와 사진작가들이 자주 이용하는 왈도암스가 있지만, 주인의 친절도와 시설 면에서 그리 추천할 정도는 아니다. 원주민 공사가 운영하는 마시크릭인Marsh Creek Inn은 주로 외부에서 온 출장자나 고용인력 등이 묵는데, 왈도암스보다 최신식 시설이다. 왈도암스나 마시크릭인 모두 세 끼 포함 일인당 숙박료를 받는다. 식당은 숙박시설에서 해결해야 한다.
왈도암스 http://www.waldoarms.com

Advice for Eco-Traveller 카크토비크는 북극야생보호구역 탐험의 전진기지다. 특히 포큐파인 카리부가 이동하는 경이적인 모습을 보기 어렵지 않고, 바닷가에서 북극곰 관찰이 가능한 곳이라는 점에서도 매력적이다.
될 수 있으면 카크토비크 이누피아트들이 9월 초 고래 사냥을 나가는 날에 맞춰 방문하는 게 좋다. 사전에 왈도암스 등에 물어보면 고래잡이 날을 알려줄 것이다. 또한 원주민 가이드를 미리 섭외해 짧게는 이틀, 길게는 열흘 이상 북극야생보호구역을 걷는 것도 멋진 경험이 될 것이다.

Internet Information
▶에티컬 알래스카 http://www.ethicalalaska.com
카크토비크에 사는 이누피아트 부루스 인글랜아삭Bruce Inglangasak의 홈페이지다.

북극야생보호구역 가이드로 일하며 여러 사진작가와 연구원 들을 이끌었다. 이누피아트 문화와 야생에서 살아남기, 책임여행에 관한 내용이 들어 있다. 여행자가 북극야생보호구역 트레킹을 원하면 홈페이지를 통해 연락할 수 있다.

▶북극야생보호구역 Q&A http://www.lynchacres.com/debbie/anwr
유전을 시추하느냐 그렇지 않느냐, 그것이 문제로다! 북극야생보호구역과 관련한 뿌리깊은 논란을 질문과 대답, 찬성과 반대 형식, 주요 용어 해설 등으로 알기 쉽게 정리했다.

Chapter 5 침몰하는 미래의 실낙원─남태평양 투발루

Location 투발루는 태평양의 한 점 같다. 드넓은 바다에 이렇게 좁은 땅이 살아남은 게 기적처럼 보일 정도로 투발루는 사방으로 고립돼 있고, 너무나도 작다. 남쪽으로 피지까지 1,100킬로미터를 가야 하고, 북쪽으로 키리바시까지 250킬로미터를 가야 한다.

History 투발루는 '8개의 섬'이라는 뜻이다. 하지만 투발루의 섬은 9개다. 나중에 한 개가 추가로 발견됐기 때문이다. 2,000년 전, 폴리네시아인이 사모아에서 투발루로 건너왔다. 다른 남태평양 왕국과 마찬가지로 알리키^{aliki}라 불리는 추장이 섬을 통치하고 각 씨족이 연합하는 부족사회로 1,500년 역사를 이어왔다.
유럽인들에게 투발루가 발견된 건 1568년이었다. 하지만 이들은 투발루 섬을 목격하고도 원주민들과 접촉하지 않았다. 1781년 스페인인 안토니오 모레렐^{Antonio Mourelle}이 니우타오^{Niutao} 섬에 처음 상륙했고, 1819년에 미국인 탐험가 드 페이스터^{De Peyster}가 도착해서 푸나푸티 섬을 '엘리스 섬^{Ellice Island}'이라고 이름 지었다.
19세기 들어 투발루는 고래잡이들과 무역업자들이 종종 들르는 곳이 되었고, 이어 영국 식민지로 전환됐다. 영국이 1886년에 투발루를 키리바시와 함께 길버트・엘리스 제도^{Gillbert & Ellice Islands}라고 이름 짓고 통치했다. 두 섬은 문화가 다름에도 하나의 식민지가 되었다. 제2차 세계대전 때에는 근처의 섬 국가 나우루까지 일본이 진공했다.

미국은 투발루에 공군기지를 설치하고 태평양 전쟁을 수행했다. 이때 섬의 자연 복원력이 침식됐다. 투발루의 독립은 평화적으로 이뤄졌다. 엘리스 제도는 1974년에 국민투표를 거쳐 이듬해 길버트·엘리스 제도로부터 분리했고, 1978년 10월 1일에 영국으로부터 최종 독립해 투발루라는 국명을 대내외에 선포했다.

Transportation 피지의 수바 공항에서 푸나푸티까지 일주일에 세 번 에어피지Air Fiji가 운항한다. 투발루의 관용 여객선인 니바가II MV Nivaga II 와 마누 폴라우Manu Folau가 석 달에 한 번씩 푸나푸티와 수바를 연결한다. 3박 4일에 이르는 긴 항해로, 풍족하지 않은 투발루 주민들이 많이 탄다.
에어피지 http://www.airfiji.com.fj

Accommodation & Dinning 정부가 운영하는 관용 호텔 바이아쿠 라기Vaiaku Lagi가 있다. 정부종합청사 옆 해변가에 위치해 해 질 녘 전망이 일품이다. 호텔 앞으로 나가면 바로 해변이다. 아마투크 섬의 선원학교 학생들이 탄 배가 오가는 작은 부두교가 있는데, 썰물 때 이곳에 내려가 수영하면 안성맞춤이다. 이 밖에 서너 곳의 게스트하우스가 있다.

Advice for Eco-Traveller 투발루는 관광지가 아니다. 정확히는 전 세계 기자들의 취재처라고 보는 게 합당할 듯싶다. 투발루를 방문하는 외국인의 90퍼센트는 기자들과 비정부 단체NGO 관계자들이다. 하지만 관광지가 아니기에 투발루는 최고의 에코투어 여행지다.

투발루를 즐기는 방법은 두 가지다. 첫 번째는 오토바이를 빌려 타고 느리고 느린 투발루안 라이프스타일에 빠져보는 것이다. 낮에는 산호바다에서 헤엄치고, 주말에는 클럽에 가서 술을 먹고, 섬 주민들과 되도록 대화를 나누면서 공감하라. 두 번째는 배를 타고 푸나푸티를 둘러싼 산호섬에 가는 것이다. 바이아쿠 라기 호텔에 부탁해 선주를 소개받으면 된다. 푸나푸티 보존구역Funafuti Conservation Area은 일종의 국립공원이다. 32제곱킬로미터에 이르는 하얀 산호초 군락과 태평양을 건너다 잠시 휴식을 취하는 철새들, 은빛 모래사장이 펼쳐져 있다. 지구온난화 재앙의 전조를 보여주는 테푸카 사빌리빌리 섬도 함께 둘러볼 수 있다.

Internet Information

▶투발루아일랜드닷컴 http://www.tuvaluislands.com
투발루인 아내와 사는 캐나다인 브라이언 캐논Brain Cannon이 운영하는 투발루에 관한 홈페이지다. 투발루 9개 섬의 지도와 투발루에 관한 주요 뉴스, 사진 등이 소개됐다.

▶알로파투발루 http://alofatuvalu.tv
투발루를 지원하는 프랑스 환경단체의 홈페이지다. 투발루와 기후 변화와 관련한 여러 사실들과 이 단체가 추진하는 재생에너지 보급 계획인 '작은 것이 아름답다' 등이 나와 있다.

▶타임리스 투발루 http://www.timelesstuvalu.com
투발루 정부가 운영하는 공식 관광 홈페이지다. 오가는 교통편과 숙박시설을 사진과 함께 올려두었고, 우체국과 푸나푸티 보존구역, 제2차 세계대전 유물 등 가볼 만한 곳까지 친절하게 설명했다.

Chapter 6 기후난민이 사는 법―뉴질랜드 오클랜드

Location 남위 36도. 뉴질랜드 최대 도시로 북섬에 있다.

History 마오리족이 원래 이 땅의 주인이다. 19세기 초 유럽인들이 오클랜드에 상륙할 때까지 마오리족이 이 부근에서 2만 명 정도 살았던 것으로 추정된다. 지금 오클랜드는 남태평양에서 온 이민자들로 붐비면서 다문화적인 메트로폴리스로 변화하고 있다. 투발루를 비롯해 피지, 키리바시, 통가, 솔로몬 제도 등에서 온 이주민이 늘어나고 있다. 2006년 기준으로 유럽인이 56퍼센트, 아시아인이 19퍼센트, 태평양인이 15

퍼센트, 마오리족이 11퍼센트를 이루고 있다.

Transportation 오클랜드 국제공항은 남태평양의 여러 환초국가들로 이어지는 항공편으로 빼곡하다.
　대한항공 http://kr.koreanair.com

Accommodation & Dinning 배낭여행자용 도미토리 호스텔부터 바다가 보이는 고급호텔까지 다양하다.

Internet Information
　▶투어리즘 오클랜드 http://www.aucklandnz.com
　오클랜드 관광청 홈페이지다. 교통과 숙박 리스트, 각종 여행 정보가 망라돼 있다.

Chapter 7 펭귄은 묻고 있다―남극 킹조지 섬

Location 남위 62도 12분. 남위 66도 남극선 이북의 아남극으로 분류된다. 남극 대륙에서 가장 따뜻한 지역인 남극 반도를 바라보는 사우스셰틀랜드 제도 South Shetland Islands 중 하나의 섬이다.

History 1906년에 킹조지 섬 애드머럴티 만 Admiralty Bay에 포경기지가 처음 세워졌다. 영국이 처음 기지를 세운 건 40년이 지난 1946년이었다. 하지만 영국은 두 해 동안 기지를 운영하다가 버려두었다. 그 뒤 아르헨티나가 1953년에 테니엔테 주바니 Teniente Jubany 기지를 포터 만 Potter Cove에 세웠고, 러시아의 벨링스하우젠 Bellingshausen 기지가 맥스웰 만 Maxwell Bay에 들어섰다. 지금은 여기에 칠레, 브라질, 중국, 우루과이, 폴란드, 한국 기지 등 8개의 월동기지가 들어서서 남극 최대의 과학기지촌이 되었다. 킹조지 섬에서 가장 번화한 곳이 맥스웰 만이다. 칠레 프레이 Frei 기지를 중심으로 중국 장성 기지, 우루과이 아르티가스Artigas 기지 등 4개 기지가 모여 있다. 20킬로미터에 이르는 도로가 이들 기지를 연결하고, 공항은 물론 우체국, 교회, 병원, 기념품 가게가 있을 정도다. 그래서 킹조지 섬을 남극의 비공식적인 수도라고 부른다.

Transportation 칠레 푼타아레나스와 아르헨티나 우수아이아에서 크루즈가 출발한다. 크루즈 운항철은 해마다 11월에서 이듬해 3월까지다. 대부분의 남극 관광객들은 크루즈를 이용한다. 반면 비행기를 타고 여행할 수도 있다. 푼타아레나스에서 킹조지 섬까지 칠레 공군과 우루과이 공군이 운항하는 군용기와 민항기가 운항한다. 일부 여행사에서 비행기를 이용한 투어 프로그램을 내놓는다. 일반인이 독립적으로 비행기를 타고 들어갈 수는 없다.

Accommodation & Dinning 크루즈 프로그램은 일반적으로 밤에는 크루즈에서 자고 낮에는 한두 차례 섬에 상륙해 자연을 체험하는 일정으로 이뤄진다. 대부분 남극반도 주변의 섬을 운항하는데, 대개 킹조지 섬을 들른다. 킹조지 섬에도 호텔이 있다. 칠레 공군이 운영하는 공항에 딸린 부속 호텔이다.

Advice for Eco-Traveller 남극에 가려면 남극조약에 따라 입경 허가를 받아야 한다. 세종기지 소개 프로그램이든 크루즈 투어든 원칙적으로 외교통상부에서 입경 허가를 받는다. 대상은 남위 60도 이남의 육지, 빙붕 및 수역과 그 상공이다. 남극의 자연을 해치지 않겠다는 서약이 필요하다.

크루즈 등 여행상품을 이용하지 않고 남극에 갈 수 있는 방법은 극지연구소가 해마다 모집하는 남극 체험단에 응모하는 것이다. 매년 겨울—남극으로선 여름—에 일반인을 선정해 세종기지에서 닷새쯤 머무르는 프로그램을 진행한다. 오갈 때는 푼타아레나스에서 뜨는 군용기를 이용한다. 극지연구소 홈페이지에 모집 공고가 뜨니, 평소 주시해야 한다.

킹조지 섬 세종기지 옆의 펭귄마을은 2009년 남극조약에 따라 남극특별보호구역

Antarctic Specially Protected Area, ASPA으로 지정됐다. 국적이 없는 지구공동관리구역인 남극의 '국립공원' 쯤 되는 개념이다. 남극특별보호구역에는 허가 없이 들어갈 수 없다.
극지연구소 http://www.kopri.re.kr
외교통상부 남극 허가 http://www.antarctica.go.kr

Internet Information

▶세계남극여행사협회 http://www.iaato.org
1991년에 창립된 남극 여행을 전문적으로 내놓는 여행사들의 협회다. 여행사 리스트가 각 여행사 홈페이지에 연결되므로 여행 상품을 찾기에 좋다.

▶극지사랑모임 눈사람클럽 http://cafe.naver.com/poletopole2.cafe
한국의 극지 마니아들이 모이는 곳이다. 세종기지 전·현직 월동대원이나 세종기지를 경험한 사람들도 주요 멤버다. 세종기지 소식뿐만 아니라 남극과 북극, 지구온난화에 대한 스크랩이 자주 올라온다.

▶극지보호기구 http://www.polarconservation.org
극지과학자 브렌던 그룬월드 Brendon Grunewald 의 개인 블로그에서 시작된 남북극에 관한 웹사이트. 원래 '70south' 라는 이름의 블로그로 유명세를 탔다. 브렌던은 2000년 남극처럼 북극도 세계가 나서서 보존협약을 맺어야 한다며 몇몇 운동가들과 극지보호기구 Polar Conservation Organization, PCO를 만들었다. '70south' 에서부터 쌓인 각종 극지 정보와 최근 소식이 바로바로 업데이트된다.

Chapter 8 명태는 돌아오지 않는다—강원 고성

Location 북위 38도. 고성은 강원도 최북단 지역이다. 형제처럼 나란히 자리 잡은 거진항과 대진항은 남한 최북단의 어업기지다. 앞바다로는 오호츠크 해에서 밀려오는 차가운 북한 한류가 내려오고, 쿠로시오 해류가 밀어내는 동한 난류가 올라온다.

History 500년 전에 한 선비가 과거를 보러 가던 중 산세가 '거(巨)'자와 같은 형세이고 거부장자(巨富長者)가 불어날 것이라고 해서 거진리(巨津里)로 부르게 됐다고 한다. 거진은 역사 내내 궁벽한 어촌이었다가 1970년대 명태잡이 활황으로 급속도로 인구가 불어난다. 1973년에는 읍으로 승격됐다.

Transportation 서울과 원주, 춘천, 강릉에서 시외버스가 수시로 연결된다.

Accommodation & Dinning 거진에 몇 개의 모텔이 있고, 바닷가를 따라 펜션들이 들어서 있다. 주 이용자들은 인근 부대에서 나온 군인과 면회객이다.

Advice for Eco-Traveller 고성 명태와 겨울바다 축제는 해마다 2월에 거진항 근처에서 열린다. 팥소 없는 찐빵처럼 명태 없는 축제임이 안타깝다. 하지만 명태를 기억하려고 여는 행사다. 서울에서 거진 가는 길에 인제군 용대리와 진부령 근처에서 한겨울 명태 덕장을 볼 수 있다. 도롯가에서도 어렵지 않게 눈에 띈다. 황태국을 파는 음식점 뒤란에 설치된 경우가 대부분이다. 물론 부산항 냉동창고에서 실어온 수입산 명태를 말리는 것이지만, 황태국 한 그릇 먹고 명태 덕장을 구경하는 재미가 있다.
황태마을 용대리 http://www.yongdaeri.com

Internet Information
▶고성군 http://www.goseong.org
고성군의 공식 홈페이지다. 고성 관광 메뉴로 들어가면 교통편과 명소에 대한 설명 등이 차곡차곡 정리돼 있다.

::주

Chapter 1 북극곰은 얼음 위를 걷고 싶다

1 폴라베어인터내셔널은 북극곰 연구 및 교육을 주 업무로 하는 시민단체다. 인터넷 홈페이지에 들어가면 북극곰에 대한 모든 것을 찾아볼 수 있다. 북극곰에 관한 방대한 정보가 체계적으로 분류되어 있으며, 기후 변화와 북극곰에 대한 상관관계를 다룬 연구 결과도 볼 수 있다. http://www.polarbearsinternational.org
2 Amstrup, S. C., G. Durner, I. Stirling, N. J. Lunn, and F. Messier, "Movements and distribution of polar bears in the Beaufort Sea", *Canadian Journal of Zoology*, 2000.
3 와푸스크(Wapusk)는 크리족 인디언말로 하얀 곰을 뜻한다. 처칠 서부 허드슨 만 연안의 아북극 지역 일대를 포함한다. 북극곰의 최대 번식처다. 와푸스크 국립공원 홈페이지는 다음과 같다. http://pc.gc.ca/pn-np/mb/wapusk/index_e.asp
4 Richard Sale, *A complete guide to arctic wildlife*, Firefly, 2006, pp.389-393.
5 Stirling, I., N. J. Lunn, and J. Iacozza, "Long-term trends in the population ecology of polar bears in Western Hudson Bay in relation to climatic change", *Arctic 52*, 1999, pp.294-306.
6 Martyn E. Obbard, Marc R. L. Cattet, *Temporal Trends in the Body Condition of Southern Hudson Bay Polar Bears*, 2006.
7 Kolenosky, G. B., K. F. Abraham and C. J. Greenwood, "Polar bears of Southern Hudson Bay", *Polar bear project 1984-88 : final report*, 1992.
8 Richard Sale, op.cit., p.391.
9 Barbara Huck et al., *Exploring the fur trade route of North America*, Heartland, 2002.
10 캐나다 왕립기마경찰대의 범선 세인트 로크는 역사적인 배 가운데 하나다. 세인트 로크는 1950년에 핼리팩스와 밴쿠버 사이를 다른 항로로 횡단하는 도전을 시도한다. 이번에는 핼리팩스를 출발해 남진했다. 그리고 파나마 운하를 통과한 뒤 북진해 밴쿠버

에 닿았다. 이로써 세인트 로크는 북아메리카 대륙을 한 바퀴 순환한 최초의 선박이 되었다. 캐나다에서 세인트 로크는 북극 탐험에 대한 국민들의 자부심을 표현한다. 지금 이 배는 밴쿠버해양박물관(www.vancouvermaritimemuseum.com)에 전시돼 있다. 세계 주요 선박의 역사를 정리한 '헤이즈 그레이 앤 언더웨이' 홈페이지(www.hazegray.org)에서도 세인트 로크를 볼 수 있다.

11 〈2020년 북극 뱃길 열린다는데……〉,《매일경제》2007년 9월 14일자.

12 "The Northwest Passage—without ice", *BBC*, September 10, 2000. http://news.bbc.co.uk/1/hi/world/americas/918448.stm

13 http://www.esa.int/esaCP/SEMYTC13J6F_index_0.html

14 기후변화정부간위원회(IPCC) 제4차 평가보고서.

15 "Russian Ship crosses 'Arctic bridge' to Manitoba", *Globe and Mail*, October 18, 2007.

http://www.theglobeandmail.com/servlet/story/RTGAM.20071018.wChurchill18/BNStory/National

16 *Ibid*.

17 "Canada's climate change boomtown", 〈BBC Radio 4〉, January 2, 2008.
http://news.bbc.co.uk/2/hi/business/7155494.stm#map

18 기후변화정부간위원회 제4차 평가보고서는 북극의 바다얼음이 절멸할 가능성도 있음을 시사한다. 바다얼음이 없으면 북극곰은 살 수 없다. 이렇게 되면 물범, 바다사자, 바다코끼리 등 다른 해양 포유류도 멸종으로 치달을 가능성이 크다.

Chapter 2 카리부는 언제 오는가

1 보로(Borough)는 주 정부 아래 행정구역이다. 노스슬로프 보로는 알래스카 주에서 노스슬로프 지역을 총괄한다. 동쪽으로는 카크토비크에서 서쪽으로는 포인트호프까지 여러 개의 에스키모 마을이 속해 있다.

2 에스키모는 '날고기를 먹는 사람'으로 알려져 있다. 비하의 뜻이 담겨 있다고 해서, 캐나다와 그린란드에서는 에스키모라는 말 대신 이누이트로 고쳐 부른다. 이누이트는 원주민 말로 '사람'이라는 뜻이다. 하지만 미국의 이누이트들은 언어의 정치성에 무관심한지, 스스로를 에스키모라 부르는 것을 꺼리지 않는다. 그래서 알래스카에선 에스키모라는 말이 더 통용된다.

최근에는 에스키모 어원에 대해 여러 설이 제기되고 있다. 이 가운데 유력한 설이 캐나다 퀘벡 지역의 몽테네(Montagnais) 인디언이 북극 원주민들과 접촉하는 과정에서 이들을 부르는 단어가 변형돼 오늘에 이르렀다는 것이다. 이들은 이누이트를 '눈 신발을 신은 사람(snowshoe-netter)'이라는 뜻의 몽테네 인디언 말인 '아야시뮤(Ayassimew)'라고 불렀는데, 이것이 어느 순간 '날고기를 먹는 사람'이라는 뜻의 에스키모로 바뀌었다고 한다.

3 벨마 윌리스는 포트유콘 출신의 그위친족 작가다. 그녀의 인터넷 홈페이지는 다음과 같다. http:// www.velmawallis.com

4 Susan Joy Hassol et al., *Arctic Climate Impact Assessment*, Cambridge University Press, 2004, p.72.

5 북극기후변화영향보고서는 지구온난화에 따른 북극권 생태계의 변화를 담은 최초의 종합적인 보고서다. 국제북극과학위원회(International Arcitic Science)와 아크틱카운슬(Arctic Council)이 주도한 프로젝트에 300명의 과학자가 참여해 완성했다. 2004년에 발표된 북극기후변화영향보고서는 2007년에 기후변화정부간위원회가 발표한 제4차 보고서가 나오기 전까지 북극의 기후 변화에 관한 가장 권위적인 보고서로 인정받았다.

6 Susan Joy Hassol et al., *Arctic Climate Impact Assessment*, pp70-73.

7 캐나다에 사는 일부 피어리 카리부 무리에서 이미 멸종 현상이 관측됐다. 캐나다 서부 북극권의 배써스트 섬(Bathurst Island)의 카리부는 1961년에 2만6,000마리에서 1997년에 1,000마리로 감소했다. 1991년에는 일부 아종이 멸종위기종으로 분류됐다. 멸종 원인은 가을비로 추정된다. 카리부가 뜯어 먹는 이끼류를 가을비가 얼리기 때문

이다. 얼음이 얼었다 녹았다 반복하며 몇 겹의 얼음층을 만드는데, 이렇게 되면 카리부가 얼음층 밑에 깔린 이끼를 뜯어 먹을 수가 없다.
Susan Joy Hassol et al., *Arctic Climate Impact Assessment*, p.70.
8 물고기는 카리부와 함께 그위친족의 주식이다. 봄이 되어 얼음이 녹으면 그위친족들은 찬달라 강, 매켄지 강 등 마을 주변의 강에서 물고기를 낚는다. 보통 나무로 된 투망을 이용한다. 연어와 비슷하게 생긴 아크틱차와 송어, 연어 등을 잡는다. 그위친족의 어업에 관해서는 다음의 보고서를 참고하라.
Leslie Main Johnson, People, Place and Season: Reflections on Gwichin ordering of acess to resources in an Arctic landscape, http://dlc.dlib.indiana.edu/archive/00000282/00/johnsonl041700.pdf

Chapter 3 에스키모는 온난화 협조자인가

1 키어런 멀바니, 이상헌 옮김, 《땅끝에서》, 솔, 2005, 304-317쪽.
2 World Wildlife Foundation & Whale and dolphine conservation society, *Whales in hot water*, 2007.
3 알래스카에는 에스키모, 알류트족, 인디언 등이 산다. 에스키모는 베링 해에 사는 유픽 에스키모와 보퍼트 해에서 사는 이누피아트가 있다. 에스키모 전통생활의 중심에는 해양 포유류가 있다. 반면 알류트족은 알류샨 열도에 사는 해양 민족으로서, 이들은 물고기를 낚는 뛰어난 어부다. 알래스카 내륙에는 애서바스칸 인디언이 산다. 아크틱빌리지와 올드크로우 등에 사는 수렵 유목 민족으로 카리부가 주식이다. 세계 최대의 온대 우림 기후대에 속한 태평양 연안의 남동부 알래스카에는 토템폴로 유명한 인디언 부족들이 산다. 틀링깃, 하이다 부족 등이 그들이다. 이들의 문화권은 태평양 연안을 따라 캐나다 브리티시콜롬비아 주, 미국 워싱턴 주의 인디언 부족과 연결된다.
Steve J. Langdon, *The Native People fo Alaska*, Great land graphics, 2002.

4 알래스카에 사는 원주민(에스키모 부족들, 알류트족, 애서바스칸 인디언 등)은 백인 식민주의자들에 의해 거주지를 빼앗기지(relocation) 않은, 미국에서 유일한 부족들이다. 그들은 수천 년째 조상의 땅에서 살고 있다.
5 Steve J. Langdon, op. cit., pp. 5-9.
6 시셰퍼드 보호협회의 홈페이지는 다음과 같다. http://www.seashepherd.org

Chapter 4 검은 바다를 헤엄치는 고래들

1 로우어 48(The lower 48)은 알래스카와 하와이 그리고 태평양 주변의 미국령 섬을 제외한 미국 본토를 가리킨다. 50개주 가운데 알래스카와 하와이를 제외한 48개주가 미국 본토에 자리한다.
2 Bill Sherwonit, *Alaska's bears*, Alaska Northwest Books, 1998, p.20.
3 Steven C. Amstrup, *Recent observation of intraspecific predation and cannibalism among polar bears in the southern Beaufort Sea*, 2004.
4 Ibid.
5 배로 곶(Point Barrow)은 배로 시내에서 약 12킬로미터 떨어진 곳에 있다. 이곳은 지리적으로 매우 중요하다. 배로 곶을 중심으로 동서로 보퍼트 해(Beaufort Sea)와 추크치 해(Chukchi Sea)로 나뉘기 때문이다. 배로 곶에서 북극점까지는 2,078킬로미터다.
6 키어런 멀바니, 이상헌 옮김, 《땅끝에서》, 솔, 2005, 70-71쪽.
7 키어런 멀바니, 위의 책, 71쪽.
8 Tony Soper, *The Arctic—a guide to coastal wildlife*, Bardt, 2001, pp.128-129.
9 보통 북극고래는 15미터까지 자란다. 무게는 50~100톤에 이른다. 북극고래는 고래 가운데 수염이 가장 긴데, 길이가 4미터에 이른다.
10 2006년 9월에 카크토비크에 갔을 때, 나는 로버트 탐슨을 만나지 못했다. 당시 그는 북극야생보호구역에 열흘 이상 여행을 떠났으니 만나지 못할 것이라는 전자우편을 보내왔다. 로버트 탐슨은 북극야생보호구역에서 유전을 개발하는 문제를 두고 논란

이 벌어졌을 때, 개발 찬성론자가 대다수이던 카크토비크 마을에서 흔치 않은 반대자였다. 그는 결국 마을 사람들의 마음을 움직이는 데 성공했고, 보퍼트 해에서 해상 유전 개발이 추진됐을 때 카크토비크가 반대 입장에 서도록 이끌었다.

Chapter 5 침몰하는 미래의 실낙원

1 과학자들은 물론 남극보다 그린란드의 빙하에 관심을 기울인다. 지난 세기의 경향을 봤을 때, 남극 빙하는 온도 변화에 상대적으로 안정적으로 반응했지만, 그린란드와 중·저위도 빙하는 민감하게 반응했기 때문이다.
2 추정 방법상 최소 0.56도에서 최대 0.92도가 오른 수치로, 이의 중간값이 0.74도이다. 이 범위 밖에 있을 확률은 5퍼센트다.
3 추정 방법상 연평균 상승률이 최소 1.3밀리미터에서 최대 2.3밀리미터(1961년 이후), 최소 2.4밀리미터에서 최대 3.8밀리미터(1993년 이후)이다. 역시 이 범위 밖에 있을 확률은 5퍼센트다.
4 기후변화정부간위원회 제4차 종합보고서, 2007.
5 산호섬으로만 이뤄진 환초국가는 투발루를 비롯해 다섯 곳 정도다. 세계적 휴양지인 몰디브 제도 그리고 마셜 제도와 키리바시 그리고 뉴질랜드의 속령인 토켈라우 등이다. 모두 가난하고 작은 나라들이다. 이들 환초국가는 산호섬의 특성상 언덕이 없어서 해일과 폭풍, 해수면 상승에 취약하다.
6 투발루는, 지폐는 오스트레일리안달러(AUD)를 사용하고, 동전은 투발루가 제작한 화폐를 쓴다. 다른 나라에 위탁해서 화폐를 제작한다고 한다.
7 열대 타로(토란)의 일종인 풀라카는 투발루가 자급자족 경제를 꾸려가는 데 핵심적인 작물이다. 하지만 잇단 침수로 인해 풀라카가 흉작이 들어 맛이 없어지는 등 품질이 떨어졌다. 나누마가(Nanumaga) 섬에서는 전통관례에 따라 부족 지도자에게 풀라카를 주던 관습도 터부시됐다. 풀라카의 품질이 저하된 또 하나의 이유는 1998년에 닥친 기록적인 엘니뇨에 따른 가뭄 때문이었다. 이때 엘니뇨는 투발루 해수면을 일시적

으로 낮춰 투발루 해수면 상승의 추이를 연구하던 과학자들을 혼란에 빠뜨리게 할 정도로, 강력한 단기 이상기후였다.
"National Report to the UN Convention to Combat Desertification", *UNCCD Draft Report April 2002*, Tuvalu Climate Change Response Office. 유엔시시디(UNCCD)는 유엔사막화방지협약.
http://www.unccd.int/cop/reports/asia/national/2002/tuvalu-eng.pdf

8 나중에 알았지만 뉴질랜드로 간 투발루 노동자들은 대부분 불법체류자로 시작한다. 그들의 1차 목표는 결혼과 출산이다. 일단 아들을 낳으면 거주 비자를 얻는 데 유리한 조건이 된다. 그리고 다시 가족을 초청한다. 초청받은 형제자매는 다시 불법으로 체류하고, 다음 목표를 출산으로 설정한다. 투발루 주민들은 이렇게 해서 하나둘씩 뉴질랜드나 오스트레일리아로 '이민' 가고 있었다.

9 1998년에 창간한 투발루의 유일한 신문. 투발루어와 영어로 발간되고, 같은 사무실에서 라디오방송을 운영한다.

10 이상돈, 《비판적 환경주의자》, 브레인북스, 2006, 머리말.

11 환경법을 전공한 그는 1995년부터 2003년까지 《조선일보》 비상임 논설위원으로 활약했는데, 이런 주장은 아마도 비외른 롬보르의 《회의적 환경주의자》의 제목을 따온 듯한 저서 《비판적 환경주의자》에 소상히 소개돼 있다.

12 이상돈, 위의 책, 27쪽.

13 지구정책연구소 홈페이지는 다음과 같다. http://www.earth-policy.org

14 이상돈, 위의 책, 28쪽 요약.

15 Cecile Cabanes, Anny Cazenave, Christian Le Provost, "Sea level rise during past 40 years determined from satellite and in Situ observatoin", *Science*, October 26, 2001, Vol.294.
이 논문은 전지구적인 해수면 상승 경향을 부정하지 않는다. 이 논문에 따르면, 1993년부터 1998년 사이에 지구 해수면은 연평균 3.2 ± 0.2mm 상승했다(기후변화정부간위원회 등 다른 해수면 연구 결과와 크게 다르지 않다). 또한 인공위성을 통해 바닷물 온도를 측정한 결과, 바다의 열팽창과 해수면 상승 사이에 상관관계가 있다는 사실도 재확인했다. 하지만 세계 각 지점의 조수 측정기기를 통해 얻은 해수면 상승률은 실제 데이터보다 두 배 정도 과장됐다는 점을 지적한다. 이 점이 논문의 요지다.

16 국립조수연구소는 2004년에 국립조수센터(National Tidal Centre, NTC)로 이름이 바뀐다.

17 2002년 3월 28일에 《아에프페》에서 보도한 것을 이상돈 교수가 인용한 것이다. 《아에프페》의 보도는 당시 기상학계와 과학자 그리고 온난화와 관련 여러 담론자들 사이에서 논쟁을 일으켰다. '투발루의 해수면이 상승하지 않는다'라고 결론을 내릴 만한 국립조수연구소의 해수면 측정값이 제시됐기 때문이다.

18 앤드류 심스는 2001년 8월 7일자 《인터내셔널 헤럴드 트리뷴》에 지구온난화 피해자들이 교토 협정 서명에 거부하는 미국을 국제사법재판소에 제소할 수 있다고 주장했는데, 이를 보고 투발루 정부가 소송을 추진하겠다고 발표했다고 이상돈 교수는 주장한다.

19 이상돈, 위의 책, 30-32쪽.

20 이상돈 교수는 출처를 밝히지 않았는데, 이 글은 게이토 연구소 홈페이지에 2001년 11월 10일에 올라온 글이다. 특이할 만한 점은, 이 글이 앞서 이 교수가 소개한, 2001년 10월 27일에 앤드류 심스가 《가디언》에 기고한 투발루에 관한 글에 대한 반론 성격이라는 점이다. 이 교수는 이를 적시하지 않았다. 게이토 연구소는 미국의 대기업이 후원하는 대표적인 자유주의, 시장주의 성향의 연구기관이다.

21 에스피에스엘시엠피 프로젝트의 대략적인 설명은 다음 웹페이지에 자세히 나와 있다. http://www.bom.gov.au/oceanography/projects/spslcmp/spslcmp.shtml

22 국립조수센터(NTC) 홈페이지의 2007년 리포트. http://www.bom.gov.au/ntc/IDO60033/IDO60033.2007.pdf

23 1993년 12월부터 2007년 10월 사이에 측정된 값의 평균치다. 콜로라도 주립대 연구팀이 기상위성인 토펙스/포세이돈(Topex/Poseidon)과 제이슨1(Jason1)로 지구 해수면 상승률을 측정하고 있다. http://sealevel.colorado.edu

24 1943년 푸나푸티는 일본군에게 폭격을 아홉 차례나 당했다. 푸나푸티의 지섬인 푸나팔라 섬의 원주민들도 이때 소개됐다.

25 토아리피 라우티는 투발루의 저명한 정치인이다. 영국에서 독립하기 직전인 1975년부터 1978년까지 엘리스 제도(옛 투발루)의 수상(Chief Minister)을 맡은 그는, 1978년에 투발루가 독립한 뒤 공화국 초대 수상으로 선출됐다.

26 대표적인 지구온난화 회의론자 비외른 롬보르가 2007년에 펴낸 《쿨잇》(살림)은 이런 전환을 가장 잘 보여준다.

27 기후변화정부간위원회 제4차 종합보고서, 2007.

28 기후 변화 시나리오는 인구, 경제 성장률, 이산화탄소 배출량, 대체 에너지량 등 사회적·자연적 변인을 넣어 미래의 특정 기간 동안 일어날 기후 변화를 시뮬레이션한 것이다. 기후변화정부간위원회는 1980년대의 자료를 이용해 아이에스92(IS92) 시나리오를 만들었고, 최근에는 에스아르이에스(Special Report on Emission Scenarios, SRES)를 이용한다. 에스아르이에스는 배출 시나리오에 대한 특별보고서로 2000년에 처음 발표됐다.

현재 미래 기후 변화 예측의 표준판이라 할 수 있는 기후변화정부간위원회 제4차 종합보고서도 에스아르이에스의 시나리오를 이용했다. 에스아르이에스 시나리오는 크게 4개 시나리오(A1, A2, B1, B2)로 나뉜다. A와 B는 경제와 기술 발전, 인구 증가율의 정도를 가리킨다. 뒤에 붙는 숫자와 기호는 기술 발전의 내용과 성격을 나타낸다.

A1 시나리오는 효율적인 기술이 급속히 도입되면서 세계 경제가 매우 빠르게 성장할 것이라고 가정한다. 아울러 이번 세기 중반에 인구가 최고에 도달한다. A1 시나리오는 기술 변화의 내용에 화석 집약적(A1FI), 비화석 에너지 자원(A1T), 모든 자원 간의 균형(A1B)으로 세분화된다.

B1 시나리오는 A1과 인구가 같지만 경제 구조는 서비스와 경제 구조 쪽으로 더 발전한 수렴적 세계(convergent world)를 전제한다.

B2 시나리오는 인구 증가와 경제 발전의 수준이 A1과 B1의 중간인 세계이다. 경제적, 사회적, 환경적 지속가능성에 대한 지역적 해결이 강조된 사회다.

A2 시나리오는 경제 발전과 기술 변화가 느린 반면 인구 증가율은 높은 세계를 가정한다.
　　기후변화정부간위원회 제4차 종합보고서에서는 2100년에 일어날 수 있는 총 여섯 가지의 가상 상황을 설정했다. 6개 시나리오에서 가장 온실가스 농도가 높을 것으로 예상되는 사회는 화석집약적인 고도 경제 성장 미래상인 A1FI이었다. 각각의 온실가스 농도는 B1(600PPM) A1T(700PPM), B2(800PPM), A1B(850PPM), A2(1,250PPM), A1FI(1,550PPM) 등이다.

29　가장 극적인 경우는 나우루다. 지난 세기에 나우루는 작은 섬에 묻혀 있던 인광석 광산으로 남태평양의 부국으로 성장했으나, 인광석 과잉 생산과 함께 섬의 중앙부가 점차 사라졌으며, 인광석 경기가 끝나자 빈곤국으로 전락했다. 칼 N. 맥대니얼 등의 저서 《낙원을 팝니다》(여름언덕, 2006)에 나우루의 흥망성쇠가 나와 있다.

30　알로파 투발루의 홈페이지는 다음과 같다. http://www.alofatuvalu.tv

Chapter 6 기후난민이 사는 법

1　2008년 10월에 한국을 방문한 타바우 테이 투발루 부총리 겸 환경자원부 장관은 국토 포기와 뉴질랜드 이주설에 대해 공식적으로 부인했다. 그는 "지구온난화 때문이 아니라 일자리를 찾아서 3,000명이 이주한 것"이라며, "침식되고 있는 해안에 방조제를 쌓는 등 최선을 다해 나라를 유지할 계획"이라고 말했다. 《경향신문》 2008년 10월 1일자 24면.

2　http://www.abc.net.au/news/scitech/2001/11/item20011116174138_1.htm

3　http://www.earth-policy.org/Updates/Update2.htm

4　최근 방송 시간이 매주 금요일 오후 6시 30분에서 10시까지로 바뀌었다.

5　뉴질랜드 통계청, Tuvaluan People in New Zealand: 2006(2008년 5월 개정판); Tuvaluan People in New Zealand: 2001.

6　하지만 이런 보도는 언론과 시민단체에서 거듭 인용되면서 사실로 고착되는 경향을

보였다. '지구의 벗'이 펴낸 〈A citizen's guide to climate change〉도 태평양이주규정을 기후난민을 위한 협정으로 묘사하고 있다.

7 뉴질랜드 노동부 홈페이지의 태평양이주규정 설명 자료. http://www.immigration.govt.nz/migrant/stream/live/pacificaccess

8 2004년 4월 사우파투 소포아가(Saufatu Sopo'aga) 투발루 수상은 헬렌 클라크(Helen Clark) 뉴질랜드 수상에게 태평양이주규정의 혜택을 볼 수 있는 사람이 소수에 지나지 않으므로 관련 조건을 완화해달라고 요청했다. Tuvalu premier gets sinking feeling over immigration deal with NZ, *AFP*, May 6, 2004.

9 힐리아 바바에(Hilia Vavae)는 투발루를 대표하는 기상학자로 여러 해 동안 투발루 기상청장을 맡아왔다. 내가 투발루를 방문할 당시에는 그녀가 오스트레일리아로 연수를 떠나 만나지 못했다.

10 기후변화정부간위원회 제4차 종합보고서(2007) 중 정책결정자를 위한 요약보고서(SPM).

11 위의 글.

12 유엔난민고등판무관실(UNHCR)은 전 세계 난민의 신규 발생량, 지역적 분포, 지원 현황과 예측 등을 담은 '글로벌 트렌드'를 해마다 발표한다. 유엔 난민의 날을 맞아 영국 런던의 고등판무관 안토니오 구테레스가 언급한 내용이다. http://www.unhcr.org/news/NEWS/485793142.html

13 영국 옥스퍼드대 그린칼리즈의 노먼 마이어스 교수는 2005년 5월에 체코 프라하에서 열린 유럽안보협력기구(OSCE) 제13차 경제포럼에서 이같이 주장해 세계 언론의 주목을 받았다. 그는 1995년의 환경난민은 2,500만 명으로 추정되고, 전통적인 개념의 난민은 2,700만 명이라고 주장했다. 물 부족, 자연재난, 기후 변화 등으로 발생하는 환경난민의 수가 전쟁, 기아, 종교적 차별 등으로 발생하는 기존 난민의 수와 큰 차이가 나지 않는다. 이와 함께 그는 2010년쯤엔 환경난민이 1995년의 두 배(5,000만 명)로 증가할 것이라고 주장했다. 환경난민의 주요 발생지역은 아프리카 등 저개발 국가 또는 지역이다. 극심한 가뭄과 사막화 현상이 반복적으로 일어나며 지형이 바뀌고 있

는 아프리카 중부의 사헬과 코뿔소의 뿔을 닮아 '아프리카의 뿔'(the horn of Africa) 이라고 불리는 수단 등이다.

Chapter 7 펭귄은 물고 있다

1 나비막은 원래 화물선인데, 칠레 중남부의 도로가 없는 곳을 운항하다 보니 오지 주민을 위해 몇 칸의 여객실을 두고 운항한다. 최근에는 이 괴상한 화물선이 인기를 끌어서 '화물선 크루즈'라는 이름으로 독특한 여행을 원하는 사람들이 찾기 시작했다.
2 http://www.onlineexpedition.blogspot.com
3 기후변화정부간위원회 제1워킹그룹에서 기노 카사사 박사는 제4차 보고서의 1장과 2장을 저술하는 데 참여했다. 지구온난화에 따른 자연적 변화와 이번 세기의 변화상을 예측한 내용이다.
4 유럽에서 가장 큰 얼음덩이인 아이슬란드의 바트나요쿨(Vatnajokull)에서는 주기적으로 빙하홍수가 일어난다. 바트나요쿨은 몇 개의 화산 위에 놓여 있으며, 그 화산들 중 일부는 400미터 깊이의 얼음층 밑에서 이따금 분출하여 10년에 한 번 정도 빙하홍수를 일으킨다. 아이슬란드어로 이런 현상을 '요쿨라웁'이라고 부른다.
마크 라이너스, 이한중 옮김, 《6도의 악몽》, 세종서적, 2008, 168-169쪽.
5 국제통합산악개발센터는 힌두쿠시와 히말라야 산맥에 인접한 8개국의 지역적 이해와 교육을 위한 국제단체다. 특히 세계화와 기후 변화가 이 지역의 환경과 산악주민들에게 심대한 영향을 끼치는 점에 주목하고 있다. http://www.icimod.org
6 리처드 도킨스, 이한음 옮김, 《조상 이야기—생명의 기원을 찾아서》, 까치, 2005, 320-321쪽.
7 원래 과학자들은 남극 대륙과 파타고니아 등 비교적 추운 지방에 살던 펭귄들이 약 1,000만 년 전에 아열대 지방으로 이동한 것으로 생각했다. 추운 지방에서는 4,000만 년에서 5,000만 년 전의 펭귄 화석이 발견됐으나, 현재 펭귄이 사는 아열대 지방에서는 발견되지 않았기 때문이다. 이런 상황에서 최근 페루에서 약 4,000만 년 전의 펭귄

화석이 발견됐다. 키 1.5미터, 긴 부리를 가진 펭귄이었다. 이 펭귄은 이카딥테스 살라시(Icadyptes salasi)로 불린다. 《워싱턴포스트》의 2007년 6월 25일자 기사. http://www.washingtonpost.com/wp-dyn/content/article/2007/06/25/AR2007062500652.html?nav=hcmodule

8 스티븐 슈나이더, 임태훈 옮김, 《실험실 지구》, 사이언스북스, 2006, 65-68쪽

9 키어런 멀바니, 이상헌 옮김, 《땅 끝에서》, 솔, 2005, 31쪽.

10 정호성 등, 《세종기지 주변에서 발견된 빙벽 후퇴와 바다 결빙》, 극지연구소, 2004. 세종기지는 1988년에 설치됐다. 따라서 이전의 온도값 자료는 없다. 그래서 정호성 박사 등은 근처 러시아 벨링스하우젠 기지의 온도 측정 자료를 빌려 온도 변화를 살펴봤다. 1969년부터 2001년까지 킹조지 섬 세종기지는 해마다 약 0.037도씩 상승했다. 알기 쉽게 27년에 약 1도씩 오른 것이다. 또한 겨울의 온도 상승이 두드러졌다. 특히 여름과 초가을(12월부터 3, 4월까지)의 기온이 최근 들어 계속 영상을 기록하고 있다.

11 환경부, 《남극 특별보호구역(ASPA) 최종보고서》, 2007.

12 알베도율은 태양광선의 지표 반사율을 말한다. 지구는 태양열을 모두 흡수하지 않고, 다시 우주 밖으로 튕겨낸다. 이 양이 3분의 1이다. 만약 지구에 이런 반사 작용이 없다면, 지구는 불덩어리가 되고 말았을 것이다. 북극과 남극의 기온이 낮은 이유는 이 지역을 덮은 하얀 빙하와 바다얼음의 반사효과 때문이다. 하얀색의 반사효과 결과, 빙하와 바다얼음으로 뒤덮인 북극과 남극은 알베도율이 높다. 얼음은 햇빛의 90퍼센트를 우주로 반사시킨다.

13 윤미숙, 〈진정한 해양강국으로 가는 길〉, 2007 시민환경연구소 시민환경포럼 자료집 《지구온난화와 남극 생태계 위기》, 2007.

14 Angus Atkinson et al., "Long term decline in krill stock and increase in salps within the Southern Ocean", *Nature*, November, 2004, Vol. 432.

15 유엔환경계획, 《지구환경전망보고서 Ice & Snow 한국판》, 2008, 81쪽.

16 1840년에서 1950년 사이에 남극 주변의 바다얼음은 비교적 안정적이었다. 하지만 1950년대 이후에 바다얼음의 북한계선이 급속하게 남하했다. 마크 쿠란 박사는 남위

59.3도에서 60.8도로 1.5도 내려왔다고 말하고 있다. 이는 바다얼음의 양이 약 20퍼센트가 감소했다는 뜻이다.
Mark A. J. Curran et al., "Ice Core Evidence for Antarctic Sea Ice Decline Since the 1950s", *Science*, November 14, 2003, Vol. 302.
17 남극 펭귄 연구 집단 '펭귄사이언스'를 참고하라. http://www.penguinscience.com/clim_change_ms.php
18 리처드 도킨스, 이한음 옮김, 《조상 이야기—생명의 기원을 찾아서》, 까치, 2005, 307-313쪽.

Chapter 8 명태는 돌아오지 않는다

1 이경은, 〈과거 수만 년 동안 동해 표층수온의 변화〉, 《기후 변화 뉴스레터 2007년 3월》, 기상청.
2 노가리는 명태(Theragra chalcogramma)의 미성어라고 오래전부터 알려져 왔으며, 우리나라 수산자원보호령의 미성어 보호대책 규정에 의해 종래에는 그 어획이 금지되어 있었다. 그러나 수산당국은 자원학적 견지에서 노가리를 어획해도 무방하다는 해석을 내려 1974년부터 노가리에 대한 어획금지규정을 폐기하였으며 현재까지 어획을 허용하고 있다.
3 국립수산과학원은 1968년부터 한반도 근해의 수온을 조사해왔다. 동해, 서해, 남해에는 위도를 따라 25개 정선이 그어져 있다. 국립수산과학원의 관측선은 일 년에 여섯 차례 짝수 달마다 25개의 직선을 따라 운항한다. 그리고 직선에 표시된 196개의 지점에서 수온을 잰다. 이렇게 해서 나온 측정값은 세계의 과학자들이 부러워하는 데이터다. 196개의 지점과는 약간 차이가 있으나, 1921년부터 해양조사를 해온 게 있어서 데이터 총량의 합은 더 크다. 한인성, 〈한반도 주변 해역 장기 수온변동 경향〉, 《기후 변화 뉴스레터 2007년 9월》, 기상청.
4 한인성, 위의 글. 학회에 실린 논문은 아니고, 그동안의 수온 자료를 개괄적으로 분석

한 자료다. 한인성 박사는 아직 과학적으로 확증할 만한 경향성에 대한 결론을 내리지 못했기 때문에 논문으로 내기에는 좀 이르다고 말했다.

5 한인성, 위의 글.
6 최창섭, 〈해수면 상승으로 인한 해안선 변동〉, 《기후 변화 뉴스레터 2008년 3월》, 기상청.
7 한국해양연구원, '기후 변화에 따른 동해 해수 순환과 중장기 변동 반응 및 예측 연구' 중간결과 발표. 인터넷 뉴스 2007년 6월 5일자. 한국해양연구원(http://climate.kordi.re.kr/) 이 2006년부터 3년 동안 진행하는 장기 프로젝트다. 관련기사는 다음과 같다. http://www.segye.com/Articles/News/Society/Article.asp?aid=20070528000395&ctg1=01&ctg2=00&subctg1=01&subctg2=00&cid= 0101080100000&dataid=200705281735000238
8 〈감귤밭→남해, 녹차밭→고성…… 특산물 지도가 바뀐다〉, 《한겨레》 2007년 8월 27일자.
http://www.hani.co.kr/arti/society/environment/231733.html
9 기후 변화에 따른 생태계의 변화에 대한 연구는 아직 한국에서 걸음마 수준이다. 환경부는 2004년부터 2013년까지 10년 동안 국가장기생태연구 사업을 벌이고 있다. 기후 변화 표본 주제를 설정하고 해마다 중간 연구 결과를 발표하는데, 책에 수록된 내용은 2007년까지의 연구 결과를 환경부가 발표한 것이다. 환경부 보도자료, 〈지구온난화로 생태계 교란 심화〉, 2008년 7월 8일자.
10 A1B는 세계 경제가 급속히 성장하고 효율적인 기술도 거듭 채용하는 A1 시나리오와 같지만, 자원 간의 고른 균형이 이뤄지는 사회이다. 한국에 가장 가능성이 높은 시나리오로 꼽히지만, 이조차도 현재의 화석연료 사용량을 현저히 줄여야 한다.
11 권영아, 〈A1B 시나리오에 따른 우리나라 아열대 기후구 전망〉, 《기후 변화 뉴스레터 2007년 9월》, 기상청.
12 기상청 보도자료, 〈미래 기후 전망〉, 2007년 4월 6일자. 국립기상연구소가 이번 세기 말의 이산화탄소 농도를 720피피엠으로 전제하고 시뮬레이션한 결과다. 1971~2000

년 평균 대비 기온은 4도 오르고 강수량이 20퍼센트 증가하는 것 이외에 극한 고온 현상과 호우 빈도가 증가한다. 반면 극한 저온 현상의 빈도는 감소한다.

북극곰은 걷고 싶다
© 남종영 2009

초판 1쇄 발행 2009년 9월 7일
초판 18쇄 발행 2021년 4월 7일

지은이 남종영
펴낸이 이상훈
편집인 김수영
본부장 정진항
인문사회팀 권순범 김경훈
마케팅 천용호 조재성 박신영 성은미 조은별
경영지원 정혜진 이송이

펴낸곳 한겨레출판(주) www.hanibook.co.kr
등록 2006년 1월 4일 제313-2006-00003호
주소 서울시 마포구 창전로 70 (신수동) 화수목빌딩 5층
전화 02-6383-1602~3 **팩스** 02-6383-1610
대표메일 book@hanibook.co.kr

ISBN 978-89-8431-352-1 03810

- 값은 뒤표지에 있습니다.
- 파본은 구입하신 서점에서 바꾸어 드립니다.
- 이 책은 한국언론재단의 저술지원으로 출판되었습니다.